卷烟燃烧热解分析技术及应用

周顺　宁敏　等　著

中国科学技术大学出版社

内容简介

本书以卷烟燃烧热解分析技术为主题，参考国内外燃烧热解研究文献资料，并结合作者多年的项目研究积累编写而成。本书首先综述了国内外近些年来卷烟燃烧热解研究现状及发展趋势，进而从卷烟燃烧气固相温度场诊断、卷烟燃烧热释放测量、卷烟数值模拟分析、卷烟燃烧锥落头分析、新型烟草制品燃烧热解分析技术 5 个方面，系统阐述了目前卷烟燃烧热解研究领域主要分析技术的基本原理、性能参数、影响因素及其应用研究。

本书可以作为烟草行业技术研究和产品开发人员的参考资料，也可作为高等学校和科研院所相关专业的研究生和高年级本科生教材。

图书在版编目(CIP)数据

卷烟燃烧热解分析技术及应用/周顺，宁敏等著. —合肥：中国科学技术大学出版社，2017.12

ISBN 978-7-312-04299-7

Ⅰ.卷… Ⅱ.① 周… ② 宁… Ⅲ.① 卷烟—燃烧—高温分解—研究 Ⅳ. TS452

中国版本图书馆数据核字(2017)第 178694 号

出版 中国科学技术大学出版社
安徽省合肥市金寨路 96 号，230026
http://press.ustc.edu.cn
https://zgkxjsdxcbs.tmall.com

印刷 安徽国文彩印有限公司

发行 中国科学技术大学出版社

经销 全国新华书店

开本 710 mm×1000 mm 1/16

印张 16.25

字数 346 千

版次 2017 年 12 月第 1 版

印次 2017 年 12 月第 1 次印刷

定价 56.00 元

前　言

传统卷烟是需要通过燃烧来体现其品质的特殊消费品。卷烟的燃烧性能是决定卷烟抽吸质量的关键指标，如燃烧锥落头倾向、烟灰质量、燃烧锥形状、熄火率、烟气质量等重要的影响因素。卷烟燃烧热解特性是由所有参与燃烧的材料如烟丝、卷烟纸和辅助添加剂等燃烧耦合作用共同决定的。多年来，国内外大型烟草公司及科研机构组织建立专业研究机构或研发团队开展了对卷烟燃烧热解特性影响因素及调控关键技术的研究，为解决卷烟燃烧质量缺陷提供科学依据和系统技术方案，以进一步改进卷烟产品开发能力，提升卷烟产品综合质量。

本书以卷烟燃烧热解分析技术为主题，参考国内外燃烧热解研究文献资料，并结合作者多年的项目研究积累编写而成。本书首先综述了国内外近些年来卷烟燃烧热解研究现状及发展趋势，进而从卷烟燃烧气固相温度场诊断、卷烟燃烧热释放测量、卷烟数值模拟分析、卷烟燃烧锥落头分析、新型烟草制品燃烧热解分析技术5个方面，系统阐述了目前卷烟燃烧热解研究领域主要分析技术的基本原理、性能参数、影响因素及其应用研究。

各章撰稿人为：第1章，周顺、宁敏、王成虎、张劲；第2章，周顺、宁敏、张亚平、张劲；第3章，周顺、宁敏、张晓宇、王成虎；第4章，周顺、宁敏、王孝峰、王成虎；第5章，周顺、宁敏、何庆、张劲；第6章，周顺、宁敏、王成虎、严志景。全书由周顺负责统稿。

由于作者学识水平有限，书中欠缺和不妥之处在所难免，恳请专家、读者批评指正。

作　者
2017年5月

目　　录

第1章　绪　　论

卷烟是需要依靠燃烧热解来体现其品质的特殊消费品。烟草在燃烧及热解状态下的化学变化规律与卷烟产品品质密切相关。对燃烧热解研究领域原理、方法和技术的系统性研究,必将有助于传统卷烟和新型烟草制品技术创新和进步。国际上许多大型烟草公司,如英美烟草公司、日本烟草公司、雷诺烟草公司和菲莫烟草集团等均组建了专业的燃烧热解研究团队,在卷烟燃烧过程理化特性、烟草成分及卷烟添加剂热解机制、卷烟烟气关键化学成分与燃烧热解特性相互关系以及如何通过控制卷烟燃烧实现降低烟气中有害成分释放量等领域开展了大量研究工作。现阶段,燃烧热解的研究价值愈来愈受到国内烟草行业的重视。一系列国家烟草专卖局重点和重大专项科研项目,如"卷烟燃吸温度分布影响因素及其与有害成分释放量关系的研究""卷烟燃烧状态与一氧化碳的关系研究""调节卷烟燃烧降低主流烟气苯并[a]芘技术研究及应用"等相继立项并完成;一些燃烧热解研究团体和机构如"烟支燃烧与减害技术联合研究实验室""郑州烟草研究院热物理实验室"等相继成立。特别是,2016年初,安徽中烟申报的"烟草燃烧热解研究行业重点实验室"获得国家烟草专卖局认定,这标志着烟草行业燃烧热解研究正在向系统化和更深层次迈进。

1.1　卷烟燃烧热解研究进展

1.1.1　卷烟燃烧热解过程研究

国际上,自20世纪五六十年代开始,烟草科技人员在卷烟燃烧热解领域已经进行了大量的研究工作,初步分析了卷烟燃烧热解过程中物理化学变化规律。英美烟草公司的Baker博士[1-12]所带领的研究团队,在卷烟燃烧热解领域进行了系统性的研究,初步确定了卷烟燃烧热解过程中的温度区域分布、氧气浓度分布、气体流速范围和主侧流烟气形成规律等燃烧特征参数,提出了卷烟燃烧热解热物理过程(图1.1)和利用热解分析手段模拟卷烟燃烧的基本原理。

研究发现,产生烟气的区域可分为燃烧区和热解蒸馏区。在抽吸过程中,空气进入烟支,氧气被消耗,生成CO、CO_2、H_2O等简单物质,与此同时释放热量支持整个燃烧过程。这个区域的温度在700～950 ℃之间，升温速率最高可达500 ℃/s左右，内部是贫氧富氢环境。紧临燃烧区的是干馏/裂解/合成区，温度在200～600 ℃之间，升温速率在10～50 ℃/s之间；氧气浓度比燃烧锥内部稍高，在5%～20%(*V*/*V*)，平均浓度约为9%(*V*/*V*)，但仍处于较低的水平。能形成感官刺激的烟气物质大多在这里通过各种吸热反应产生，最终会形成过饱和的烟气。在抽吸过程中，干馏/裂解/合成区中产生的过饱和热蒸气在从燃烧线附近进入的冷空气的作用下迅速冷却。一般来讲，当温度降低到350 ℃以下时，一些低挥发性的物质迅速达到其冷凝点，粒相开始在气相中出现。其中一些颗粒沉降于烟丝上，在下一个抽吸历程中被蒸发进入气相；另一些则参与形成烟气。烟草中的各种物质在上述复杂环境中经由各种不同的反应途径形成烟气。在这个气溶胶中，现在可以确认的物质有6 000多种(类)，其中有超过半数的物质在烟草中原来是没有的，这显示了卷烟燃烧热解过程的重要性。

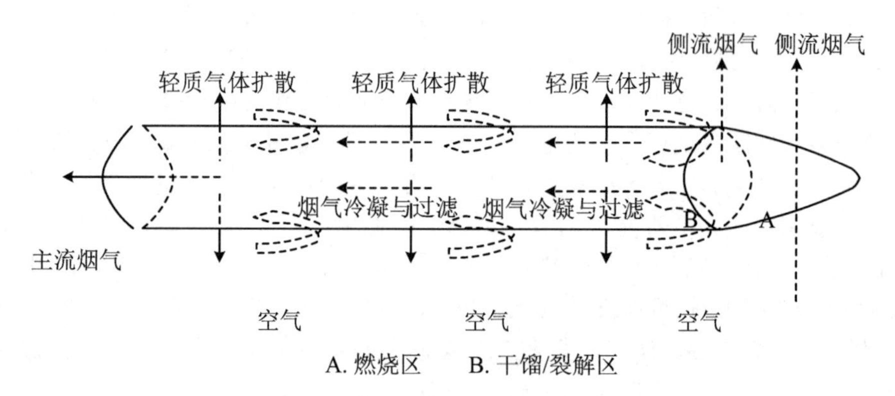

图1.1　卷烟燃烧热物理过程示意图

卷烟燃烧热解过程十分复杂，其间温度场、热流场和热解过程等理化特性均处于动态变化中。Nagao等[13]基于卷烟燃烧温度数据和热平衡方程，描绘了卷烟在2 s单口抽吸过程中的热释放规律，发现卷烟抽吸热释放集中在燃烧线后2～3 mm区域内，在抽吸的0～0.9 s之间，热释放速率随抽吸进行快速增大，至0.3 s左右达到峰值，随后开始降低，而在0.9～2 s之间，热释放速率波动较小。胡源等[14]通过分析卷烟侧流烟气中的氧气含量，计算出卷烟阴燃耗氧量，从而依据氧消耗原理推测出卷烟阴燃热释放规律，并用于常规烟支和低引燃倾向烟支燃烧热释放的测试。

近年来关于卷烟燃烧温度场的研究较多，内容主要涉及温度场影响因素及其与关键烟气成分形成相互关系。如胡军[15]等考察了添加海藻多糖对烟支燃烧温度场的影响；江威[16]等研究了卷烟纸透气度对卷烟燃烧锥温度分布的影响；郑赛晶等[17,18]研究了抽吸参数对卷烟燃烧温度及主流烟气中某些化学成分的影响；丁丽婷等[19]考察了低引燃倾向卷烟阴燃和连续抽吸时燃烧锥温度的变化，探讨了燃烧温度变化对主流烟气中CO、焦油和烟碱含量的影响；连芬燕等[20]研究了滤嘴通风对卷烟燃烧温度及主流烟气中7种有害成分的影响；李斌等[21]研究了卷烟纸助燃剂含量与定量对卷烟燃吸温度分布特征的影响，他们还研究了低引燃倾向卷烟抽吸过程中燃烧温度的变化，发现阻燃带会显著降低卷烟燃烧锥中高温区的体积百分比；谢国勇等[22,23]通过对含不同卷烟纸卷烟燃吸温度分布和7种有害成分释放量之间关系的分析，发现除巴豆醛外，卷烟主流烟气中其他6种有害成分（CO、苯酚、HCN、NH_3、NNK和B[a]P）的释放主要集中在250～300 ℃的低温区和650 ℃以上的高温区。

卷烟燃烧过程伴随着灰分的形成，灰分的理化特性与卷烟燃烧特性密切相关。Baliga等[24,25]分析了卷烟抽吸时燃烧锥不同区域微观形貌和元素含量，发现在燃烧线以下的区域内形貌极为丰富，包括熔融态表面、囊泡、管状结构以及不规则棒状结构；在整个燃烧锥中，都有棒状结构存在，在燃烧锥的根部和顶端有多种形貌共存，如略微碳化的烟丝、覆有囊泡的烟丝、覆有无机晶体的碳化烟丝以及部分氧化的烟丝。王道宽等[26]建立了卷烟包灰性能的定量分析方法，通过对卷烟包灰性能的影响因素研究，发现降低卷烟纸助燃剂及助燃剂中钾/钠比，降低切丝宽度，改变"三丝比例"，可明显改善卷烟包灰性能。于国龙等[27]选取部分卷烟纸样品的各相关因素进行了包灰效果分析，发现卷烟纸定量、螺纹方式、助燃剂种类与含量及钾/钠比等相关因素对卷烟的包灰质量有较大影响。程占刚等[28]发现提高卷烟纸定量和透气度，降低卷烟纸中柠檬酸钾用量，增加卷烟中再造烟叶的掺兑量，可使卷烟燃烧后的灰分包灰变紧，卷烟纸的包灰能力增强，而且当控制卷烟单支质量在0.89～0.93 g时，卷烟包灰较好。

1.1.2　卷烟燃烧热解机制研究

烟草、添加剂和卷烟纸，作为直接参与卷烟燃烧的物质单元，在卷烟燃吸环境下的燃烧热解产物，直接决定了卷烟烟气的化学组成。对上述物质燃烧热解产物的生成规律、影响因素和形成机制研究，有利于理清卷烟烟气形成规律，为卷烟烟气安全性及感官品质分析提供理论依据。国际上，相关研究报道很多。Torikai[29,30]研究了烟草在不同温度、气氛以及pH条件下的烟气的29种毒性成分的生成规律；Senneca等[31]实时分析了烟草在不同气氛下热解产物随温度的生成规律；Baker[11]曾对291种卷烟添加剂在卷烟燃烧环境下的热解产物进行了分析，并系统研究了卷烟添加剂和烟草主要化学组分与烟气形成之间的关系。Banyasz等[32]曾利用热解红外联用装置系统研究了纤维素热裂解机制以及甲醛、CO_2和CO等低分子量热解产物生成机制；Wooten等[33]利用核磁共振观察表征了纤维素热解中间体，并提出了纤维素热解机械理论模型；Mc Grath等[34]研究了纤维素和果胶在300～650 ℃温度区间内稠环芳烃的形成机理；Sharma和Hong-Shig等[35,36]系统研究了不同热解气氛下果胶热解成炭机制，并对炭层的物理形貌和化学组成进行了详细的表征；Macielf等[37]利用低温电子顺磁共振研究了纤维素和果胶在惰性气氛下的成炭过程和空气气氛下的炭转变行为；Aggarwal和Soliman等[38,39]利用热重结合差示扫描量热仪系统研究了不同类型淀粉的热降解行为。

国内烟草行业在该领域也开展了大量研究工作。周顺等[40-46]利用热重红外联用和微燃烧量热等手段模拟研究了不同类型烟草、卷烟纸和烟草主要组分(纤维素、果胶、淀粉、柠檬酸和苹果酸)在卷烟阴燃和吸燃环境下的燃烧热解行为。夏巧玲等[47,48]利用卷烟燃吸模拟装置研究了温度、气氛及流速、升温速率等对烟草主要含氮物质燃吸生成氨和 HCN 的影响。李晓亮[49]研究了烟草热解产物中挥发性有机物与自由基形成机理,还利用顺磁共振波谱技术研究了烟草热解残余物中自由基形成及其在环境中的转化机制。张尚明[50]应用裂解-同步辐射光电离质谱法实时分析了烟草样品的热裂解,发现在不同温度下,裂解产物的形成大体上表现出 3 种类型的变化规律:甲烷、氢氰酸、水和丙酮的释放量随温度升高而升高;甲醇先升高后下降;烟碱则随温度升高而逐步下降。陈翠玲等[51]比较研究了清香型和浓香型烤烟烟叶热解产物中酸性、碱性和中性香气组分的变化情况,发现浓香型烟叶含有较高的碱性香气成分、较高的异戊酸和苯甲酸含量以及含有类胡萝卜素降解产物,而清香型烟叶含有较高的非酶棕色化反应产物。胡永华[52]等利用热解-GC/MS 和热解-HPLC 分析了烤烟样品在不同热失重阶段焦油态产物以及甲醛、乙醛、丙酮、丙烯醛和丙醛释放过程。李巧灵[53]等利用热分析仪和快速管式升温炉研究了烟丝在空气氛围下的热解燃烧行为,测定了不同温度下焦油以及酸性、中性和碱性香味成分的释放情况,发现焦油和大部分香味成分在 350 ℃时就已大量生成。此外,国内学者还对美拉德反应中间体[54,55]、β-紫罗兰醇葡糖苷[56]、香兰素-α-D-葡糖苷[57]等香味前体物的燃烧热解规律进行了研究。

1.1.3 卷烟燃烧热解数值模拟研究

在卷烟燃烧研究领域也有相当一部分研究工作涉及利用计算机技术和数学物理方法对卷烟燃烧过程进行建模,以此深入分析卷烟的燃烧过程和机理,用来解决以实验方法不能测定或者难以准确测定的物理过程和了解相关参数变化后的燃吸过程的规律性,比如从点烟到稳定燃烧的过程和燃烧过程中氧气的分布,都可以通过模拟给出准确而形象的结果,对烟草生产有一定的指导意义。

Guan[58]首次提出了由扩散控制的阴燃模型,得出了燃烧锥温度分布的一些简单特征。Muramatsu 等[59]提出了卷烟烟叶高温分解的一维模型:在该模型中作者假设烟草由 4 种前驱物质构成,前驱物质热解碳化,烟草的高温分解遵循 Arrhenius 方程,以此得到了卷烟轴心线上距燃烧线不同位置处的卷烟表观密度和温度分布,并与实验结果相比较。2003 年 Wojtowicz 等[60]在实验的基础上提出了不同温度下烟丝高温分解生成烟气物质的速率方程。2003 年菲莫公司的 Rostami 等[61]提出了卷烟的阴燃模型,该模型采用了 Muramatsu 的方法,并加入了描述气/固两相传热、传质的物质、动量、能量方程,用 Fluent 软件求解,得到了燃烧锥的气相温度分布,其模拟结果还指出卷烟纸透气度对燃烧锥的气相温度分布影响很大。2004 年菲莫公司的Mohammad 等[62]提出了卷烟吸燃的数学模型。该模型与 2003 年的阴燃模型有很大不同,它采用

M. A. Wojtowicz 等人总结的烟气物质生成速率方程来模拟燃烧锥中 CO、CO_2、O_2 的浓度分布。2005 年菲莫公司的 Sung-Chul Yi 等[63]模拟不同烟叶对烟气成分的影响，其思路与 2004 年的卷烟吸燃模型基本相同，模拟结果中给出了白肋烟、烤烟、香料烟 3 种烟叶中的 CO、CO_2 和 H_2O 等 20 种产物的生成速率与温度的关系图。

国内烟草行业也初步开展了卷烟燃烧过程数学模拟研究。2007 年江威等[64]曾将烟丝作为微元来进行热力学分析设计能量衡算方程；对燃烧区中燃烧面 1 s 内向后推进的过程进行热力学分析设计能量衡算方程；将两个能量方程联立求解可得燃烧速度的表达式。然后写出描述整个卷烟燃烧过程的物质、能量、动量方程，把燃烧速度的表达式代入方程组，用 ANSYS CFX 10.0 软件进行求解。2014 年颜聪[65]等用 Fluent 软件模拟了卷烟燃烧过程中水分的蒸发反应、烟草热解和氧化反应以及质能传递过程。同时还分析了不同时刻温度分布下的烟气中 O_2、CO、CO_2 和 H_2O 的浓度分布，并将模拟得到的卷烟阴燃线性燃烧速度和最高阴燃温度与实验值进行对比，发现模拟值与实验值吻合较好。

1.1.4　烟草及烟草制品燃烧热解调控关键技术研究

烟草与燃烧热解后的烟气中所含各种化合物有 6 000 多种。当烟支在高温条件下燃烧（或燃吸）时，烟支内部化学成分发生一系列复杂的变化，向外扩散形成烟气，烟气中大约有 2/3 的化学物质是经过燃烧热解后新产生的化合物。大量研究表明，抽吸过程中较高的温度以及贫氧燃烧热解是导致卷烟在抽吸时产生一系列有害物质的重要原因。因此，如何通过控制燃烧达到减低烟气中有害成分释放量成为减害技术研究领域的一个新的思路。

1.1.4.1　燃烧调节型功能添加剂的开发及应用

目前研究最多的燃烧调节剂是钾盐。研究内容主要涉及不同种类的钾盐、不同的添加量以及不同的添加方法对卷烟烟气中有害物质的影响。李斌和谢国勇等[21,22]研究了卷烟纸中柠檬酸钾含量对卷烟燃吸温度分布及主流烟气中 7 种有害成分释放量的影响，发现随柠檬酸钾含量提高，燃烧锥最高温度降低，燃烧锥体积增加，而卷烟纸助燃剂含量与卷烟主流烟气中 CO、苯酚、HCN、NH_3 和 NNK 的释放量具有较显著的正线性相关，但与主流烟气中 B[a]P 释放量的相关性较差，与巴豆醛释放量无相关性。沈凯等[66]研究了各种钾盐对卷烟燃烧温度和烟气成分的影响，发现多种钾盐加入烟丝后都可以降低卷烟的最高燃烧温度，其中乙酸钾的效果最好，而且可以大幅度减少烟气中 HCN、NH_3、苯酚、巴豆醛、NNK 和 CO 的释放量。韩迎迎等[67]研究了不同柠檬酸钾用量下的烟草薄片纸基的热解行为，发现加入适量钾盐，可使薄片纸基的热量分批释放，降低燃烧的温度。需要说明的是，目前对某些钾盐的作用机理的研究还不是很透彻，而且还存在着一些矛盾：有些钾盐对降低某些有害组分很有效，但同时会使其他一些有害成分的含量升高；有些钾盐的降焦效果显著，但是对卷烟的吸食品质有不利影响。因此，如何有效地解决这些矛盾，应该是今后钾盐研究的主要方向。

此外，其他添加剂如过渡金属盐、纳米材料、磷酸二铵、聚磷酸铵等对卷烟燃烧也有重要影响。吴宏伟等[68]为探索某些过渡金属盐类添加剂对降低卷烟焦油量的作用机理，采用焦油分析、燃烧速度分析、差热分析和热失重分析方法，对部分盐类添加剂进行了不同添加量实验。缪应菊[69]等将不同粒径的纳米氧化铁添加到再造烟叶中，发现纳米氧化铁粒径越小，烟气中 CO 和总粒相物释放量的降低幅度越大，其具体机制为卷烟燃烧过程中纳米氧化铁将 CO 转化成 CO_2。覃宗华等[70]利用热重红外联用发现随蒙脱石添加量增加，多种气体生成量降低，其中以烷烃、CO_2、羰基化合物与醇、酚、醚类最为明显。周顺等[71]研究了多聚磷酸铵对造纸法再造烟叶热解燃烧特性和感官质量的影响，发现 APP 的添加降低了再造烟叶的易燃性、可燃性和卷烟抽吸时最高燃烧温度，并可改善再造烟叶的香气质、浓度，降低刺激性和杂气以及提高余味，其中尤其可减轻刺激性和杂气。

需要说明的是，现阶段适用于卷烟使用的燃烧调节剂的种类和数量仍然有限，燃烧调控机制也不清晰，开发新型、安全、有效的燃烧调节剂将是卷烟燃烧调控技术研究的发展趋势。

1.1.4.2 卷烟燃烧热解过程的物理干预

由于卷烟燃烧过程中较高的温度可导致大量有害成分形成，因此，烟草行业试图以创新烟支结构的方式来降低卷烟的燃烧温度，进而减少烟气中的有害成分的释放量。广东中烟[72]公开了一种具有低温燃烧特性的卷烟，其包括滤棒及烟丝棒，烟丝棒中设有导热机构。此导热机构沿烟丝棒的纵向设置，在卷烟燃吸时，燃烧锥的热量能够被导热机构中的导热层吸收并传递给烟丝，提高烟丝中非燃烧部分的温度，可提升烟气的热蒸馏效果，从而提高挥发性和半挥发性烟草香味物质及外加香精、香料的转移率。同时，燃烧锥温度由于导热层的吸热作用而降低，降低幅度为 100～200 ℃，大幅降低了有害成分的释放量。湖北中烟[73]在 2012 年也公开了一种低温燃烧型低害卷烟，其设计核心是在卷烟内部贯穿烟丝段设置一种传热快，能参与高温燃烧又不发生性质改变的导热条，使烟支燃烧时产生的热量通过导热条迅速散失，从而降低卷烟燃烧温度，减少卷烟因高温燃烧而产生的有害物质，以此来降低卷烟危害。需要说明的是，该类型卷烟尚缺乏严谨的实验验证，实现难度大，目前仍处于概念阶段。

1.1.5 新型烟草制品开发中的燃烧热解研究

近年来，随着传统烟草制品在一些发达国家的市场上出现滞销以及许多国家公共场所禁烟力度不断加大，低温卷烟、电子烟等新型烟草制品正在快速兴起，菲莫国际、英美烟草公司、日本烟草公司等跨国烟草公司也从战略高度积极研发推广新型烟草制品。2014年,国家烟草专卖局正式启动新型卷烟研制重大专项,确定了卷烟工业企业为新型烟草制品技术研究、产品开发、品牌培育工作的主体。根据研究布局,预计通过10年的努力,组建一批专业性研发机构,掌握一批关键技术,储备一批创新性产品,发展2～3个具有国际影响力的新型卷烟工程中心和产业化基地,培育一批技术领先、具有中式特色和较强国际竞争力的新型卷烟品牌。从传统卷烟到低温卷烟,再到电子烟以及无烟气烟草制品,使烟草或气溶胶发生剂的受热温度逐步降低,用于解决传统卷烟燃烧热解的基本原理、手段和方法同样可以用来指导新型烟草制品的设计和开发,可以说,燃烧热解研究在传统卷烟和新型烟草制品之间起着桥梁作用。

低温卷烟虽然改变了传统卷烟的燃烧形式,采取了"加热不燃烧"的方式,但仍会产生可见的烟雾,烟气仍然是决定其综合品质的关键因素。随着加热环境的改变,烟草燃烧热解产物也随之发生改变。对烟草低温加热状态下热解产物释放规律的研究,有助于低温加热型卷烟设计和开发。周顺等[74-76]研究了烟草加热非燃烧状态下CO的释放量,考察了温度、等值比和烟草元素含量对CO释放量的影响;研究了烟草加热非燃烧状态下气溶胶的释放量,考察了气溶胶释放量与烟草主要元素之间的关系,建立了以碳含量、氮含量和钾/硫比为自变量的烟草气溶胶释放量的回归方程;研究建立了气溶胶粒径分布的测试方法,考察了加热环境和样品种类对烟气气溶胶粒径分布特性的影响。唐培培等[77]研究了甘油对烟叶热性能及加热状态下烟气释放的影响,发现添加甘油能够降低烟叶的燃烧性,提高烟叶在加热状态下的烟气释放。刘珊等[78]研究了加热状态下烟叶烟气中粒相物、烟碱、水分和焦油的释放特征,发现在加热状态下,不同类型及部位烟叶的烟气释放具有相似的变化趋势,粒相物、烟碱、水分及焦油的释放量均随加热温度升高而逐渐增加。

燃烧热解分析及调控技术在低温卷烟的热源材料和烟芯材料设计开发方面的应用研究也已有报道。本塞勒姆[79]利用热解-FTIR考察了纳米氧化铁含量对炭质热源燃烧CO释放量的影响,发现5%氧化铁使CO/CO_2比值由对照样的13%降低至1%。赵敏等[80]利用热重分析仪对不同炭粉的燃烧热解特性进行了研究,发现淀粉水热炭最易燃,木炭最难燃,竹炭居中,并据此提出了具有梯度的炭供热体材料的概念。周顺等[81]利用自行设计炭质热源燃烧速率测试装置考察了配方组成对热源燃烧速率的影响,发现小尺寸炭粉和氧化性助燃剂可有效提升热源材料的燃烧速率,而碳酸钙、石墨粉、非氧化性的钾钠盐、纳米氧化铁以及蒙脱土均不同程度降低了热源材料的燃烧速率,其中最明显的是蒙脱土。曾世通等[82]将烟草原料预先在100～300 ℃密封热处理,使烟草中潜香物质裂解并附着于烟丝上,再将其用作低温卷烟的烟芯材料,显著提升了烟气释放效率和感官品质。

电子烟,作为新型烟草制品的重要类型之一,具有无燃烧、不产生烟灰和烟蒂、不产生二手烟、不含焦油、有害成分释放量小等优点,但其与传统卷烟相比,存在感官品质不佳的缺点,导致其对传统卷烟消费者吸引力不足。为克服以上缺陷,宁敏[83,84]等人利用热解装置制备了亚微米烟颗粒和干馏香料，将其添加到电子烟中，显著提升了电子烟感官品质。

1.2 卷烟燃烧诊断分析技术研究进展

国外烟草行业关于燃烧热解特性诊断分析技术的研究始于20世纪五六十年代，Touey和Egerton等[85,86]最早利用辐射测温和X射线摄影术等技术进行了卷烟燃烧锥温度场分布诊断。英美烟草公司的Richard R. Baker[2]博士率先建立了基于热电偶法的卷烟温度场测量方法。20世纪70年代后，烟草燃烧热解研究逐渐活跃[4-12]，特别是随着燃烧学、热科学和物理化学等学科的不断发展，许多现代燃烧热解分析仪器和技术逐渐被应用到烟草燃烧热解特性诊断分析中，推动了烟草行业燃烧热解研究领域的技术进步。

1.2.1 卷烟燃烧过程诊断分析技术

1.2.1.1 卷烟燃烧锥诊断技术

温度场是卷烟燃烧锥关键特征参数之一。对燃烧锥温度场的测量始于20世纪50年代末，当时由于受到测试条件的限制，加上卷烟燃烧过程的复杂性，温度测量的结果差异很大，Baker[1-4]在前人研究的基础上，利用热电偶测量气相温度和用红外传导纤维光学探针测量固相温度，首次较为准确地描绘了卷烟在阴燃和抽吸时的温度场分布。现阶段，热电偶和红外热像仪是最常用的燃烧锥温度场测量手段。国内郑州烟草研究院李斌[87-89]等在行业内率先建立了卷烟燃烧温度场测试的标准方法，即将8根热电偶准确地插入烟支内部，通过对5个不同深度的温度数据的重构，得到卷烟燃烧锥温度场分布图。

和热电偶测温相比，红外热成像法采取非接触式测量，可获得卷烟的固相燃烧温度且可捕捉燃烧锥最高温度点。需要说明的是，为了获得更加准确的测量结果，在进行红外热成像测量之前，一般会使用热电偶对物质发射率进行校正。郑赛晶[17,18]利用单孔道吸烟机结合高分辨的、快速记录的红外热像仪研究了不同抽吸条件对卷烟燃烧温度的影响。周顺[71]利用红外热像仪观察了造纸法再造烟叶的燃烧锥的温度场。

李斌等对卷烟燃烧锥的流场也进行了表征。具体做法是将6根间距3 mm的微型压力传感器探针准确地插入烟支内部，通过对5个不同深度的压力数据的重构，得到卷烟燃烧锥压力场分布图。进一步，他们采用达西定律对所测试温度和压力数据进行处理，得到了卷烟燃烧流场分布图[90]。

1.2.1.2 卷烟燃烧热测量技术

卷烟点燃后，在阴燃和抽吸过程中，都伴随着燃烧热释放现象。卷烟燃烧热释放和卷烟燃烧锥温度场密切相关，对整个卷烟的燃烧热解循环机制有着重要影响，也决定着卷烟的引燃倾向[91,92]。卷烟由于其特殊的物理结构，商品化的微燃烧量热仪(MCC)和锥形量热仪(CONE)均无法对卷烟燃烧热进行直接测量。目前国内外尚未发现与直接测量卷烟燃烧热研究有关的论文报道。近来，国家烟草质检中心、中国科学技术大学、中科院光机所和安徽中烟等单位设计出了基于氧消耗原理的卷烟燃烧热释放量测试装置。该装置通过调整供气流量可有效模拟卷烟在自然空气状态的燃烧过程，更加准确地测量卷烟燃烧热。目前，该装置已被用于表征卷烟的引燃倾向[93,94]。

1.2.1.3 卷烟燃烧灰分诊断技术

卷烟燃烧灰分作为卷烟配方和卷烟纸共同燃烧后所产生的残留物，是衡量卷烟综合品质的重要指标之一。目前，主要采用图像解析的方法分析卷烟灰分的外观形貌。王道宽等利用图像分析软件(ImageJ)，建立了卷烟包灰性能的定量分析方法[26]；于国龙等采用数码相机拍照，利用图像分析软件对选取的部分卷烟纸样品的各相关因素进行了包灰效果分析[27]；程占刚也曾用数码相机拍摄评价卷烟的包灰图像[28]。此外，Baliga 等采用扫描电镜和能谱仪分析了灰分的微观形貌和元素组成[24,25]。

1.2.1.4 卷烟燃烧速率诊断技术

卷烟燃烧速率是卷烟纸和烟丝燃烧耦合程度的综合体现，与烟气焦油和 CO 释放量密切相关，并直接影响消费者的综合抽吸体验。卷烟燃烧速率主要分为线性燃烧速率和质量损失速率，前者主要反映卷烟纸燃烧线的推进速率，后者则主要反映烟丝的燃烧失重速率。目前，主要采用天平法测量卷烟燃烧的质量损失速率，但只限于对静燃期间质量损失速率的测量[95]。对于卷烟燃烧线速率，不仅可测静燃速率，也可测吸燃速率[96]，测试方法也较为多样，如机器视觉技术[97]、红外检测技术[98]以及热电偶测温技术[99]等。

1.2.2 新型烟草制品燃烧热解诊断分析技术

和传统卷烟相比，新型烟草制品在消费形式上发生了明显的转变。低温加热型卷烟，作为新型烟草制品的主要类型之一，在消费过程中仍然会发生燃烧热解现象，如炭质热源材料的燃烧及低温加热环境下的烟草热解等。从理论上来说，大多数燃烧热解分析仪器均可能应用在低温加热型卷烟燃烧热解特性诊断中。杨继[100]等利用热重/

差热分析研究了空气氛围下典型性炭加热卷烟“Eclipse”各组成成分的热行为。他们还通过 TG-DSC 和 Py-GC/MS 对空气氛围下典型电加热和炭加热新型卷烟烟草材料热行为进行了研究[101]。唐培培等人对不同甘油添加量烟丝样品进行了差示扫描量热分析(DSC)和热重-微分热重分析(TG-DTG)[77]。刘珊等人还利用管式炉模拟低温加热环境,考察了加热状态下烟叶烟气烟碱的释放特征[78]。周顺等基于可控等值比原理,构建了烟草稳态燃烧热解实验平台(SSTF),通过将 SSTF 与非散射红外分析仪联用,建立了烟草加热非燃烧状态下 CO 释放实时定量分析方法[74]。此外,他们还将 SSTF 分别与烟密度计和撞击采样器联用,建立了气溶胶释放量和粒径分布的测试方法[75,76]。

经过数十年的发展,烟草燃烧热解诊断分析技术在过程诊断、产物检测、温热测量以及残留物表征等方向形成了一定的研究基础,为解决“减害降焦”“增香保润”和“新型烟草制品”等研究领域的基础共性和关键技术问题提供了有效支撑。将来,燃烧热解诊断分析技术应重点解决卷烟燃烧匹配性判定、燃烧产物的实时在线检测、燃烧锥理化特性的动态表征、烟草加热非燃烧状态下烟气理化特性监测与分析等研究领域的技术难题,建立燃烧热解分析评价技术体系,推动技术应用转化和推广工作,实现燃烧热解分析技术的规范化和标准化。

1.3 卷烟燃烧研究发展趋势

1.3.1 卷烟燃烧基础研究发展趋势

首先,利用新方法、新手段从不同角度揭示卷烟燃烧过程中物理和化学变化的基本规律,如卷烟燃烧过程中流场的变化规律、卷烟燃烧状态与烟气理化特性的关系、卷烟纸与烟丝燃烧耦合匹配性的影响机制、卷烟烟气理化特性逐口抽吸的变化规律、卷烟烟灰的成分/强度/形貌等变化规律及影响因素等。其次,利用热解手段模拟卷烟燃吸过程,通过对不同热解条件下热解产物释放规律的研究分析,得到卷烟烟气中主要化学物质和气溶胶颗粒的生成机制,为卷烟产品的提质减害提供理论支撑。重点研究燃烧热解条件对烟气气溶胶粒径及其分布、关键化学物质富集规律的影响,研究香味前体热解机制及其有效成分的释放转移规律。最后,计算机数值模拟能够解决实验方法不能或者难以准确测定的物理、化学过程和相关参数变化后的燃吸过程规律性,但新方法、新途径仍待进一步发展。

1.3.2 卷烟燃烧综合应用技术研究发展趋势

卷烟抽吸过程中的高温和贫氧燃烧是导致一系列有害物质生成的重要原因,通过调控燃烧来降低烟气有害成分释放量是减害技术研究的重要方向。新型安全有效的燃烧调节剂的开发仍将是卷烟燃烧调控技术研究的一个重要发展趋势;低温燃烧型卷烟目前仍处于概念阶段,能否通过合适的物理化学手段来实现,值得深入探索;国内低温加热型卷烟开发目前仍处于初级阶段,诸多关键技术的开发都需要烟草燃烧化学的支撑;通过燃烧手段制备新型减害材料在低害卷烟的设计和开发中仍是一个较为有潜力的方向。

1.3.3 卷烟燃烧研究在新型烟草制品中的应用发展趋势

新型烟草制品是烟草研究的热点,但仍有许多基本问题亟待解决:如何利用合适热解手段模拟烟草加热状态下烟气释放过程,探索烟气释放基本规律,并建立评价手段和方法?如何利用燃烧热解基本原理建立热源材料的燃烧性能的评价方法,为性能优异的热源材料设计和开发提供指导?如何有效利用燃烧调控技术,改变烟芯材料热解过程和热源材料的燃烧性能,确保有效释放低害优质烟气?如何利用好燃烧热解手段制备烟用香料,为新型烟草制品的烟气增香提质?

参考文献

[1] BAKER R R, KILBURN K D. The distribution of gases within the combustion coal of a cigarette[J]. Beitr Tabakforsch, 1973, 7:79-87.

[2] BAKER R R. Temperature variation within a cigarette combustion coal during the smoking cycle[J]. High Temp Sci, 1975, 7:236-247.

[3] BAKER R R. Gas velocities inside a burning cigarette[J]. Nature, 1976, 264:167-169.

[4] BAKER R R. Combustion and thermal decomposition regions inside a burning cigarette[J]. Combust Flame, 1977, 30:21-32.

[5] BAKER R R. Product formation mechanisms inside a burning cigarette[J]. Prog Energy Combust Sci, 1981, 7:135-153.

[6] BAKER R R. Variation of the gas formation regions within a cigarette combustion coal during the smoking cycle[J]. Beiträge Zur Tabakforschung, 1981, 11:1-17.

[7] BAKER R R. Variation of sidestream gas formation during the smoking cycle [J]. Beitr Tabakforsch Int, 1982, 11:181-193.

[8] BAKER R R. Formation of carbon oxides during tobacco combustion. Pyrolysis studies in the presence of isotopic gases to elucidate reaction sequence[J]. J Anal Appl Pyrol, 1983, 4:297-334.

[9] BAKER R R. A review of pyrolysis studies to unravel reaction steps in burning tobacco[J]. J Anal Appl Pyrol, 1987, 11:555-573.

[10] BAKER R R. The effect of ventilation on cigarette combustion mechanisms [J]. Recent Adv Tob Sci, 1984, 10:88-150.

[11] BAKER R R, BISHOP L J. The pyrolysis of tobacco ingredients[J]. J Anal Appl Pyrol, 2004, 71:223-311.

[12] BAKER R R, COBURN S, LIU C, et al. Pyrolysis of saccharide tobacco ingredients: a TGA-FTIR investigation[J]. J Anal Appl Pyrol, 2005, 74:171-180.

[13] NAGAO A, YAMADA Y, MIURA K, et al. A profile of the heat generation inside a cigarette during puffing[J]. Beiträge Zur Tabakforschung, 2014, 21(5):294-302

[14] 胡源,袁必和,宋磊.一种卷烟燃烧热测量装置[P]. ZL 201310322948,4.

[15] 胡军,刘珊,胡有持,等. 海藻多糖对烟支燃烧温度场的影响[J]. 烟草科技, 2011, 10:61-64.

[16] 江威,李斌,于川芳,等.卷烟纸透气度对卷烟燃烧锥温度分布的影响[J]. 烟草科技, 2007(9):5-9.

[17] 郑赛晶, 顾文博, 张建平,等. 利用红外测温技术测定卷烟的燃烧温度[J]. 烟草科技, 2006(7):5-10.

[18] 郑赛晶,顾文博,张建平,等. 抽吸参数对卷烟燃烧温度及主流烟气中某些化学成分的影响[J]. 中国烟草学报, 2007, 13:6-16.

[19] 丁丽婷,王笛,张瑞,等. 低引燃倾向卷烟燃烧锥温度的研究[J]. 云南化工, 2010, 37:10-15.

[20] 连芬燕, 李斌, 黄朝章. 滤嘴通风对卷烟燃烧温度及主流烟气中七种有害成分的影响[J]. 湖北农业科学, 2014, 53(17):4074-4078.

[21] 李斌, 庞红蕊, 谢国勇,等. 卷烟纸助燃剂含量与定量对卷烟燃吸温度分布特征的影响[J]. 烟草科技, 2013(12):45-49.

[22] 谢国勇, 李斌, 银董红,等. 卷烟燃吸温度分布与主流烟气中 7 种有害成分释放量的关系[J]. 烟草科技, 2013(11):67-72.

[23] 谢国勇, 李斌, 银董红,等. 卷烟纸透气度对卷烟燃吸温度分布特征的影响[J]. 烟草科技, 2013(10):35-39.

[24] BALIGA V L, MISER D E, SHARMA R K, et al. Physical characterization of the cigarette coal: part 1 — smolder burn[J]. J Anal Appl Pyrol, 2003, 68 - 69: 443 - 465.

[25] BALIGA V L, MISER D E, SHARMA R K, et al. Physical characterization of the cigarette coal: part 2 — Puff burn[J]. J Anal Appl Pyrol, 2004, 72: 83 - 96.

[26] 王道宽，连芬燕，刘雯，等. 卷烟包灰性能的影响因素[J]. 烟草科技，2013 (4): 12 - 15.

[27] 于国龙. 卷烟纸相关因素对卷烟包灰性影响分析[J]. 中华纸业，2015，36 (6): 37 - 40.

[28] 程占刚，叶明樵，胡素霞，等. 影响卷烟包灰能力的因素研究[J]. 烟草科技，2011(2): 9 - 12.

[29] TORIKAI K, YOSHIDA S, TAKAHASHI H. Effects of temperature, atmosphere and pH on the generation of smoke compounds during tobacco pyrolysis[J]. Food and Chem Toxicol, 2004, 42: 1409 - 1417.

[30] TORIKAI K, UWANO Y, NAKAMORI T, et al. Study of tobacco components involved in the pyrolytic generation of selected smoke constituents[J]. Food and Chem Toxicol, 2005, 43: 559 - 568.

[31] SENNECA O, CHIRONE R, SALATINO P, et al. Patterns and kinetics of pyrolysis of tobacco under inert and oxidative conditions [J]. Journal of Analytical and Applied Pyrolysis, 2007, 79(1): 227 - 233.

[32] BANYASZ J L, SAN L, JIM L H, et al. Cellulose pyrolysis: the kinetics of hydroxyacetaldehyde evolution [J]. J Anal Appl Pyrolysis, 2001, 57: 223 - 248.

[33] WOOTEN J B, SEEMAN J I, HAJALIGO M R. Observation and characterization of cellulose pyrolysis intermediates by ^{13}C CPMAS NMR: A new mechanistic model[J]. Energy & Fuels, 2004, 18: 181 - 15.

[34] GRATH T, SHARMA R, HAJALIGOL M. An experimental investigation into the formation of polycyclic-aromatic hydrocarbons (PAHs) from pyrolysis of biomass materials[J]. Fuel, 2001, 80: 1787 - 1797.

[35] SHARMA R S, WOOREN J B, BALIGA V L, et al. Characterization of chars from biomass-derived materials: pectin chars[J]. Fuel, 2001, 80: 1825 - 1836.

[36] HONGSHI S, HAJALIGOL M R. BALIGA V L. Oxidation behavior of biomass chars: pectin and populus deltoids[J]. Fuel, 2004, 83: 1495 - 1503.

[37] FENG J W, ZHENG S K, MACIEL G E. EPR investigations of charring and

char/air interaction of cellulose, pectin, and tobacco[J]. Energy & Fuels, 2004, 18:560 - 568.

[38] SOLIMAN A A A, EL-SHINNAWY N A, MOBARAK F. Thermal behaviour of starch and oxidized starch[J]. Thermochim Acta, 1997, 296: 149 - 153.

[39] AGGARWAL P, DOLLIMORE D. A comparative study of the degradation of different starches using thermal analysis[J]. Talanta, 1996, 43: 1527 - 1530.

[40] ZHOU S, WANG C H, XU Y B, et al. The pyrolysis of cigarette paper under the conditions that simulate cigarette smouldering and puffing[J]. Journal of Thermal Analysis and Calorimetry, 2011, 104:1097 - 1106.

[41] ZHOU S, NING M, XU Y B, et al. Effects of melamine phosphate on the thermal decomposition and combustion behavior of reconstituted tobacco sheet [J]. Journal of Thermal Analysis and Calorimetry, 2013, 112:1269 - 1276.

[42] 周顺，徐迎波，王程辉，等. 柠檬酸的热解特性[J]. 烟草科技，2011(9):45 - 49.

[43] 周顺，徐迎波，王程辉，等. 比较研究纤维素、果胶和淀粉的燃烧行为和机理[J]. 中国烟草学报，2011，17(5):1 - 9.

[44] 周顺，徐迎波，王程辉，等. 不同物理参数造纸法烟草薄片纸基在模拟卷烟燃烧环境下的热解特性[J]. 烟草科技，2012(9):63 - 67.

[45] 宁敏，周顺，徐迎波，等. 物理参数对造纸法烟草薄片纸基热降解和燃烧特性的影响[J]. 中国烟草学报，2013(1):15 - 19.

[46] 王程辉，周顺，徐迎波，等. 柠檬酸和苹果酸在卷烟阴燃状态下的燃烧行为和机制[J]. 安徽农业科学，2012，40:1441 - 1444.

[47] 夏巧玲，王洪波，郭吉兆，等. 烟草中部分含氮化合物模拟燃吸生成氨的影响因素[J]. 烟草科技，2014(8):55 - 57.

[48] 夏巧玲，王洪波，郭吉兆，等. 烟气中 HCN 主要前体成分研究[J]. 中国烟草学报，2014，20(5):1 - 5.

[49] 李晓亮，郑赛晶，王志华，等. 烟草热解残余物中自由基的分析[J]. 化学研究与应用，2014，26(10):1674 - 1678.

[50] 张尚明，宁敏，徐志强，等. 应用裂解-同步辐射光电离质谱法研究烟草样品的热裂解[J]. 烟草科技，2013(7):37 - 41.

[51] 陈翠玲，孔浩辉，曾金，等. 不同部位烟叶的热失重和热裂解行为研究[J]. 中国烟草学报，2013，19(6):9 - 13.

[52] 胡永华，宁敏，张晓宇，等. 不同热失重阶段烟草的裂解产物[J]. 烟草科技，2015，48(3):66 - 73.

[53] 李巧灵,刘江生,邓小华,等. 烟草热解燃烧过程香味成分的释放变化[J],烟草科技,2014(11):62 - 66.

[54] 殷发强,马舒翼,何佳文. 1-羧乙基氨基-1-脱氧-D-果糖在氦气中的热解产物分析[J]. 烟草科技,2005,10:12 - 14.

[55] 张敦铁,殷发强,何佳文. 三种 Amadori 化合物的热解研究[J]. 中国烟草学报,2006(2):13 - 16.

[56] 曾世通,刘珊,孙世豪,等. β-紫罗兰醇葡糖苷热裂解产物及其在卷烟主流烟气中的释放行为[J]. 烟草科技, 2013,8:33 - 36.

[57] 岳海波, 陈义坤, 王娟, 等. 香兰素-α-D-葡糖苷的热裂解分析及在卷烟中的应用[J]. 烟草科技,湖北农业科学,2013,52(24):6156 - 6158.

[58] GUAN K. Natural smolder in cigarette[J]. Combust Flame,1966,10:161 - 164.

[59] MURAMATSU M, UMEMURA S, OKADA T. A mathematical model of evaporation pyrolysis processes inside a naturally smoldering cigarette[J]. Combust Flame,1979,36:245 - 262.

[60] WOJTOWICZ M A, BASSILAKIS R, SMITH W W, et al. J Anal Appl Pyrolysis, 66:235 - 261.

[61] ROSTAMI A, MURTHY J, HAJALIGOL M. Model of a smoldering cigarette[J]. J Anal Appl. Pyrolysis,2003,66:281 - 301.

[62] MOHAMMAD S S, MOHAMMAD R H, FIROOZ R. Numerical simulation of a burning cigarette during puffing[J]. J Anal Appl Pyrolysis,2004,72:141 - 152.

[63] SUNGCHUL Y, MOHAMMAD R H, SUNG H J. The prediction of the effects of tobacco type on smoke composition from the pyrolysis modeling of tobacco shreds[J]. J Anal Appl Pyrolysis,2005,74:181 - 192.

[64] 江威,李斌,于川芳,等. 卷烟阴燃过程的数值模拟[C]// 中国烟草学会学术年会会议论文集, 2007.

[65] 颜聪,谢卫,李跃锋,等. 卷烟阴燃过程的数值模拟[J]. 烟草科技,2014(6):15 - 19.

[66] 沈凯,戴路,李鹄志,等. 烟丝添加剂对卷烟燃烧温度和烟气成分的影响研究[J]. 化学世界, 2013, 54(7):391 - 395.

[67] 韩迎迎,李军,曾健,等. 柠檬酸钾对造纸法烟草薄片纸基热解性能的影响[J]. 现代食品科技, 2012, 28(11):1488 - 1490.

[68] 吴宏伟,李丛民. 某些盐类添加剂对降低卷烟焦油量的机理研究[J]. 烟草科技, 2000,11:8 - 9.

[69] 缪应菊,刘维涓,王亚明,等. 纳米氧化铁对再造烟叶烟气 CO 释放量的影响及

其机制[J]. 河南农业科学，2014，43(10)：146－149.
[70] 覃宗华，万泉，李姗姗，等. 蒙脱石-烟草混合物热解过程的热红联用[J]. 吉林大学学报(地球科学版)，2015(S1)：8－15.
[71] 周顺，宁敏，徐迎波，等. 多聚磷酸铵对造纸法再造烟叶热解燃烧特性和感官质量的影响[J]. 烟草科技，2013(3)：61－66.
[72] 孔浩辉，陈森林. 一种可调整燃吸过程中烟支温度的卷烟[P]. CN 2012103645803.
[73] 宋旭艳，李丹，李冉，等. 低温燃烧型低害卷烟[P]. CN 2012204119355.
[74] 周顺，宁敏，王孝峰，等. 基于可控等值比法实时分析低温加热状态下烟草CO的释放量[J]. 烟草科技，2015，48(3)：24－28.
[75] 周顺，王孝峰，郭东锋，等. 低温加热状态下烤烟气溶胶释放量及其影响因素[J]. 烟草科技，2015，48(5)：34－40.
[76] 周顺，王孝峰，宁敏，等. 烟草低温加热状态下气溶胶粒径分布及影响因素[J]. 烟草科技，2016，49(9)：62－67.
[77] 唐培培，曾世通，刘珊，等. 甘油对烟叶热性能及加热状态下烟气释放的影响[J]. 烟草科技，2015，48(3)：61－65.
[78] 刘珊，唐培培，曾世通，等. 加热状态下烟叶烟气的释放特征[J]. 烟草科技，2015，48(4)：27－31.
[79] 本塞勒姆 A，迪威 S，施莱克 D M，等. 制造含有金属氧化物的炭质热源的改进方法[P]. CN 941062058.
[80] 赵敏，蔡佳校，张柯，等. 3种炭供热体材料的燃烧特性及反应动力学分析[J]. 烟草科技，2016，49(8)：76－82.
[81] 周顺，王孝峰，宁敏，等. 一种炭质热源燃烧速率的测试方法及测试装置[P]. CN 2015103325279.
[82] 曾世通，孙世豪，李鹏，等. 一种适用于加热非燃烧型烟草制品的烟草材料制备方法[P]. CN 2013104524656.
[83] 宁敏，周顺，王孝峰，等. 一种含有干馏香料的电子烟烟液[P]. CN 201510246335.6.
[84] 宁敏，周顺，王孝峰，等. 一种含有亚微米烟颗粒的电子烟烟液[P]. CN 201510246817.1.
[85] TOUEY G P，MUMPOWER R C. Measurement of the combustion zone temperature of cigarettes[J]. TobSci，1957(1)：33－37.
[86] EGERTON A，GUGAN K，WEINBERG F J. The mechanism of smouldering in cigarettes[J]. Combust Flame，1963(7)：63－78.
[87] 刘民昌，李斌，银董红，等. 卷烟燃烧锥温度分布的表征方法[J]. 烟草科技，2012(12)：9－13.

[88] 刘民昌，李斌，银董红，等．基于费马点平移原理的卷烟静燃温度数据前处理方法[J]. 烟草科技，2012(6)：20－23.

[89] LI B，PANG H R，ZHAO L C，et al. Quantifying gas-phase temperature inside a burning cigarette[J]. Industrial & Engineering Chemistry Research，2014，53：7810－7820.

[90] LI B，ZHAO L C，WANG L，et al. Gas-phase pressure and flow velocity fields inside a burning cigarette during a puff[J]. Thermochimica Acta，2016，623：22－28.

[91] NORMAN A B，HAYWORTH R G，PERFETTI T A. Properties of tobacco related to cigarette burn rates[J]. Tobacco Science，1999，43：23－40.

[92] NORMAN A B，PERFETTI T A，PERFETTI P F，et al. The heat of combustion of tobacco and carbon oxide formation[J]. Beitr Tabakforsch Int，2001，19(6)：297－307.

[93] 赵继俊，胡源，高震宇，等. 基于耗氧原理的卷烟引燃倾向测试装置[P]. CN 103487462B.

[94] 胡源，袁必和，宋磊，等. 一种卷烟燃烧热的测量装置及测量方法[P]. CN 103487462B.

[95] 窦玉清，张忠锋. 一种卷烟燃烧速率的检测方法[P]. CN 103424331 A.

[96] 李斌，崔晓梦. 一种用于卷烟燃吸过程中瞬时燃烧速率的测定方法[P]. CN 106324181 A.

[97] 高震宇，冯茜，刘勇，等. 基于机器视觉的卷烟阴燃速率测试系统设计[J]. 传感器与微系统，2013，32(3)：134－137.

[98] 赵继俊，张龙，高震宇，等. 卷烟阴燃速率测试系统的设计[J]. 数字技术与应用，2013，32(3)：134－137.

[99] 李斌，刘民昌. 一种用于卷烟烟支静燃速率的测定方法[P]. CN 102590276 A.

[100] 杨继，赵伟，杨柳，等. “Eclipse”卷烟的热重/差热分析[J]. 化学研究与应用，2015，27(5)：560－565.

[101] 杨继，杨帅，段沅杏，等. 加热不燃烧卷烟烟草材料的热分析研究[J]. 中国烟草学报，2015，21(6)：7－13.

第 2 章　卷烟燃烧气固相温度场诊断分析技术

在 19 世纪 50 年代末期，烟草科学界就已经开始了对燃烧的卷烟在阴燃和抽吸时的最高温度的测定[1]。不过因为卷烟内部结构疏松、温度不规则分布以及气体流速快，这方面的工作存在一定的难度。到了 20 世纪 60 年代和 70 年代，卷烟燃烧温度的测定已经是一个比较活跃的研究领域[2,3]了。当时用裸露的热电偶测量卷烟燃烧温度，结果表明在卷烟的燃烧锥中心存在着最高温度。不过这个报道的温度值在不同的实验中相差比较大，这可能和实验的误差、热电偶的规格等都有关系。

Touey 和 Mumpower 观察了热电偶丝的规格和燃烧最高温读数的关系。他们发现当热电偶丝的直径从 0.1 mm 降到 0.025 mm 时，能使读数增加 127 ℃[1]。在类似的研究中，Kobashi 发现当热电偶的直径从 0.2 mm 降到 0.05 mm 时，能使温度读数从 656 ℃增大到 812 ℃，当直径降到 0.03 mm 时，读数增大到 815 ℃。Pyriki 和 Muller 用更细的热电偶丝(0.015 mm)观察到抽吸时的最高温度达到了 1 050 ℃。然而，这种卷烟和其他的卷烟是不一样的[4]。

虽然用热电偶偶尔也检测出在燃烧卷烟的外围有某一热点比卷烟内部的温度高，但是绝大部分的结果表明：在各种燃烧状态下，温度值从卷烟中心沿着半径到外界能下降 300 ℃。相反，用 X 射线观察放置在卷烟内部的金属小微粒的熔化情况表明，温度的最高点在卷烟的外围，为 900 ℃；而且通过辐射方法测得的表面温度显示，抽吸时为 850～920 ℃，阴燃时为 700 ℃，短暂的热点能高达 1 200 ℃[2]。

英美烟草公司的 Baker 博士在前人工作的基础上，用一根很细的热电偶测量气相温度，用红外传导纤维光学探针测量固相的温度，通过仔细地放置和重复地测量，Baker 描绘出燃烧的卷烟在阴燃和抽吸时的温度的分布[5]。他发现抽吸时炭线前面的燃烧锥底部周围固相最高温度可达 900 ℃，据推测，进入卷烟的气流速度在此处最大。气相的最高温度在 850 ℃以上，处于燃烧锥内部，大致等于或略高于该处的固相温度。燃烧锥底部的气相温度则较低，在抽吸过程中处于 600～700 ℃之间，低于该处的固相温度。炭线附近气相温度为 400～500 ℃。炭线后部 2 mm 处，气相温度已下降到 200 ℃左右。炭线后气相温度急剧下降，温度梯度很陡，炭线后 1 cm 处烟气温度下降到 100 ℃以下，进入口腔的烟气温度只有 30～50 ℃。停止抽吸时，燃烧锥的固相温度和气相温度逐渐趋于一致，达到热平衡状态。Baker 的研究解决了前人用不同方法测出不同的最高温位置的冲突。

红外扫描技术的发展为测量卷烟燃烧时的外围温度提供了一个新的方法。Laszio 等人首次用红外扫描仪测量了卷烟抽吸时表面的最高温度[6,7]，Liu 进一步扩展了这个工作，研究了燃烧卷烟表面温度的分布和时间的关系[8]。这种红外测温方法特别适用于记录卷烟抽吸时快速改变和不均一的温度分布。

虽然从 20 世纪 80 年代后，测量燃烧卷烟温度的实验减少了，不过这可能是因为此后人们更加注重对燃烧状态的计算机模拟[9]，而并不表明不需要在这个领域进行实验研究了，因为设计还是得以实验作为依据和手段的。国际著名大公司，如 PM、RJR、BAT 等，早已把卷烟燃烧温度的测量结果作为日常测试指标。2002 年，在 BAT 有关助燃剂的文章中，燃烧温度是很重要的依据之一：据 JT 公司提供的交流材料，它把上百种烟叶原料的燃烧温度与常规化学指标列在一起。可见燃烧温度测试也已经是日常测试指标。但是这种温度测试系统也只是在几个大公司里有，并且都是他们自主研发的，还没有商品化。

国内在卷烟燃烧温度测试领域的研究虽然起步较晚，但发展很快，尤其是李斌等人基于热电偶测温技术建立了卷烟燃吸过程温度分布检测的标准方法[10]，并设计了基于该方法的卷烟燃烧温度检测的商品化仪器。这一方面有利于对卷烟燃烧温度检测的日常化，另一方面，也是更重要的方面，可促进烟草行业减害降焦战略的深度推进。在本章中，将介绍卷烟燃烧气固相温度测量技术，并梳理总结卷烟燃烧温度的动态测量与调控技术的研究进展。

2.1　基于热电偶的卷烟燃吸温度场测温技术

2.1.1　热电偶测温技术的基本原理

温度是表征物体冷热程度的物理量，其宏观概念是建立在热平衡基础上的。从微观上说温度是物体分子运动平均动能大小的标志。根据热力学第零定律：当各物体发生热接触并达到热平衡时，各物体温度相等。这时，其中一个物体的温度就可反映另一个物体的温度。若已知某一物体的性质或状态与温度的变化关系，则此物体可用来制作温度计。

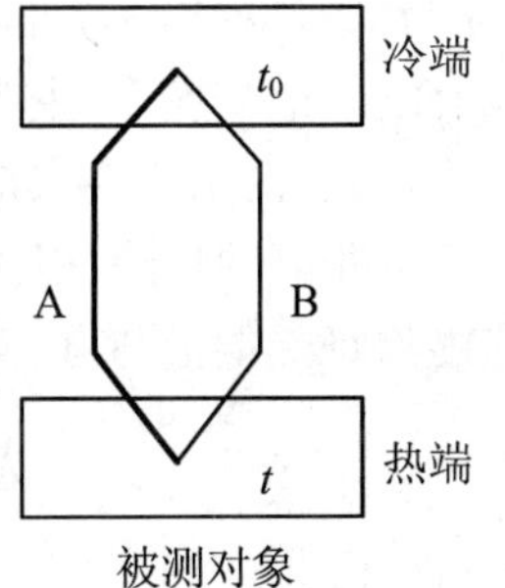

图 2.1　热电偶原理示意图

热电现象：将两种不同材料的金属（导体）按图 2.1 所示组成的闭合回路称为热电偶，即热偶丝，也叫热电极。将其放在被测对象中，感受温度变化的那段称为工作端或热端，另一端称为自由端或冷端。当热端和冷端温度不同时，回路中有电流流过，此电流称为热电流，产生热电流的电动势称为热电势,这种现象称为热电现象。

2.1.1.1 热电偶常用的基本定律

1. 均质导体定律

由一种均质导体或半导体组成的闭合回路,不论其截面、长度和各处温度分布如何,都不会产生热电势。由该定律可得出如下推论:

① 热电偶必须用两种性质不同的热电极构成。

② 热电偶产生的热电势的大小与热电极的直径、长度及与热电极长度上的温度分布无关,只与热电极材料和两端温度有关。

③ 若热电极材料的性质不均匀,即当温度沿热电极的分布不同时,则热电偶将产生附加热电势。

2. 中间导体定律

该定律内容是:在热电偶回路中接入第三种均质导体后,只要保证所接入导体两端温度相同,就不会影响热电偶的电动势。

3. 中间温度定律

热电偶 A、B 在接点温度 t、t_0时的热电势等于热电偶 A、B 在接点温度分别为 t_0、t_n和 t_n、t_0时热电势的代数和:

$$E_{AB}(t,t_0) = E_{AB}(t,t_n) + E_{AB}(t_n,t_0) \tag{2.1}$$

由此定律可得如下结论:

① 该定律为制定和使用热电偶的热电势-温度关系分度表奠定了理论基础。

② 该定律为应用补偿导线提供了理论依据。

2.1.1.2 热电偶的广义分类

热电偶可分为标准热电偶和非标准热电偶两大类。所谓标准热电偶是指由国家标准规定了热电势与温度关系的,允许误差,并有统一的标准分度表的热电偶,它有与其配套的显示仪表。非标准热电偶在使用范围或数量级上均不及标准热电偶,一般也没有统一的分度表,主要用于某些特殊场合的测量。为了保证热电偶能可靠、稳定地工作,对它的结构要求是:组成热电偶的两个热电极的焊接必须牢固;两个热电极彼此之间应很好地绝缘,以防短路;补偿导线与热电偶自由端的连接要方便可靠;保护套管应能保证热电极与有害介质充分隔离。

2.1.1.3 热电偶冷端的温度补偿

由于热电偶的材料一般比较贵重(特别是有时会采用贵金属),而测温点到仪表的距离通常很远,故为了节省热电偶材料,降低成本,常用补偿导线把热电偶的冷端(自由端)延伸到温度比较稳定的控制室内,连接到仪表端子上。必须指出,热电偶补偿导线的作用只是延伸热电极,使热电偶的冷端移动到控制室的仪表端子上,它本身并不能消除冷端温度变化对测温的影响,不起补偿作用。因此,还需采用其他修正方法来补偿在冷端温度 $t_0 \neq 0$ ℃时对测温的影响。在使用热电偶补偿导线时必须注意型号相匹配,极性不能接错,补偿导线与热电偶连接端的温度差不能超过 100 ℃。

热电偶是工业上最常用的温度检测元件之一,为接触式测温,其优点有:因热电偶直接与被测对象接触,不受中间介质的影响,故测量精度高;测量范围广,常用的热电偶在−50～+1 600 ℃均可连续测量,某些特殊热电偶最低可测到−269 ℃(如金铁镍铬),最高可达+2 800 ℃(如钨-铼);构造简单,使用方便。热电偶通常是由两种不同的金属丝组成,而且不受大小和开头的限制,外有保护套管,用起来非常方便。

热电偶测温的缺点是:热电偶损耗比较大,增大了维护工作量,备件费用高;热响应有一定滞后。

2.1.1.4　热电偶的选型[11]

我国从 1988 年 1 月 1 日起,热电偶和热电阻已经全部按 IEC 国际标准生产,并指定了 S、B、E、K、R、J、T 7 种标准化热电偶为我国统一设计型热电偶。工业用热电偶作为温度测量仪表,通常用来和显示仪、记录仪等配套使用,以直接测量各种生产过程中从 0～+1 800 ℃范围内的液体、蒸气和气体介质以及固体表面的温度,并可根据用户的要求做成铠装、装备、防爆等适合多种工业现场和实验室要求的产品。

1. 热电偶的分度号与测温范围的关系

热电偶的分度号与测温范围的关系详见表 2.1。

表 2.1　热电偶的分度号与测温范围关系表

名　称	分度号	测温范围/℃	直径/mm	允许误差
铂铑 30-铂铑 6	B	0～+1 800	ø12、ø16、ø20、ø25 可选	±1.5 ℃或±0.25%
铂铑 10-铂	S	0～+1 600	ø12、ø16、ø20、ø25 可选	±1.5 ℃或±0.25%
铂铑 13-铂	R	0～+1 600	ø12、ø16、ø20、ø25 可选	±1.5 ℃或±0.25%
镍铬-镍硅	K	−200～+1 300	ø12、ø16、ø20、ø25 可选	±2.5 ℃或±0.75%
镍铬-康铜	E	−200～+800	ø12、ø16、ø20、ø25 可选	±2.5 ℃或±0.75%
镍铬-康铜	T	−200～+350	ø12、ø16、ø20、ø25 可选	±2.5 ℃或±0.75%

2. 根据用途和结构形式进行选型

(1) 铠装热电偶

铠装热电偶具有体形细长、热响应快、耐震动、使用寿命长以及便于弯曲等优点,广泛应用于航空、原子能、石油、化工、冶金、机械、电力等工业部门和科技领域,尤其适用于管线狭窄、弯曲和快速反应、微型化的特殊要求测温场合。铠装热电偶通常由铠装偶元件、安装固定装置和接线装置等主要部件组成。

吹气型铠装热电偶是一种专用铠装热电偶。吹气型铠装热电偶结构原理是在铠装热电偶感温元件和外保护管之间构成一定的气路，在气路中，通入大于 1.03×10^5 Pa的惰性气体，以排除或减少热电偶在高温、高压条件下受还原气体渗入的影响，从而延长铠装热电偶的使用寿命。

铠装热电偶测温范围大、反应速度快、外径小、温度变化反应迅速、安装方便、使用寿命长、气密性好、机械强度好，可在有震动、低温、高温条件下使用。

(2) 装配热电偶

装配热电偶与显示仪表配套，可在－200～＋1 600 ℃范围内对气体、液体介质以及固体表面温度进行检测，广泛应用于航空、原子能、石油、化工、冶金、机械等工业部门和科技领域。装配热电偶通常由感温元件、保护管、接线盒及安装固定装置等主要部件组成。高炉热风炉热电偶是一种专用的装配热电偶。高炉热风炉热电偶采用抗高温、耐腐蚀材料制造，测温范围大，精度和承压高，且耐大气流冲刷，适用于热风炉等工业炉窑等高温、高压和腐蚀环境场合中的温度测量。装配热电偶测量范围大、使用寿命长、安装使用方便。

(3) 热套式电偶

热套式电偶主要用于测量蒸气管道及锅炉温度。此种热电偶为热套保护管与铠装热电偶(均为绝缘型)可分离方式。使用时，用户将热套焊接或机械固定在设备上，然后装上电偶就可工作。它的优点是提高了保护管的工作压力和使用寿命，便于维修或更换热电偶，目前这种结构形式已被国内外广泛采用。热套式电偶还包括烟道热电偶、风道热电偶、高温高压热电偶、中温中压热电偶以及低温低压热电偶。

(4) 防爆热电偶

防爆热电偶利用间隙隔爆原理，设计具有足够强度的接线盒等部件，将所有会产生火花、电弧和危险温度的零部件都密封在接线盒腔内。当接线盒腔内发生爆炸时，能通过接合面间隙熄火和冷却，使爆炸后的火焰和温度无法传到腔外。防爆热电偶可直接测量生产现场存在的碳氢化合物等爆炸物的 0～1 300 ℃范围内液体、蒸气和气体介质以及固体表面的温度。防爆热电偶的特点是：具有多种防爆形式，防爆性能好；使用压簧式感温元件，抗震性能好；测量范围大；机械强度高，耐压性能好。

2.1.1.5 热电偶的主要技术指标

1. 温度测量范围和允差

热电偶可测量温度的范围和允许误差与热电偶的分度号密切相关，表 2.1 已列出了常用的几种热电偶的温度测量范围和允许误差。

2. 热响应时间

在温度出现阶跃变化时，热电偶的输出变化到相当于该阶跃变化的 50％所需要的时间称为热响应时间，用 $\tau_{0.5}$表示。

3. 公称压力

一般是指在工作温度下保护管所能承受而不破裂的静态外压。实际上，允许工作压力不仅与保护管材料、直径、壁厚有关，还与其结构形式、安装方法、置入深度以及被测介质的流速和种类等有关。

4. 最小置入深度

最小置入深度应不小于其保护管外径的 8～10 倍(特殊产品例外)。

5. 绝缘电阻(常温)

常温绝缘电阻的实验电压为直流(500±50) V，测量常温绝缘电阻的大气条件是温度为 15～35 ℃，相对湿度为 80％，大气压力为 86～106 kPa。

6. 防爆等级(隔爆热电偶)

隔爆热电偶的防爆等级适用于爆炸性气体混合物的最大安全间隙，分为 A、B、C 三级。

2.1.2　基于热电偶的卷烟燃吸温度场测温技术

郑州烟草研究院烟草行业工艺重点实验室基于热电偶原理，研究开发了卷烟燃吸温度分布检测仪。该仪器主要包括：卷烟预打孔装置、卷烟夹持装置及温度数据采集处理系统[12-14]。

2.1.2.1　卷烟燃吸温度分布检测仪构建

1. 卷烟预打孔装置

卷烟预打孔装置如图 2.2 所示，其具有以下特征：

① 在插入热电偶之前对卷烟测温位置进行预打孔，打孔方式为高速旋转钻孔，这种方式能够解决卷烟在热电偶插入过程中易变形的问题，且可使热电偶插入更为顺利，更不易折弯、损坏，有效提高热电偶的使用寿命。

② 卷烟预打孔装置安装有红外定位探头，能够在轴向位置按实验需求精确打孔。

③ 卷烟预打孔装置有和卷烟夹持装置配套的热电偶螺旋测微器进位装置(位移精度为 0.01 mm)，可以在径向位置精确进位。

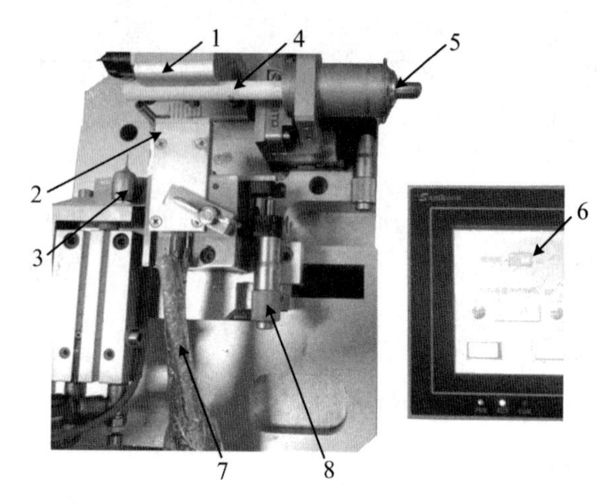

图 2.2　卷烟预打孔装置

1. 卷烟支架；2. 热电偶组；3. 精确冲孔钻头；4. 卷烟样品；5. 烟支夹持器；6. 软件控制面板；7. 热电偶补偿线；8. 触屏操作平台

2. 热电偶型号、间距及数量

由于卷烟燃烧时产生热量较小，热电偶的型号、间距及数量可能会对温度检测结果造成一定的影响，参考标准 JB/T 9238 — 1999[10]选用 4 种热电偶进行对比实验，以在距卷烟燃烧端 22 mm 处检测到的最高温度作为评价指标，热电偶参数如表 2.2 所示。

表 2.2　热电偶参数

公　司	型　号	分度号	直径/in	工作温度/ ℃
上海谷田	无	K	0.01	
OMEGA	TJ36-CAXL-010G-6	K	0.01	600
沈阳中色	无	K	0.01	
OMEGA	TJ36-CAXL-020G-6	K	0.02	800

注：1 in=25.4 mm。

单支热电偶在阴燃和抽吸条件下得到的最高温度如表 2.3 所示。发现谷田(0.01 in)热电偶检测得到的温度最高，其次为 OMEGA(0.01 in)。但在实验过程中发现谷田(0.01 in)热电偶用过一段时间后会变脆，插入卷烟时易损坏，其耐用性不如 OMEGA(0.01 in)热电偶，故后续工作采用 OMEGA(0.01 in)热电偶进行温度检测。

热电偶间距分别为 1 mm、2 mm、3 mm、4 mm(数量为 3 支，记录中间的热电偶的检测温度)及单支热电偶条件下得到的最高温度(表 2.4)。结果表明随着热电偶间距的增大，其所测温度呈增加趋势。当热电偶间距大于 2 mm 时，间距对所测温度影响相对较小,尤其是在抽吸过程中表现明显。考虑到后续工作中一次检测需要得到尽可能多的温度数据,故将热电偶间距设置为 2 mm。实际测量发现卷烟燃烧锥的长度一般不超过 10 mm,考虑到后续工作中需要分析抽吸时卷烟温度分布的变化情况,故将温度检测范围设置为 14 mm,热电偶数量设置为 8 支。

表 2.3　不同燃烧方式下各热电偶测量得到的最高温度

燃烧方式	热电偶型号	最高温度/℃			
		1	2	3	平均值
阴燃	谷田(0.01 in)	762.1	722.4	742.5	742.3
	OMEGA(0.01 in)	702.4	753.7	766.6	740.9
	中色(0.01 in)	738.0	705.3	746.1	729.8
	OMEGA(0.02 in)	668.1	652.6	664.1	661.6
抽吸	谷田(0.01 in)	792.9	787.7	779.6	786.7
	OMEGA(0.01 in)	758.4	768.6	771.4	766.1
	中色(0.01 mm)	747.7	756.7	713.4	739.3
	OMEGA(0.02 in)	718.7	709.8	713.2	713.9

表 2.4　不同燃烧方式下各间距测量得到的最高温度

燃烧方式	热电偶间距/mm	最高温度/℃			
		1	2	3	平均值
阴燃	1	655.5	637.8	645.0	646.1
	2	705.0	716.7	712.2	711.3
	3	709.8	711.8	718.9	713.5
	4	754.5	742.6	754.5	750.5
	单支	768.2	762.8	766.4	765.8
抽吸	1	679.2	677.0	680.2	678.8
	2	759.3	748.2	756.3	754.6
	3	765.0	755.4	770.6	763.7
	4	767.2	760.0	774.6	767.3
	单支	801.5	776.6	766.9	781.7

3. 热电偶及其夹持装置

检测中所使用的温度传感器为 0.01 in 的 K 型热电偶(美国 OMEGA 公司),传感器中的热电偶丝直径为 0.05 mm,焊点紧贴绝缘层,补偿线长度为 600 mm;卷烟夹持装置如图 2.3 所示，其具有以下特征：

① 图 2.3 中热电偶补偿导线、针信号插头、热电偶夹板与热电偶共同组成热电偶模块，该模块是温度检测系统最为重要的部件之一，能够将卷烟燃烧锥的温度转换为电动势信号，并通过信号插头传输至高速采集卡。

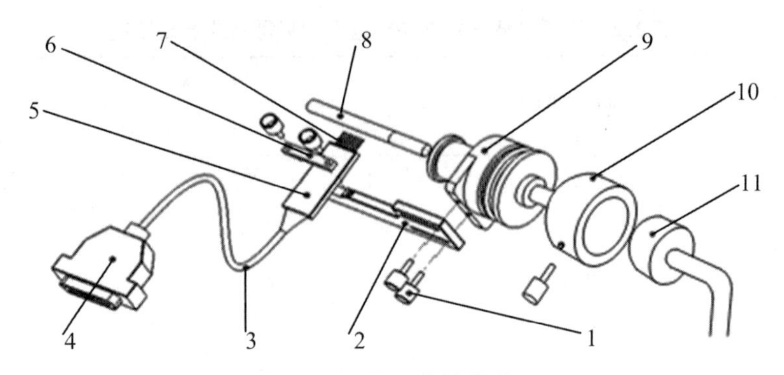

图 2.3 卷烟夹持装置

1. 紧固螺钉；2. 热电偶模块支架；3. 热电偶补偿导线；4. 针信号插头；5. 热电偶夹板；6. 热电偶模块紧固件；7. 热电偶；8. 被测卷烟；9. 夹烟器；10. 夹烟器与吸烟机连接部件；11. 吸烟机插烟部件

② 热电偶插入卷烟后，通过热电偶模块支架实现热电偶模块与夹烟器的连接，使卷烟与热电偶的相对位置不随卷烟夹持装置的移动而改变。热电偶模块化能够使热电偶与被测卷烟的相对位置保持一致，减少了对热电偶的人为操作，能够有效提高实验的重复性及热电偶的使用寿命。

③ 通过连接部件将夹烟器与吸烟机连接，将其用紧固螺钉固定在吸烟机插烟部件上，其前端镶嵌的 6 颗小型磁铁将吸附夹烟器，通过不同的连接部件实现卷烟夹持装置与各类型吸烟机的连接，并能够即插即用。

4. 温度数据采集系统

温度数据采集系统与吸烟机联用，在软件中设置标记热电偶位置以及基准温度等参数，当实际温度达到设置的基准温度时，吸烟机开始抽吸，同时系统可实时采集并显示各热电偶的温度数据，如图 2.4 所示。

5. 温度数据预处理系统

卷烟样品温度检测完成后，利用此系统对温度数据进行预处理。首先导入所要处理的温度数据，根据需求对温度数据进行预处理。采用定值平移平均的方法处理数据，如图 2.5 所示，数据经预处理后可生成一个平均温度数据文件。

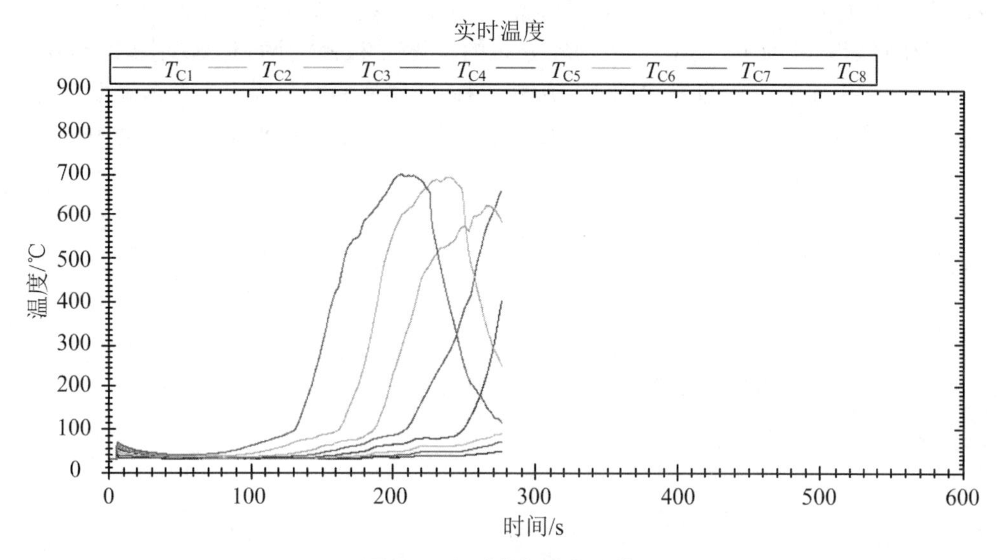

图 2.4　温度数据采集系统

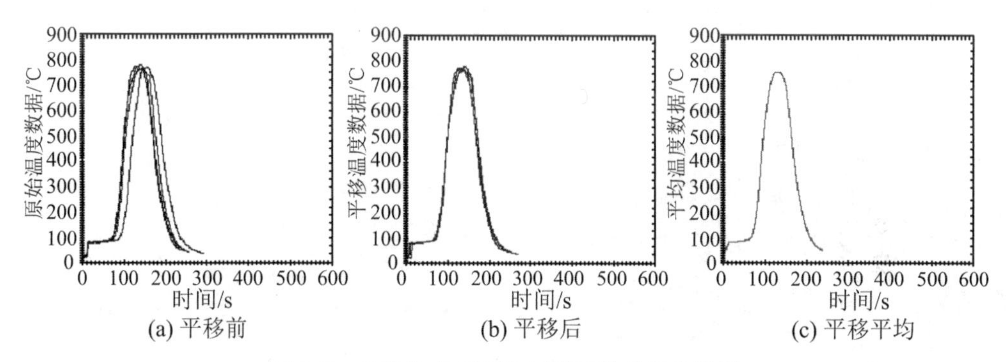

(a) 平移前　(b) 平移后　(c) 平移平均

图 2.5　平移前、平移后和平移平均的温度数据

2.1.2.2　温度数据检测方法

1. 样品的制备

将100支某牌号卷烟(圆周长24.4 mm)单层均匀地置于GB/T16447—2004规定的环境中调节48 h,称量并计算100支卷烟的平均质量,挑选30支在平均质量±5 mg范围内的卷烟作为测试样品。

2. 检测位置的确定

利用微波水分密度检测仪检测卷烟内部的密度分布,图2.6(a)所示为25支卷烟内部的轴向平均密度分布曲线。观察发现卷烟内部密度在轴向存在较大波动,而在距卷烟点燃端20～45 mm范围内相对稳定。选取轴向测温位置为距卷烟点燃端22～36 mm

处。用 8 支热电偶同时进行检测，轴向间隔 2 mm，可将卷烟沿直径方向等分为 9 个梯度，则在卷烟纵剖面上得到 72 个均匀分布的温度分布检测网格点，如图 2.6(b)中"+"所示。由于卷烟沿自身中轴线呈旋转对称，实际实验时只需对由卷烟表面至中轴线的 5 个梯度进行检测即可。每个梯度重复实验 5 次，温度数据采集频率为 10 Hz。

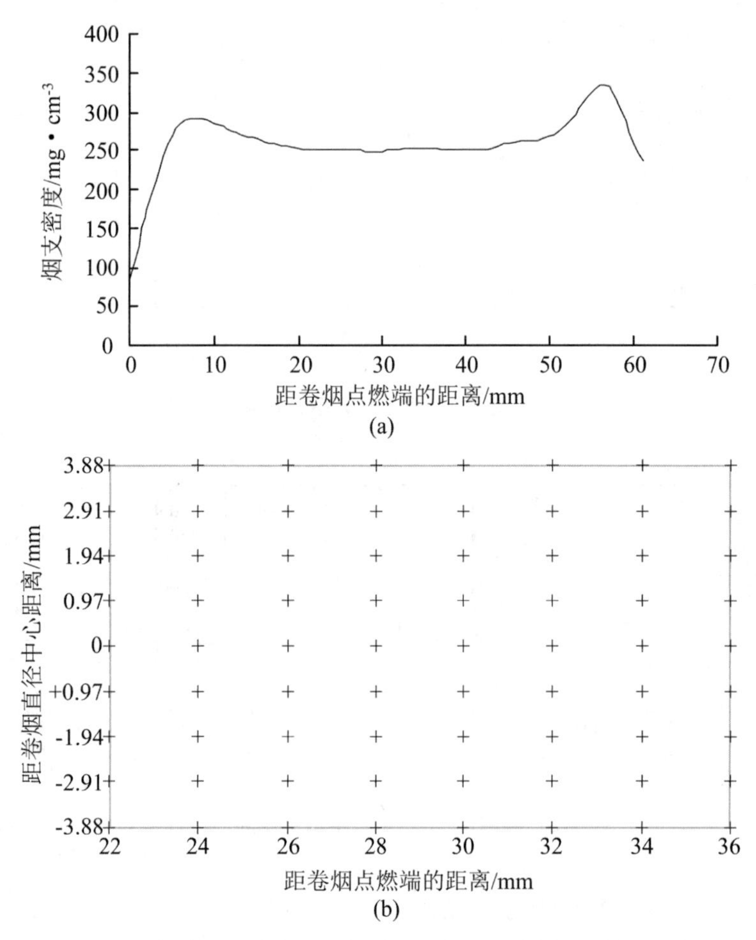

图 2.6　烟支内部密度分布(a)和卷烟温度分布检测网格点(b)

3. 抽吸时刻的确定

选取轴向测温位置为距卷烟点燃端 22～36 mm 处，用 8 支热电偶同时检测，轴向间隔 2 mm，将卷烟沿直径方向等分为 9 个梯度，实际实验时只需对由卷烟表面至中轴线的 5 个梯度进行检测，如图 2.7(a)所示。传统研究工作中利用燃烧线确定抽吸时刻，通过肉眼观察燃烧线是否到达标记线。实验发现由于卷烟平均静燃速率为 4.5 mm/min，燃烧线推进速度慢，使得肉眼观察燃烧线法的灵敏度较低。本项目利用基准温度确定抽吸时刻，如图 2.7(b)所示。实验发现卷烟直径中心处静燃温度在 480 ℃左右时升温最快，其平均升温速率可达 15 ℃/s，以此时的温度为基准确定抽吸时刻最为灵敏。以 A 牌号卷烟为例，当直径中心温度达到 480 ℃时，其他 4 个深度的温度分别为 450 ℃、400 ℃、330 ℃和 250 ℃，点燃卷烟后使之处于静燃状态，当各深度热电偶温度达到对应的燃烧线温度时开始抽吸。

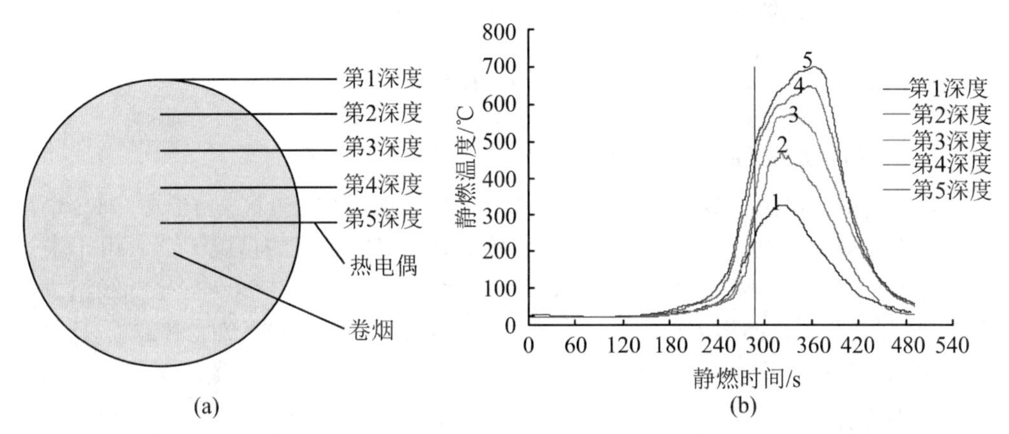

图 2.7　热电偶在卷烟横截面的插入位置(a)和静燃时不同深度热电偶检测到的温度曲线(b)

4. 实验次数的确定

由于每支卷烟内部的物理结构不可能完全相同，导致其燃吸温度存在一定的差异。为解决这一问题，须对多次重复实验数据进行平均。由于径向中心位置处检测到的温度受外界气流影响最小，所以以在径向中心位置处检测到的温度为研究对象，考察实验重复不同次数对检测结果重复性的影响，实验的重复性以相对标准偏差(RSD)表示。

由图 2.8 可知，随着实验重复次数的增加，在径向中心位置处检测到的温度相对

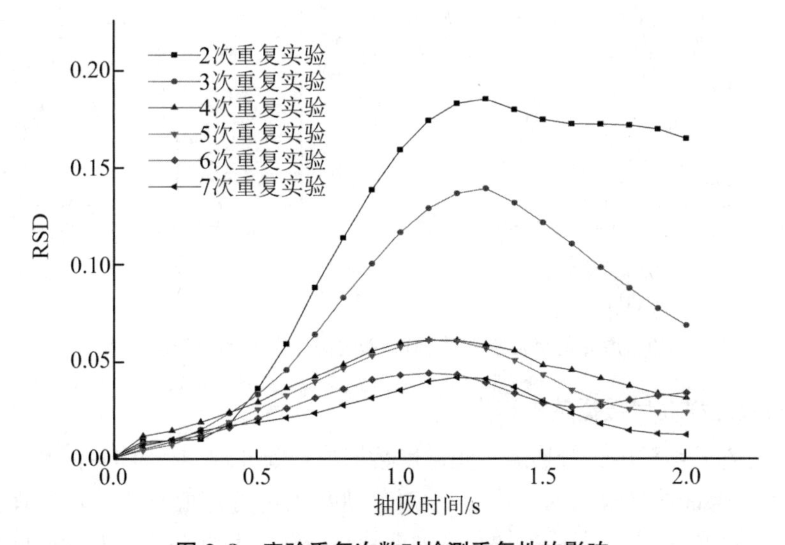

图 2.8　实验重复次数对检测重复性的影响

标准偏差逐渐减小，且当实验重复次数小于 4 时，增加实验的重复次数，能够显著提高检测结果的重复性；当实验重复次数大于 4 时，增加实验重复次数能够在一定程度上提高检测结果的重复性，但效果不明显。为确保检测结果的重复性，增加 1 次实验，因此确定实验重复次数为 5 次，此时检测结果的重复性良好。

2.1.2.3 燃吸温度场分布数据处理方法

1. 静燃过程温度数据前处理方法

费马点最先由法国数学家皮埃尔·德·费马发现，即在一个三角形中，到 3 个顶点距离之和最小的点，而费马点的定义还可以推广到更多点的情况[15,16]。由于卷烟中烟气成分的生成温度一般在 200 ℃以上，因此，将温度曲线与 200 ℃坐标线组成一个不规则曲面，则此曲面内部存在一个费马点，其到曲面边缘的距离之和最短，且每条温度曲线的费马点均对应一个时间坐标 x_i。计算 5 条曲线中费马点所对应的时间坐标的平均值 $\bar{X}$：

$$\bar{X} = \frac{1}{5}\sum_{i=1}^{5} x_i \tag{2.2}$$

平移每个卷烟样品的温度曲线使费马点时间坐标为 $\bar{X}$，之后考察各个时刻下 5 组数据的离散程度，如果存在异常值，则需要剔除异常值以后再求平均值，如图 2.9 所示。异常值的判定依据为计算 5 组数据的平均值和标准差，如果数据在平均值加减 2 倍标准差以内，可认为其是正常值，否则为异常值。

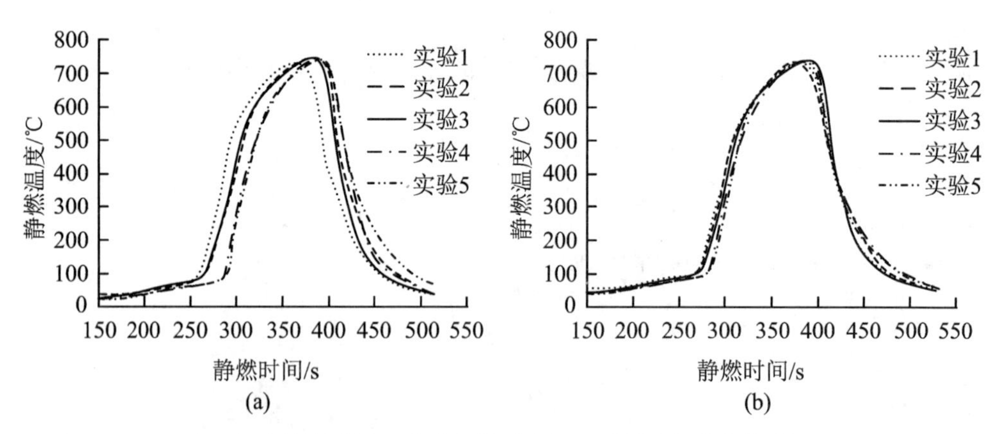

图 2.9 原始静燃温度曲线(a)和费马点平移后静燃温度曲线(b)

2. 抽吸过程温度数据前处理方法

利用定值平移平均法对抽吸过程温度数据进行前处理，对于同一深度须进行多次重复实验；为保证抽吸时刻的一致性，须对原始数据进行定值平移平均处理。对于同一深度实验数据，求出 5 个样品抽吸温度曲线首先达到基准温度时对应时间坐标的平

均值 $\bar{X}\left(=\frac{1}{5}\sum_{i=1}^{5}x_i\right)$，将每个样品的抽吸温度曲线平移至基准温度点对应的时间坐标为 $\bar{X}$，然后考察各个时刻下 5 组数据的离散程度，如果存在异常值，则需要剔除异常值以后再求平均值，如图 2.10 所示。

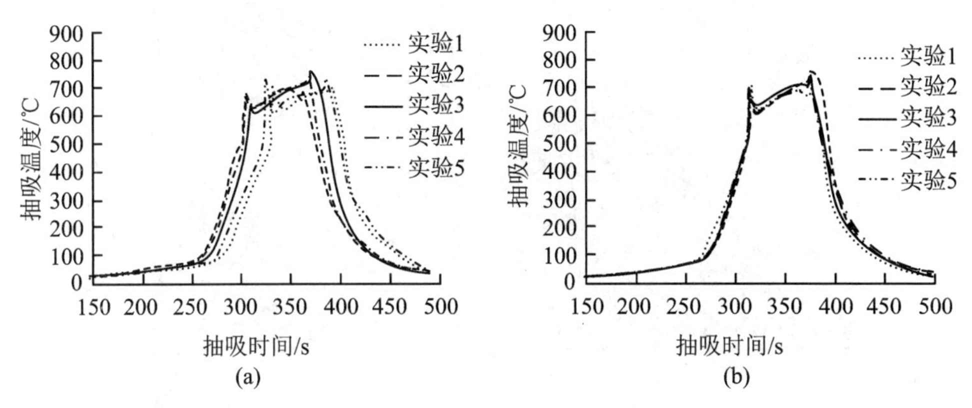

图 2.10　原始抽吸温度曲线(a)和定值平移后抽吸温度曲线(b)

3. 数据插值算法对比

由于温度检测点数量有限，需要利用插值算法来用已知检测点的温度数据计算燃烧锥区域中其他点的温度数据。对定值平移平均得到的平均温度数据分别利用 5 种插值方法[13,14]进行插值计算，将在第 4、第 5 深度实际测量所得的 16 个数据与插值结果进行对比分析，可得表 2.5 所示的统计结果。采用双三次插值计算误差较低，同时更能体现卷烟燃吸过程中温度的细节变化，可更多地保留测试中的真实数据。对各个时刻的温度数据采用双三次插值绘图可观察卷烟燃吸过程中温度分布的变化情况，图 2.11 所示为卷烟抽吸第 2 秒时的燃烧锥内部温度的分布情况。

表 2.5　不同插值方法误差比较

插值方法	相关系数	平均绝对误差/℃	平均相对误差/%	均方根误差/℃
双三次插值	0.968 1	33.41	10.31	46.02
径向基函数	0.969 5	32.95	10.60	45.03
连线法	0.969 4	34.78	11.01	45.63
改进谢别德	0.971 5	40.45	12.13	45.42
最邻近点法	0.939 4	46.84	15.33	64.10

4. 卷烟燃吸温度分布的表征方法

插值算法确定后，根据研究的需要，可对检测得到的温度数据重构后进一步分析，表征得到卷烟燃吸过程中各时刻燃烧锥任意点温、线温、面温和温度区间的体积分布信息。

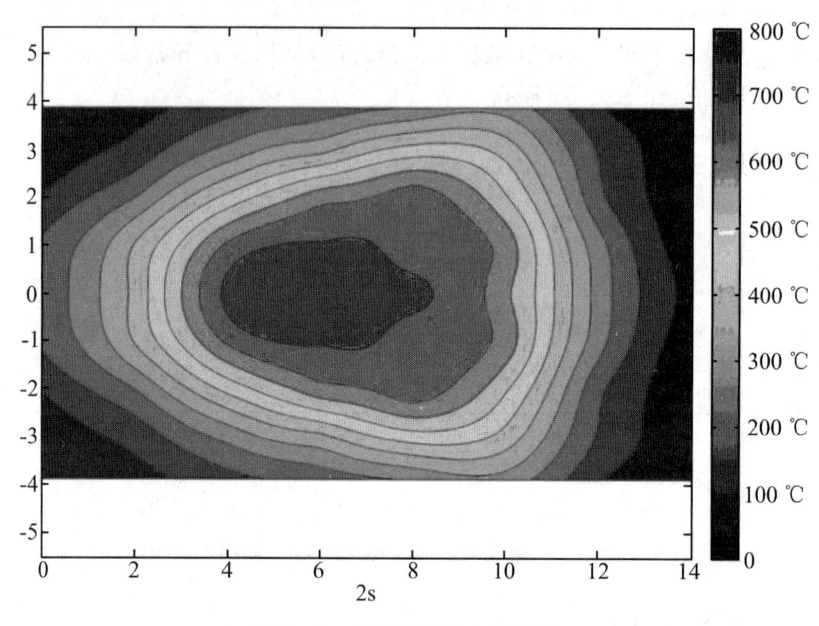

图 2.11 燃吸温度分布剖面图

（1）卷烟燃吸温度的面积分布

温度分布图的总实际面积为

$$S = 2r \cdot d \tag{2.3}$$

式中，r 是卷烟半径，d 是热电偶轴向测温范围，利用计算机统计温度分布图内的像素数 N，则每个像素的实际面积为

$$S' = \frac{S}{N} \tag{2.4}$$

将温度分布按所需的温度梯度划分为若干区域，利用计算机统计各温度区域内的像素数 N_i，则各温度区域的面积为

$$S_i = \frac{S \cdot N_i}{N} \tag{2.5}$$

相关结果如表 2.6 和图 2.12 所示。

表 2.6　不同抽吸时刻下各温度区域的面积

抽吸时刻	各温度区域面积/mm²					
	200～300 ℃	300～400 ℃	400～500 ℃	500～600 ℃	600～700 ℃	700～800 ℃
抽吸前	25.36	20.42	17.59	14.66	6.42	0.00
抽吸 1 s	24.51	18.54	20.13	13.59	13.59	0.72
抽吸 2 s	21.64	18.54	19.14	17.88	13.79	7.78
抽吸结束后 1 s	21.56	19.25	20.46	17.18	17.76	2.79
抽吸结束后 2 s	22.49	21.83	21.41	16.21	16.29	0.27
抽吸结束后 3 s	22.96	22.53	21.23	17.01	14.58	0.00

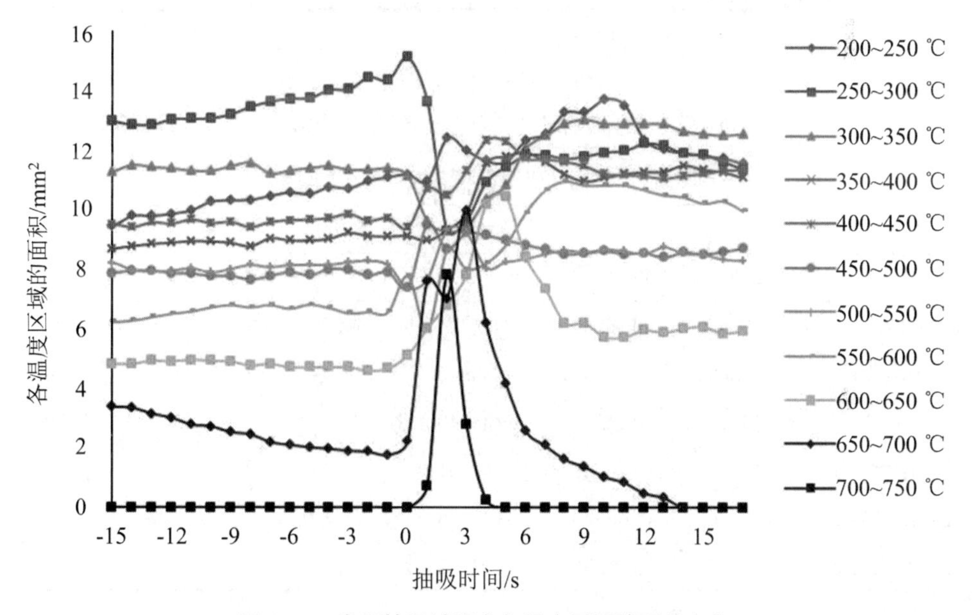

图 2.12　卷烟抽吸过程中各温度区域的面积变化

(2) 卷烟燃吸温度的体积分布

卷烟以自身中轴线成旋转对称，各温度区域的曲面绕卷烟中轴线形成一个旋转体，其体积计算实际上就是计算此旋转体的体积，旋转体可以细分为若干像素绕卷烟中轴线形成的细环，环的半径为 r_j，可以将环看成是高度为 $2\pi \cdot r_j$，底面积为 $S'\left(=\dfrac{S}{N}\right)$ 的柱状体，则各温度区域的体积为

$$V_i = \frac{\pi \cdot S}{N}\sum_{j=1}^{n} r_j \tag{2.6}$$

结果如图 2.13 和表 2.7 所示。

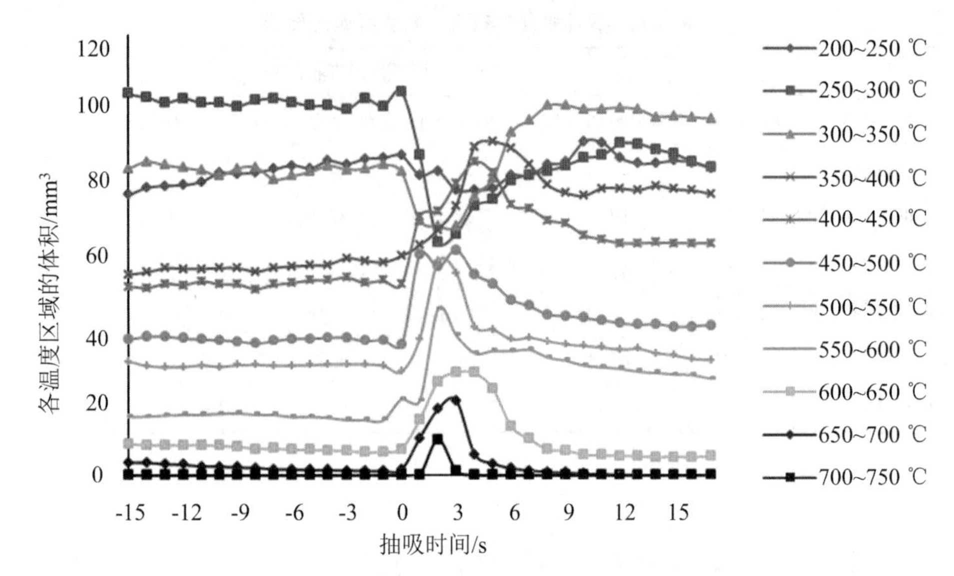

图 2.13 卷烟抽吸过程中各温度区域的体积变化

表 2.7 不同抽吸时刻下各温度区域的体积

抽吸时刻	各温度区域面积/mm²					
	200～300 ℃	300～400 ℃	400～500 ℃	500～600 ℃	600～700 ℃	700～800 ℃
抽吸前	186.50	142.30	89.71	44.76	7.59	0.00
抽吸 1 s	168.68	131.61	130.45	57.44	25.33	0.26
抽吸 2 s	146.15	134.40	128.40	103.35	43.36	9.79
抽吸结束后 1 s	143.22	140.80	140.61	93.11	48.27	1.42
抽吸结束后 2 s	150.75	165.26	139.86	73.60	33.56	0.08
抽吸结束后 3 s	152.96	171.39	134.31	73.37	26.69	0.00

(3) 卷烟燃吸温度的累积体积分布

1933 年，Rosin 和 Rammler 在研究磨碎煤粉颗粒的分布时提出了 R-R 分布函数，用以描述小颗粒的尺寸分布特性，其表达式为

$$R = \exp\left[-\left(\frac{D}{X}\right)^N\right] \tag{2.7}$$

式中，R 为颗粒粒径在 D 以上的累积质量分数；X 为尺寸参数，表示尺寸大于 X 的颗粒占全部颗粒累积质量的 36.8%；N 为分布参数，反映了颗粒粒径的分散程度。

卷烟燃吸过程中的温度分布表征具有相似之处。假设关注燃吸过程中高于 200 ℃的温度区域，此区域对烟气化学成分的生成及抽吸时的质量传递作用的影响较大。通过分析不同燃吸时刻各温度区域的体积数据，得到不同燃吸时刻中温度体积分布函数。根据温度体积分布的物理意义可改进 R-R 分布函数，得到某一燃吸时刻温度分布式[15]：

$$V = V_0 \exp\left\{\frac{\dfrac{-(T-200)}{(T_s-200)^N}}{1+\exp(T-T_{max})}\right\} \tag{2.8}$$

式中，V 表示温度在 T 以上的累积体积，单位为 mm^3；V_0 表示 200 ℃以上的累积体积，单位为 mm^3；T_s 为特征温度，表示燃烧锥体积占全部 200 ℃以上累积体积的 36.8%时的温度；N 为分布参数，反映了温度的分散程度；T_{max} 为检测获得的燃烧锥最高温度。

卷烟抽吸前(0 s)、抽吸中(1 s)、抽吸结束(2 s)和抽吸后(4 s)温度累积分布如图 2.14 所示，其中图 2.14(a)表示温度累积分布，图 2.14(b)表示温度累积体积率(V/V_0)。

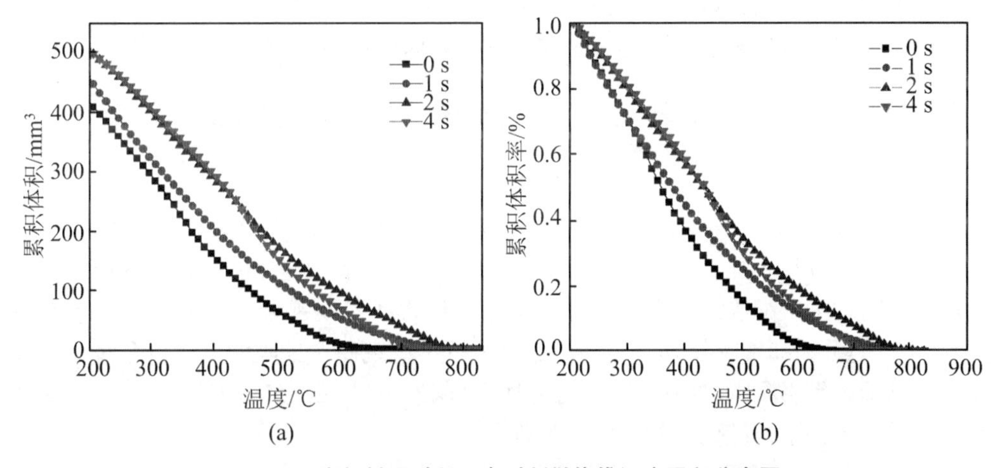

图 2.14　卷烟燃吸过程 4 个时刻燃烧锥温度累积分布图

由图 2.14 可获得卷烟燃吸过程燃烧锥体积的变化规律和每个时刻的温度分布状态。通过对累积体积的计算得到 V_0，利用该关系非线性拟合得到燃吸过程各个时刻的 T_s 和 N 值，结果见表 2.8。可以看出，燃吸过程中燃烧锥体积 V_0（高于 200 ℃的体积）、特征温度 T_s 和分布参数 N 在静燃时分别为 412.4 mm^3、395.4 ℃和 1.51；在抽吸 2 s 内，V_0 和 T_s 逐渐增加至 492.4 mm^3 和 467.2 ℃，同时，分布参数 N 则在抽吸 1 s 时下降至 1.28，说明抽吸中温度分布范围更宽；抽吸后，燃烧锥中不再有主动抽吸的空气进入，烟支燃烧过程逐渐进入降温阶段，并逐步回归至静燃阶段，抽吸后 2 s 时，燃烧锥的体积基本可维持在 498.3 mm^3，但特征温度 T_s 还可保持一定时间，分布参数也增加至 1.76。由此可知，尽管燃烧锥体积并未发生明显变化，但特征温度降低，温度分布的分散程度在加大。通过改进的 R-R 分布模型可以表征燃吸过程中温度分布特征的变化规律。

表 2.8 卷烟燃吸过程中 4 个时刻燃烧锥温度分布(R-R 分布)参数表

时间/s	V_0/mm^3	T_s/ ℃	N
静燃	412.4	395.4	1.51
1	442.6	424.5	1.28
2	492.4	467.2	1.41
4	498.3	469.9	1.76

2.1.3 卷烟燃吸温度分布规律及影响因素

利用上述卷烟燃吸温度检测装置,可实时检测卷烟燃吸过程中温度变化;同时通过对检测数据的重构,获得卷烟燃吸过程中特征点、线、面以及燃烧锥不同温度区间的体积数据。本节将梳理总结上述方法在卷烟燃烧温度检测分析研究中的应用。

2.1.3.1 连续两次抽吸过程中卷烟燃烧温度的变化规律

烟丝在燃烧过程中经历复杂的热物理过程是卷烟烟气组成非常复杂的一个重要原因。任何旨在了解某种烟气组分形成机制的燃烧热解研究都必须考虑卷烟燃烧中烟草经历的热过程。除此之外,抽吸-阴燃-抽吸的交替循环过程也是导致这种复杂性的重要原因。两次抽吸之间存在内部联系且这种联系还被越来越短的卷烟烟支不断扩大。例如,分析研究一个连续抽吸的烟气成分可发现此次抽吸的变化也会对下一次抽吸的结果产生影响[17]。为了详细描述抽吸-阴燃-抽吸的交替循环过程,李斌等采用热电偶法考察了连续两次抽吸的热过程[18]。

连续两口 ISO 抽吸模式下卷烟燃烧锥不同时刻的温度分布参数如表 2.9 所示。第 1 口抽吸时,V_0从 469.7 mm^3 增加到 558.5 mm^3,T_s、T_{max}以及温度范围($T_{0.1}$～$T_{0.9}$)均只在第 1 s 内显著升高,在第 2 s 内变化不明显。在连续的第 2 口抽吸时,各参数均呈现出与第 1 口抽吸近似的变化趋势,只是 V_0最大值、T_s以及 T_{max}略微降低,但温度宽度范围($T_{0.1}$～$T_{0.9}$)却稍有增加。

通常,不同温度范围下,烟丝会有不同的热解历程:最初的热解会发生在 200～400 ℃(低温区)之间,此时烟丝会由于蒸馏和精馏作用释放出挥发和半挥发性小分子物质。在 400～600 ℃(中温区)时,热解便成为燃烧锥内部发生的主要热过程,烟气气溶胶中的半挥发性和不挥发性物质都在此时产生。600 ℃以上(高温区)时,在有氧环境下,烟丝就会发生氧化反应(即燃烧)[19]。这 3 个不同温度区间燃烧锥体积分率随着时间变化(图 2.15)。由图可知,连续两次抽吸均明显降低了燃烧锥在低温区的体积而增加了其在中、高温区的体积。在两次抽吸之间的静燃期,低温区体积先增加后下降,并使第 2 口抽吸的起始体积高于第 1 口抽吸的起始体积;中、高温区体积则一直下降,但中温区在第 2 口抽吸的起始体积却明显低于第 1 口抽吸前的起始体积,不过高温区在第 2 口抽吸的起始体积略高于第 1 口抽吸前的起始体积。

表 2.9　连续两口 ISO 标准抽吸模式下卷烟燃烧锥不同时刻的分布参数

	时间/s	V_0/mm³	T_s/℃	$T_{0.1}$～$T_{0.9}$	T_{max}/℃	R^2	P 值
第 1 口抽吸前	0	469.7	421.5	347.0	747.3	0.999	<0.05
抽吸 1 s 时刻	1	509.1	481.1	429.9	799.7	0.995	<0.05
第 1 口抽吸结束	2	558.5	488.7	421.9	804.7	0.997	<0.05
两口抽吸中间时刻	30	526.1	422.7	363.0	750.0	0.999	<0.05
第 2 口抽吸前	60	465.1	402.9	344.0	723.4	0.999	<0.05
吸 1 s 时刻	61	484.3	455.1	447.7	776.4	0.997	<0.05
第 2 口抽吸结束	62	534.7	461.4	450.5	780.0	0.997	<0.05

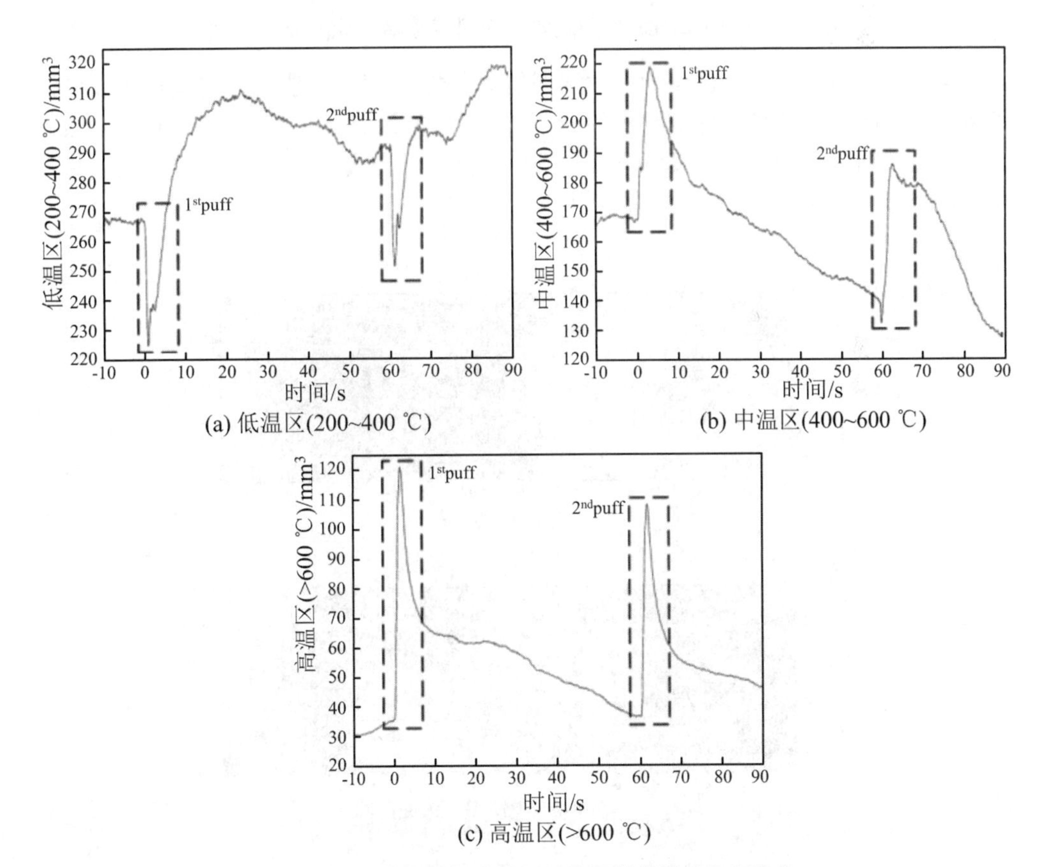

(a) 低温区(200~400 ℃)　(b) 中温区(400~600 ℃)

(c) 高温区(>600 ℃)

图 2.15　两次连续标准抽吸时卷烟燃烧锥的体积变化

图 2.16 所示是卷烟燃烧被测剖面 3 个不同深度的温度和升温速率随时间变化曲线，3 个位置分别是：卷烟表面、卷烟表面到卷烟轴线的中点和卷烟轴线。由图可知，

抽吸时，卷烟表面温度最低，并且其升温速度也最慢；中点温度虽然居中，但却有最快的升温速率，约为 240 ℃/s；轴线处的升温速率次之，约为 170 ℃/s。

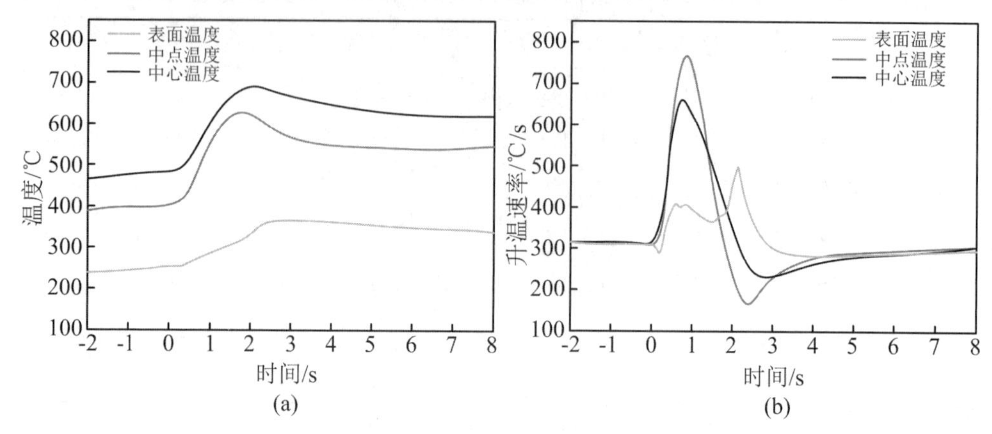

图 2.16 第 1 口抽吸时刻温度(a)和升温速率(b)随时间变化图

为更直观地显示以上过程动力学温度的动态变化，给出了卷烟测量剖面温度和温度梯度在 2 次连续抽吸间特定时刻的分布图，如图 2.17 所示。在 0 s 和 60 s(抽吸即将开始的时刻)，由于其内部没有气流流动所以温度等高线相对平滑，而且其温度梯度也没有明显的变化。

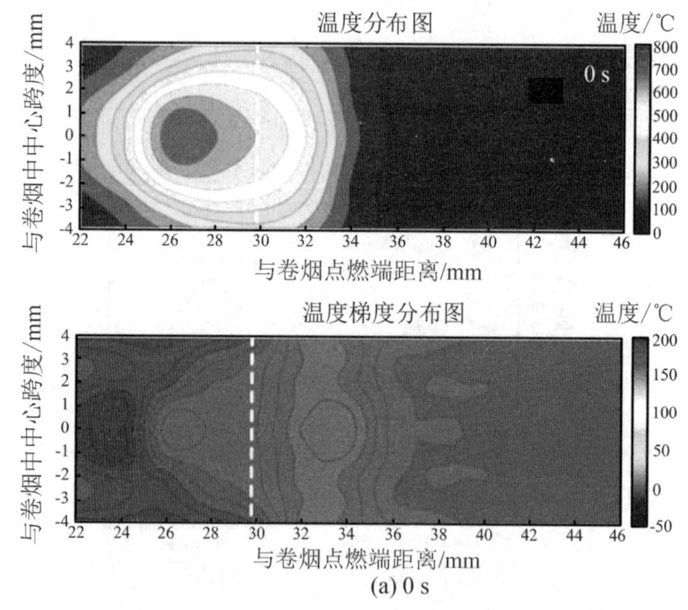

图 2.17 燃烧卷烟在 2 次连续 ISO 抽吸期间典型时刻内部温度(上)和温度梯度(下)分布图(白色虚线代表燃烧线的大致位置)

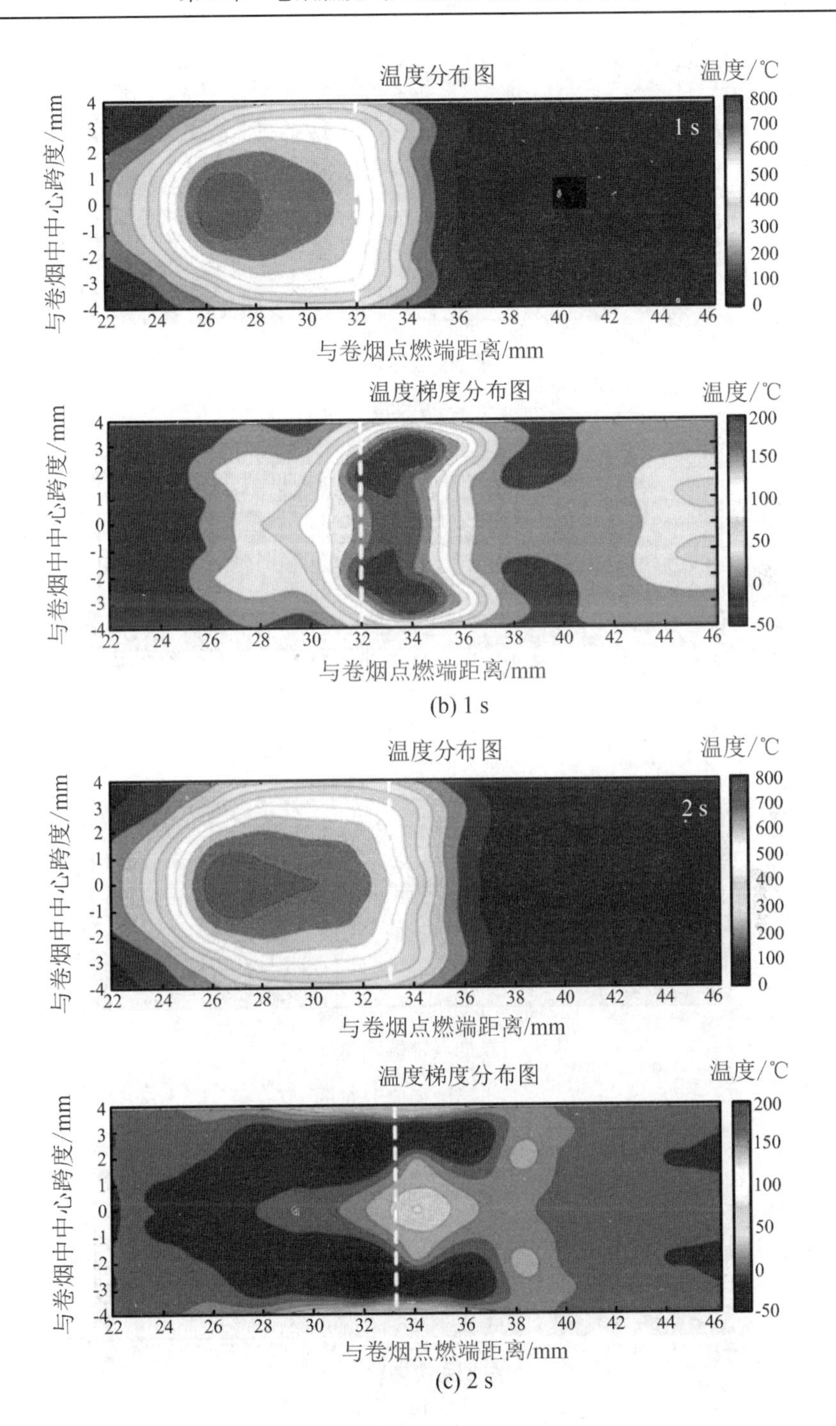

(b) 1 s

(c) 2 s

图 2. 17(续)

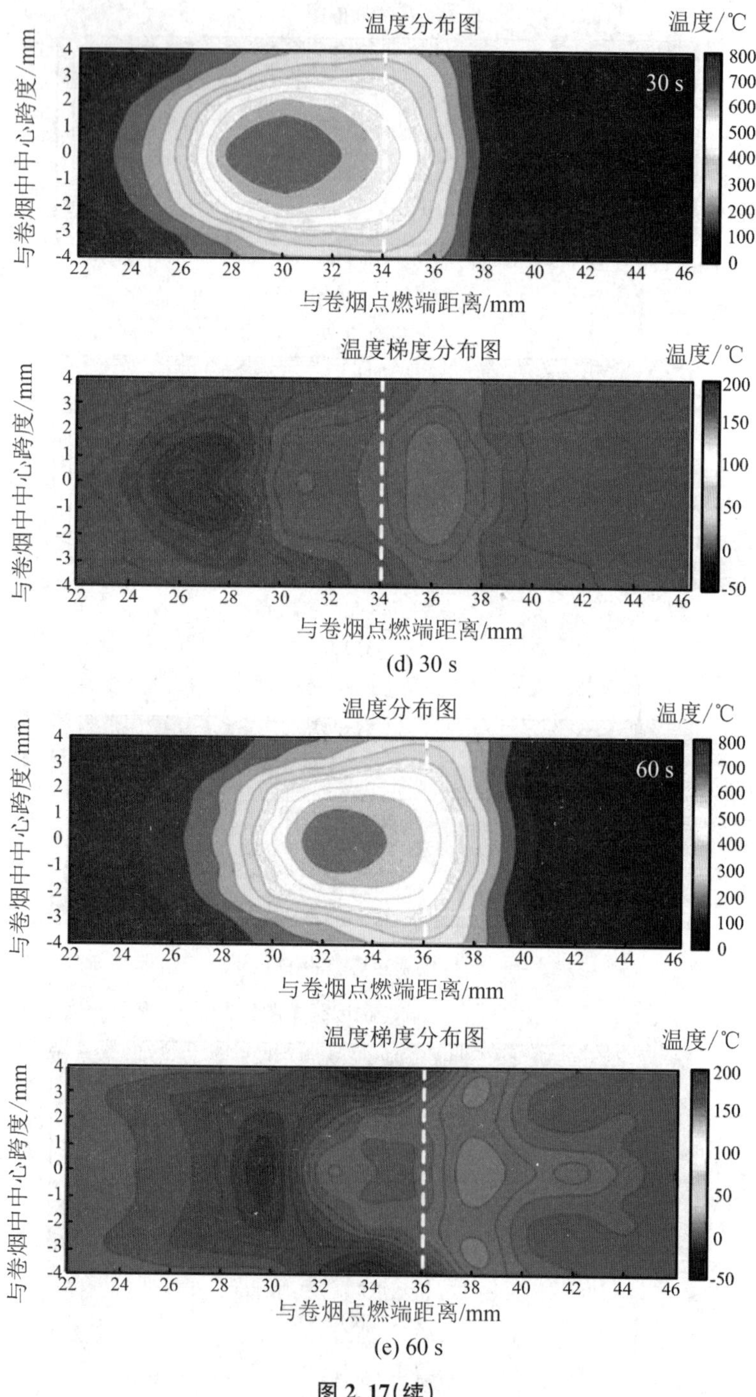

(d) 30 s

(e) 60 s

图 2.17(续)

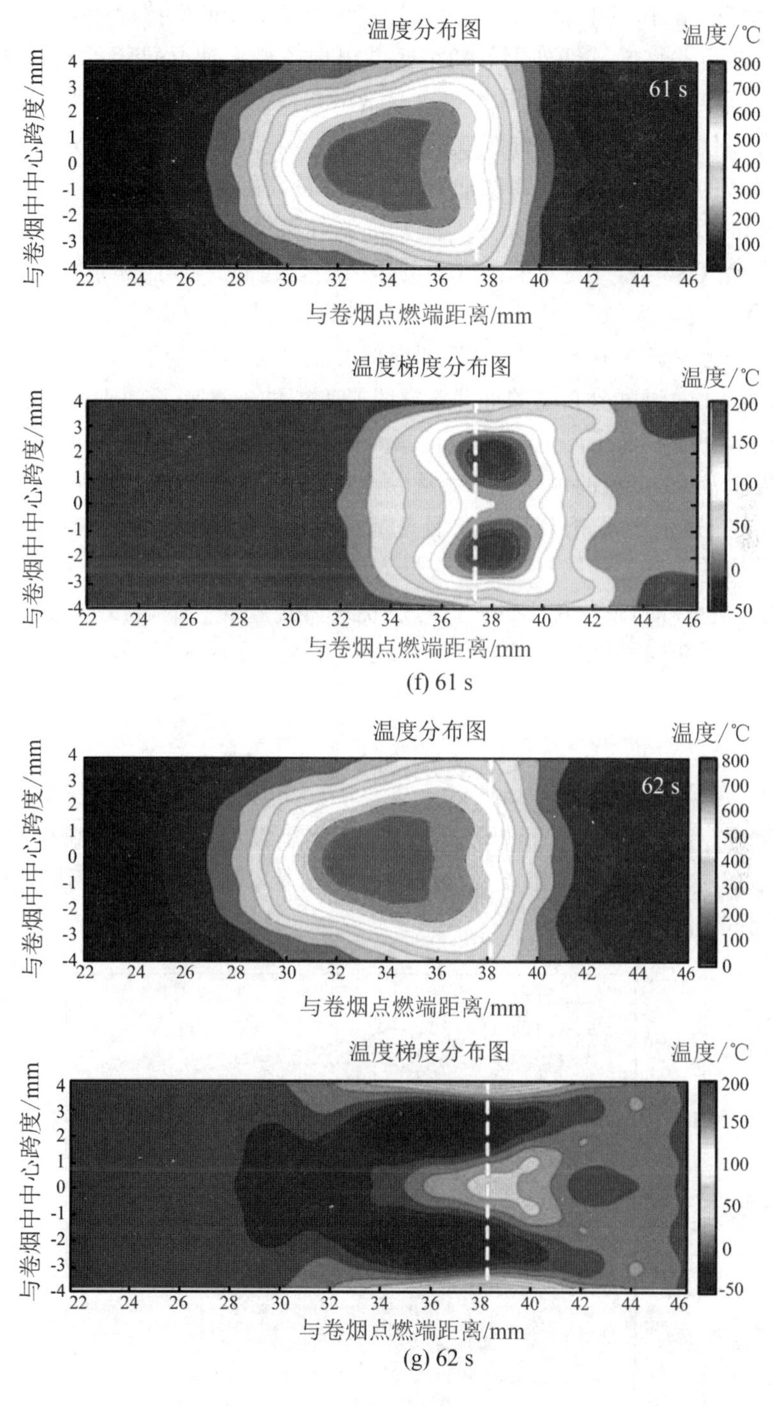

(f) 61 s

(g) 62 s

图 2.17(续)

在 1 s 和 61 s，相对于抽吸 0 s 时刻，其燃烧线发生向前推移，温度持续升高，温度梯度在燃烧线后并靠近卷烟外围的两个区域出现了最大值，而且距离燃烧锥顶端越近，温度梯度就越低。假设温度梯度最高点是由空气（氧气）流入引起的，这些温度梯度等温线即可代表氧气浓度等高线或者氧化燃烧反应程度等高线。此外，1 s 和 61 s 温度梯度分布的差异主要是第 1 次抽吸温度梯度最高区域面积比第 2 次的更大。

在 2 s 和 62 s（两次抽吸的结束时刻），强制气流停止进入，其内部任何的气流流动都是由剩余气体动量或者不同温区间的压力差引起的。由于最高温区出现在中轴线附近，温度梯度最大值（相比于 1 s 和 61 s 时的有很显著的降低）也出现在了中心点并向外衰减。但是，2 s 和 62 s 时的卷烟内部的温度分布完全不同，而抽吸时（1 s 到 2 s和 60 s 到 61 s）温度分布图的外部轮廓线是近似的。这些不同表明了在两次抽吸间燃烧锥内存在微小而不同的气流。其原因一方面是两次抽吸间隔内大约有 6 mm 的烟支长度被消耗，更短的烟支意味着从卷烟纸进入的空气减少了，从燃烧锥进入的空气增加了；但另一方面，燃烧后的卷烟变成了灰烬或半碳化物质，这些灰烬能够在降低燃烧锥对外的热辐射的同时增加空气进入的阻力。据此笔者提出：烟灰层作为空气流动阻力功能存在时，使得更多的空气从燃烧线右侧进入卷烟，有效减少了燃烧锥体积并使第 2 次抽吸时卷烟燃烧锥温度梯度较大值的分布面积呈现出增大但平均化的变化。

2.1.3.2 抽吸参数对卷烟燃烧温度分布的影响[20]

李斌等考察了抽吸容量（15 mL、35 mL、45 mL 以及 55mL）和抽吸时间（1.5 s、2 s、4 s 以及 6 s）对卷烟燃烧锥温度分布的影响。图 2.18 所示的是不同抽吸容量下的卷烟燃烧锥体积。

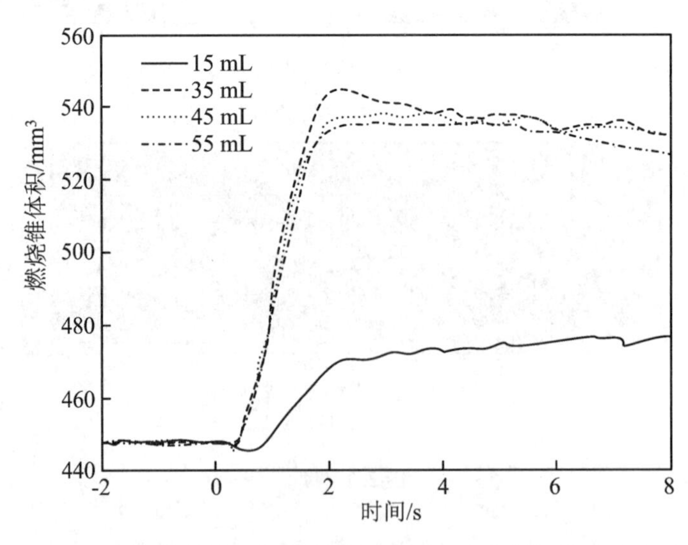

图 2.18 卷烟燃烧锥分布参数随抽吸容量的变化（抽吸时间为 2 s）

当抽吸容量为 15 mL 时，与抽吸前相比，燃烧锥体积在抽吸 2 s 时刻仅增加了约 20 mm^3；而当抽吸容量为 35 mL 时，燃烧锥体积在抽吸 2 s 时刻增加量高达 95 mm^3；继续增加抽吸容量至 45mL 和 55 mL，燃烧锥体积的变化与抽吸容量与 35 mL 时的类似。

在 2 s 抽吸期间内，抽吸 1 s 时刻燃烧锥温度分布及温度梯度分布如图 2.19 所示。

对于燃烧锥温度分布来说，最显著的区别在于：燃烧锥的中心区域（最高温度区域）随着抽吸容量的增加不断扩大，并向空气流动的方向蔓延。根据温度梯度分布图可知，只是在抽吸容量从 15 mL 增至 35 mL 时，才出现了两个高温梯度区域；当进一步增加抽吸容量至 45 mL 时，温度梯度分布的外层轮廓线的平滑程度明显降低，这或许是发生了更加剧烈的传热过程。当抽吸容量增至 55 mL 时，在两个高温梯度区域之间又出现了另一个高温梯度区，而且温度梯度分布外围轮廓线的平滑程度也进一步降低。温度梯度的变化幅度应与热氧化反应剧烈程度相关联，因此也必然与空气的流量和流经位置相关联。对于每种抽吸容量来说，其燃烧锥高温区域以及高温梯度区域明显出现在不同位置，这表明卷烟抽吸期间燃烧锥热行为具有高度动态和非均相的特征。

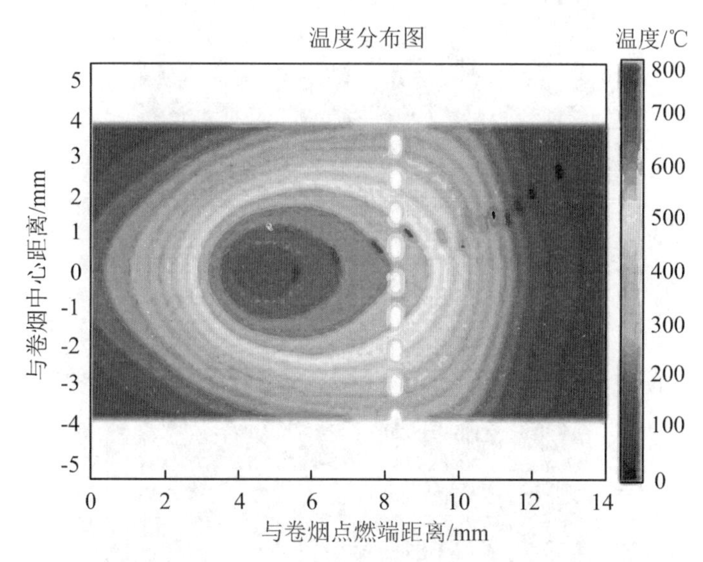

图 2.19　不同抽吸容量下抽吸 1 s 时燃烧锥温度(上)和温度梯度分布图(下)

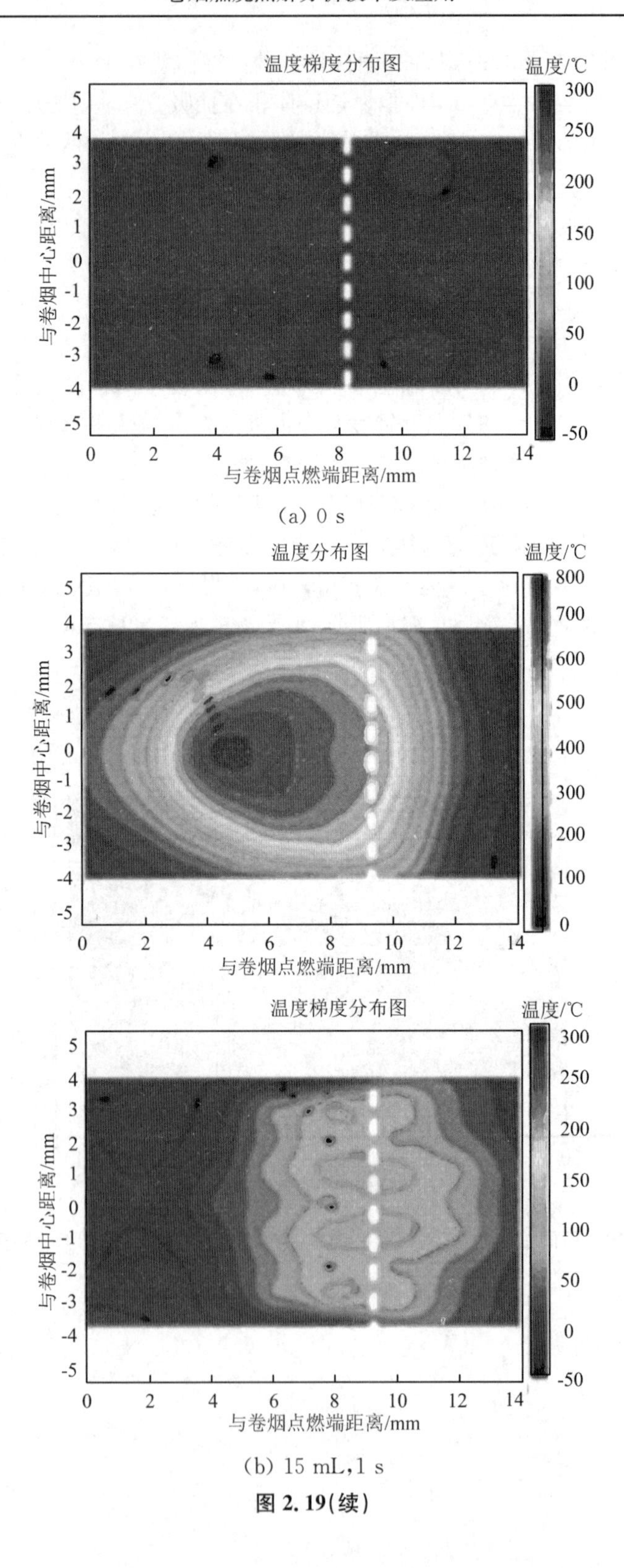

(a) 0 s

(b) 15 mL,1 s

图 2.19(续)

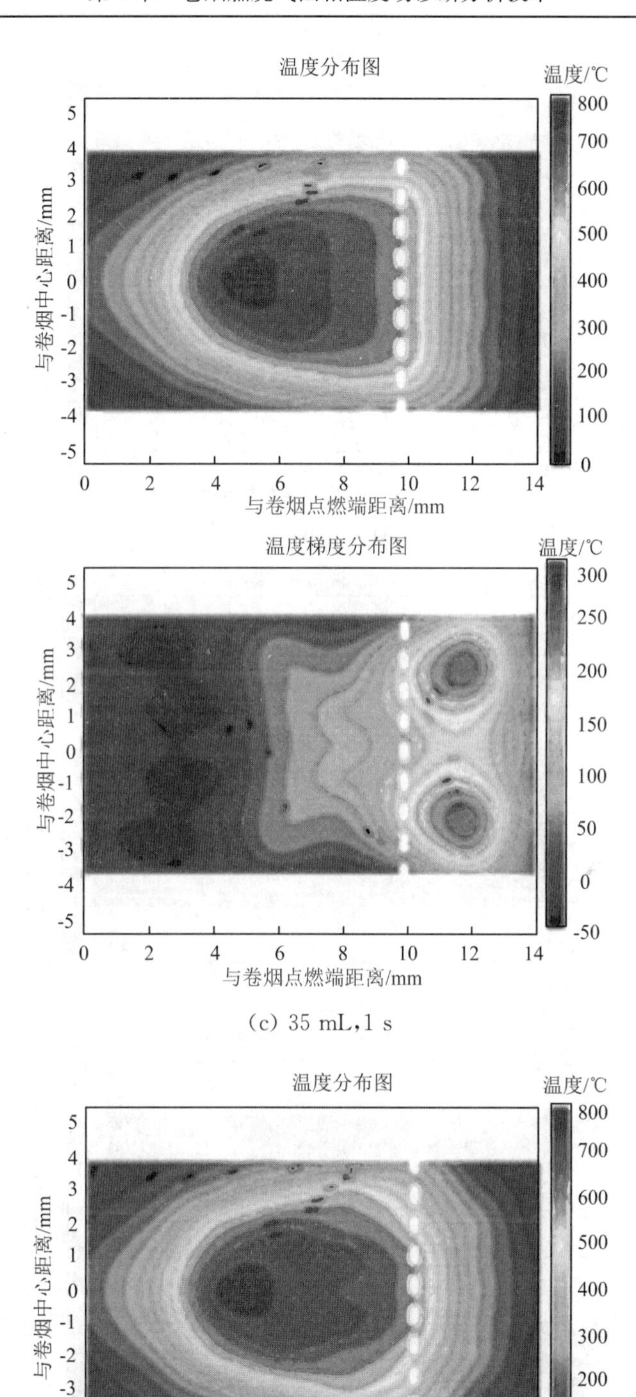
温度分布图
温度/℃
800
700
600
500
400
300
200
100
0
与卷烟中心距离/mm
5
4
3
2
1
0
-1
-2
-3
-4
-5
0
2
4
6
8
10
12
14
与卷烟点燃端距离/mm
温度梯度分布图
温度/℃
300
250
200
150
100
50
0
-50
与卷烟中心距离/mm
与卷烟点燃端距离/mm
(c) 35 mL,1 s
温度分布图
温度/℃
与卷烟中心距离/mm
与卷烟点燃端距离/mm

图 2.19(续)

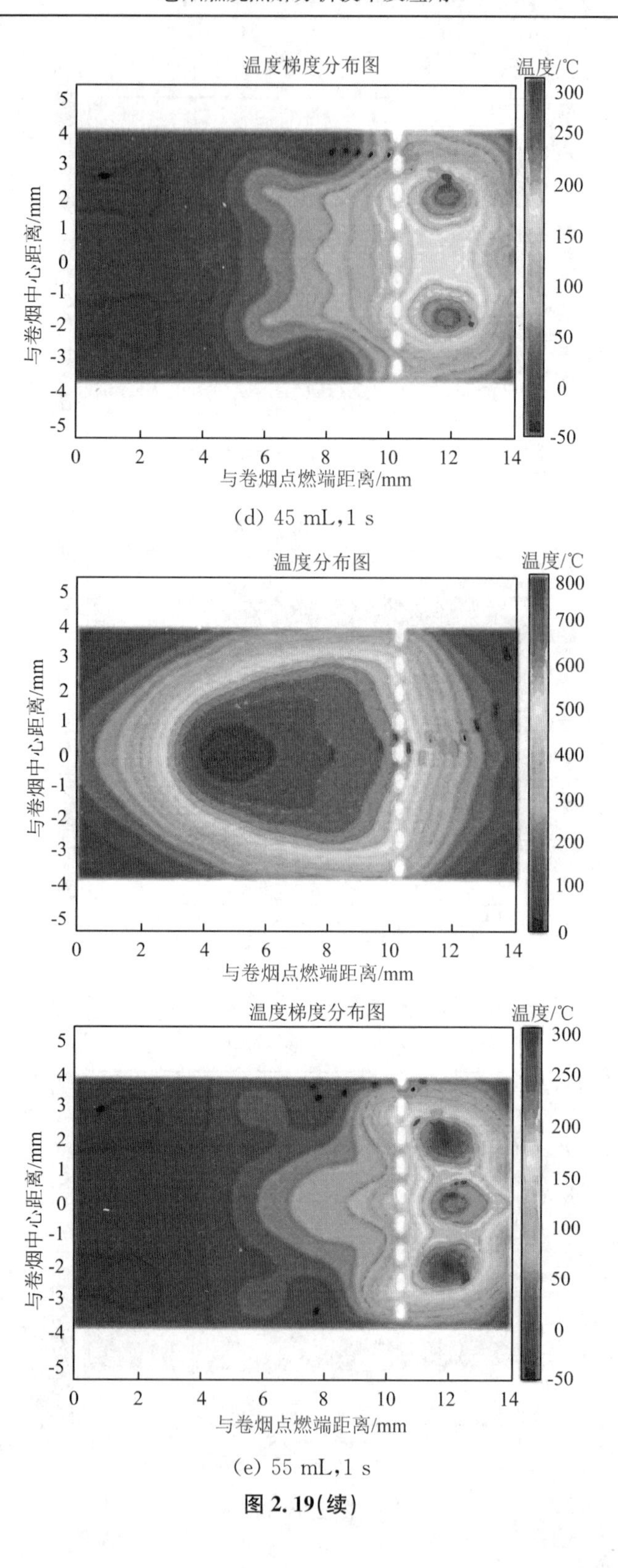

温度梯度分布图
温度/℃
300
250
200
150
100
50
0
-50
与卷烟中心距离/mm
与卷烟点燃端距离/mm
(d) 45 mL,1 s
温度分布图
温度/℃
800
700
600
500
400
300
200
100
0
与卷烟中心距离/mm
与卷烟点燃端距离/mm
温度梯度分布图
温度/℃
与卷烟中心距离/mm
与卷烟点燃端距离/mm
(e) 55 mL,1 s

图 2.19(续)

抽吸持续时间对燃烧锥体积的影响如图 2.20 所示。增加抽吸持续时间主要影响燃烧锥体积的生长速度。比如,抽吸持续时间为 1.5 s 时,燃烧锥体积几乎随抽吸动作立即开始增大;而当抽吸持续时间增加至 6 s 时,燃烧锥体积在抽吸 1 s 时才开始增加。

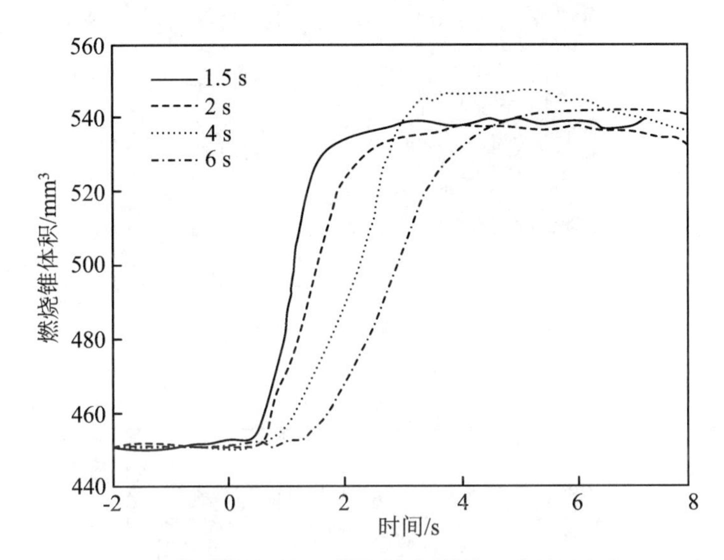

图 2.20　不同抽吸持续时间下燃烧锥体积(抽吸容量固定为 35 mL)

根据不同抽吸持续时间下抽吸中点时刻燃烧锥温度和温度梯度分布(图 2.21)可以看出:抽吸容量固定,延长抽吸持续时间(抽吸持续时间为 4 s 和 6 s)不仅增加了燃烧锥内部的高温区域,也使该高温区向右侧蔓延。从其相对应的温度梯度分布图可知,当抽吸持续时间为 1.5 s 时,燃烧锥的温升更加剧烈,靠近卷烟纸燃烧线的部分尤其如此。而延长抽吸持续时间可以明显降低并平滑燃烧锥的温度梯度。

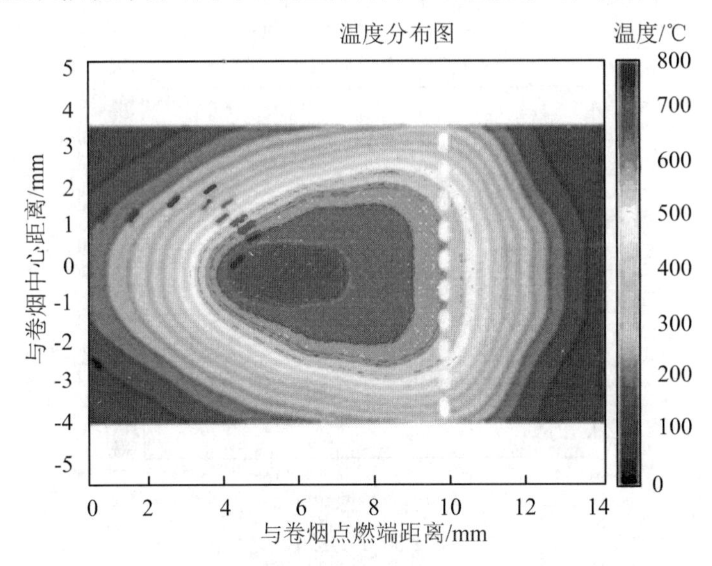

图 2.21　不同抽吸持续时间下抽吸中点时刻燃烧锥温度(上)和温度梯度分布图(下)

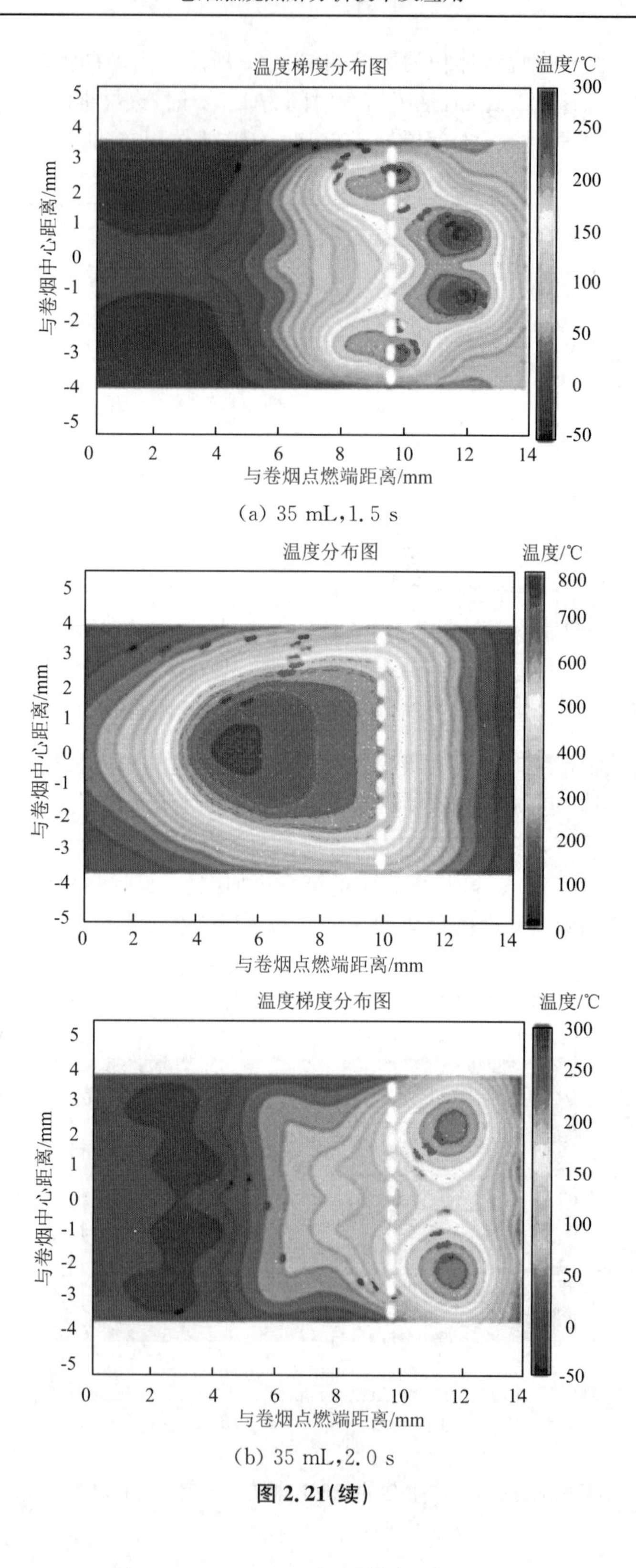

(a) 35 mL,1.5 s

(b) 35 mL,2.0 s

图 2.21(续)

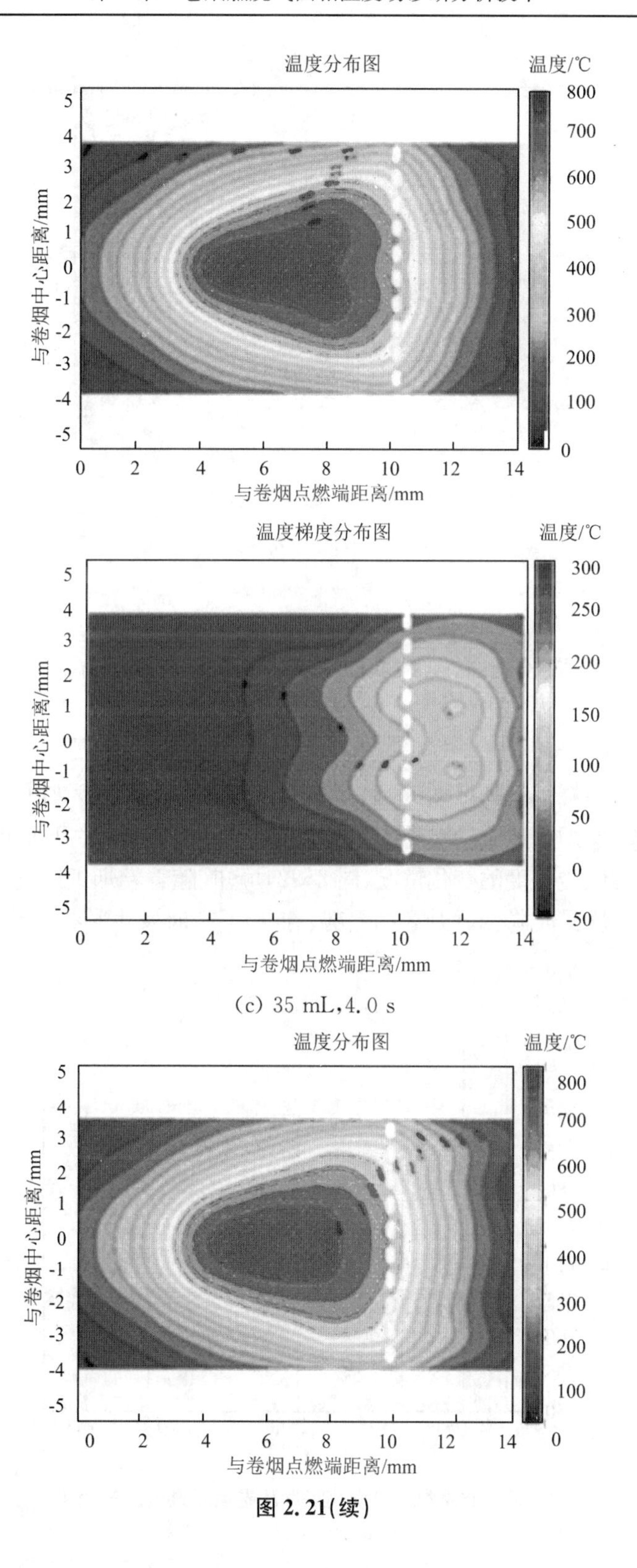

(c) 35 mL,4.0 s

图 2.21(续)

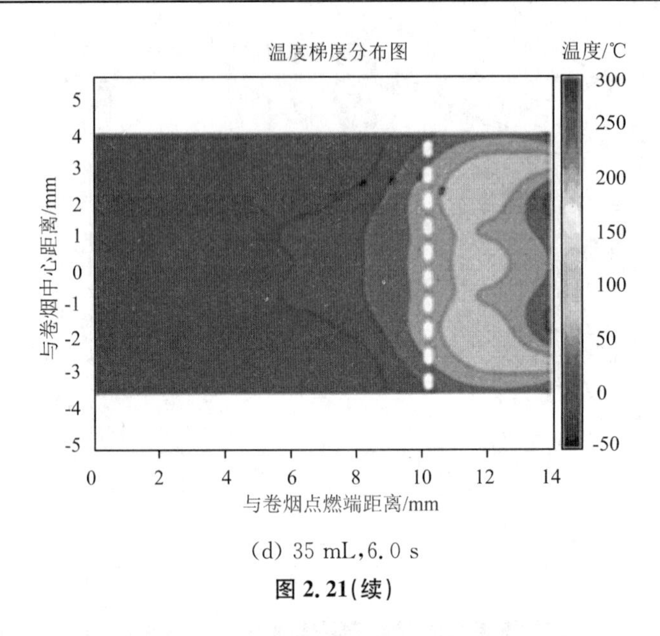

(d) 35 mL，6.0 s

图 2.21(续)

2.1.3.3 卷烟设计参数对卷烟燃烧温度分布的影响

1. 卷烟纸透气度

谢国勇等从燃烧锥最高温度、燃烧锥体积、特征温度、分布参数以及温度场分布等多个方面研究了卷烟纸透气度对卷烟燃烧温度特性的影响[21]。根据卷烟燃吸过程中最高温度随卷烟纸透气度的变化情况(图 2.22)可知，随着卷烟纸透气度的增加，燃吸过程中的最高温度呈先降低后升高的趋势，在 70 CU 时发生转折。在卷烟燃吸过程

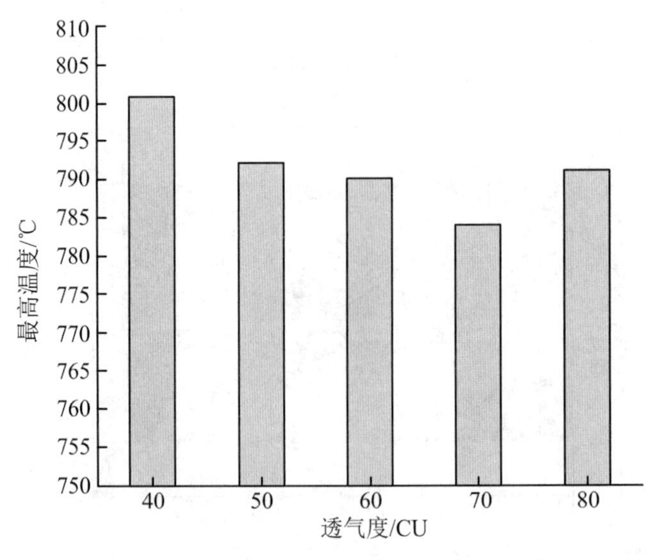

图 2.22 卷烟燃烧锥最高温度随卷烟纸透气度的变化

中，卷烟纸透气度可能通过两个方面影响卷烟燃烧状态：一方面，静燃时的空气自然对流状态，对燃烧锥空气扩散的总量有影响；另一方面，抽吸时的空气主动抽吸状态，对空气经烟支轴向向燃烧锥的扩散量有影响。在这两种作用下，卷烟纸通过影响进入燃烧锥位置的空气量和热量散失进而影响卷烟的燃吸温度。因此，由于可能受到偶然因素的影响，须结合其他参数共同描述燃烧锥温度的变化规律。

由卷烟纸透气度对燃烧锥体积（高于 200 ℃）的影响（图 2.23）可知，在燃吸过程 10 s 内的 3 个阶段（静燃、抽吸及阴燃），随着卷烟纸透气度（范围 40～80 CU）的增加，燃烧锥体积的变化规律呈现出以下的相似性：

① 在静燃阶段，燃烧锥体积在一定范围（40～70 CU）内随透气度的增加呈现出增加趋势，当进一步增加透气度至 80 CU 时，燃烧锥体积呈现出下降趋势。这可能是因为随着卷烟纸透气度的增加，静燃过程中因自然扩散作用进入燃烧锥的空气量增加，且其对燃烧的促进作用占了主导地位，从而增加了燃烧锥的体积。而当卷烟纸透气度增加至一定程度后，自然对流的散热作用增强，从而导致燃烧锥的体积减小。

② 主动抽吸阶段（图 2.23 中的 0～2 s 内），在主动抽吸的作用下，燃烧锥体积均呈现出快速增加的趋势。这一现象说明，在 40～70 CU 透气度范围内，卷烟纸透气度的增加可明显促进空气向燃烧锥的扩散，进而促进燃烧过程。而轴向未燃卷烟纸对烟气稀释的效应影响不明显。

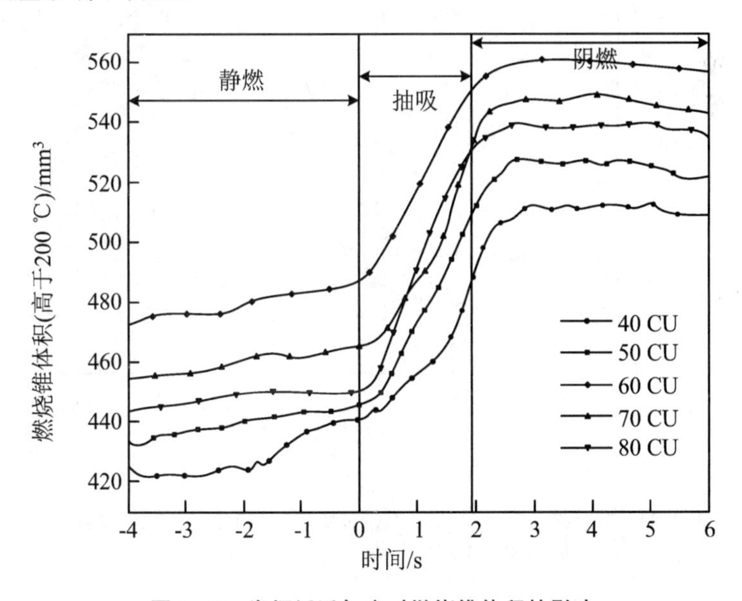

图 2.23　卷烟纸透气度对燃烧锥体积的影响

③ 在抽吸后的 4 s 阴燃过程中,燃烧锥体积随透气度的增加而增大,随着阴燃时间的增加,燃烧锥体积降幅较小。在此过程中,燃烧锥体积虽无明显变化,但其分布在发生变化,需结合特征温度和分布参数展开分析。

卷烟纸透气度对燃烧锥特征温度与分布参数的影响如图 2.24 所示。由图可知:

① 在 4 s 静燃过程中,特征温度呈现出较好的变化规律。在 40～60 CU 范围内,随着卷烟纸透气度的增加,特征温度呈现出增加趋势,说明燃烧作用加剧;而当卷烟纸透气度继续增加至 70 CU 时,特征温度 T_s 呈下降趋势,即在 40～80 CU 范围内的变化存在明显最高点。此过程中的分布参数亦呈现出较好的规律性,在 40～60 CU 范围内,随着卷烟纸透气度的增加,分布参数呈现出增加趋势。说明温度分布围绕特征温度分布得更加集中,从而也导致了最高温度呈现出逐渐下降的趋势。而当卷烟纸透气度继续增加至 70 CU 时,分布参数降低,从而导致最高温度呈现出上升趋势,即在 40～80 CU 范围内变化存在明显最高值。

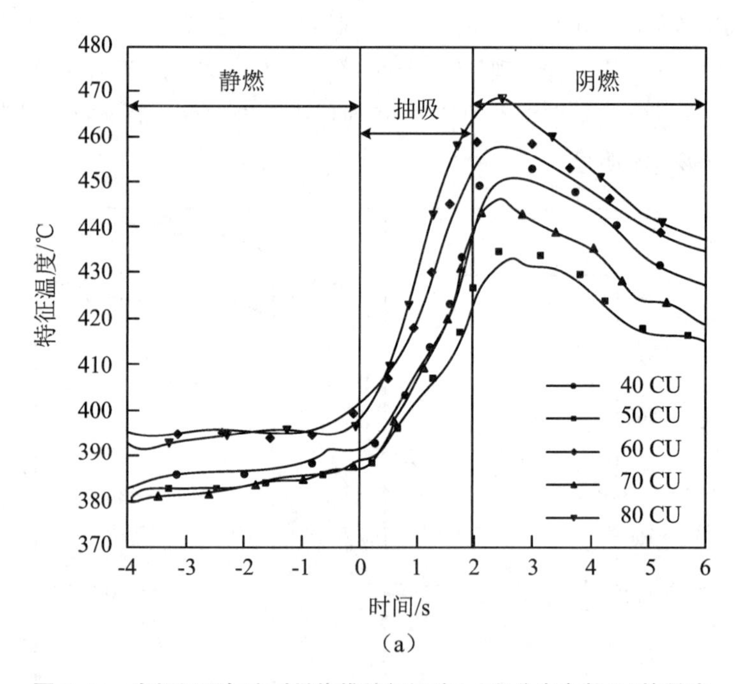

图 2.24 卷烟纸透气度对燃烧锥特征温度(a)和分布参数(b)的影响

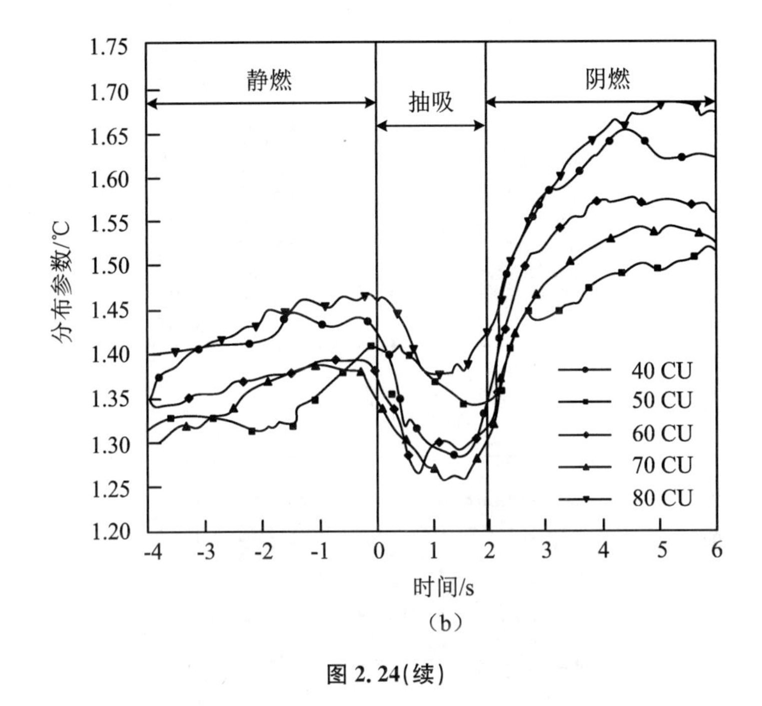

（b）

图 2.24(续)

② 在 2 s 抽吸过程中，特征温度发生变化。在 40～60 CU 范围内，随着卷烟纸透气度的增加，特征温度呈现出增加趋势。而当卷烟纸透气度继续增加至 70 CU 时，特征温度持续下降。在 60～80 CU 范围内，分布参数随着卷烟纸透气度的增加呈现出持续降低的趋势，即随着卷烟纸透气度的增加，温度分布围绕特征温度分布得更加均匀。透气度在 40～60 CU 范围内时，随着透气度的增加，分布参数呈现出增加趋势，即温度分布越来越集中。

③ 在抽吸后的 4 s 阴燃过程中，特征温度下降明显，随卷烟纸透气度改变的变化规律与抽吸过程中一致，发生的变化与散热相关，分布参数在抽吸后 4 s 内均呈现出持续增加的趋势。说明该状态在散热作用的影响下，温度分布更加集中。

图 2.25 所示的是不同透气度的卷烟在抽吸前、抽吸 2 s 时刻和抽吸后 2 s 时刻的燃烧锥的温度分布重构图像。根据图中所示的 3 个阶段重构图像可以看出，燃烧锥轴向截面形状随卷烟纸透气度的增加，在 40～70 CU 范围内，燃烧锥区域面积逐步增加，当卷烟纸透气度继续增加至 80 CU 时，燃烧锥区域略有降低。

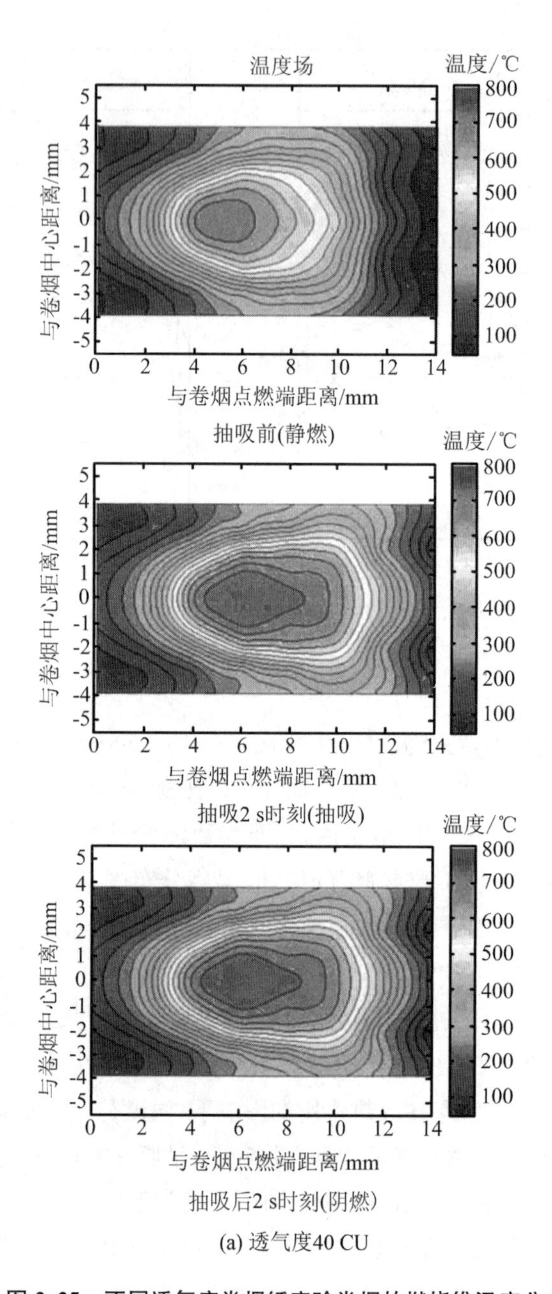

图 2.25　不同透气度卷烟纸实验卷烟的燃烧锥温度分布

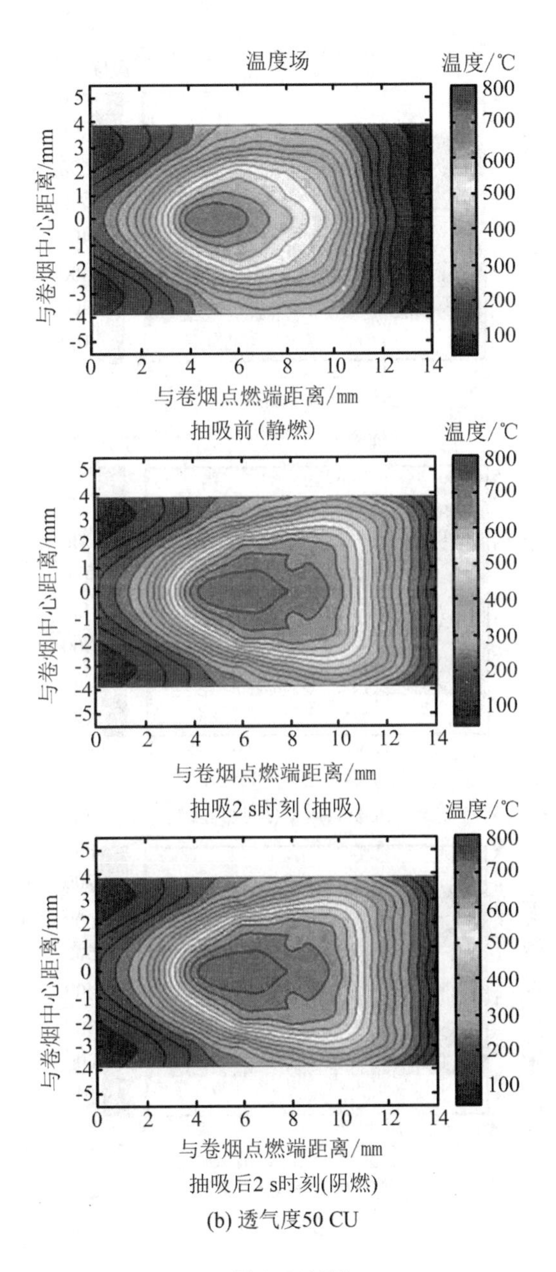

(b) 透气度50 CU

图 2.25(续)

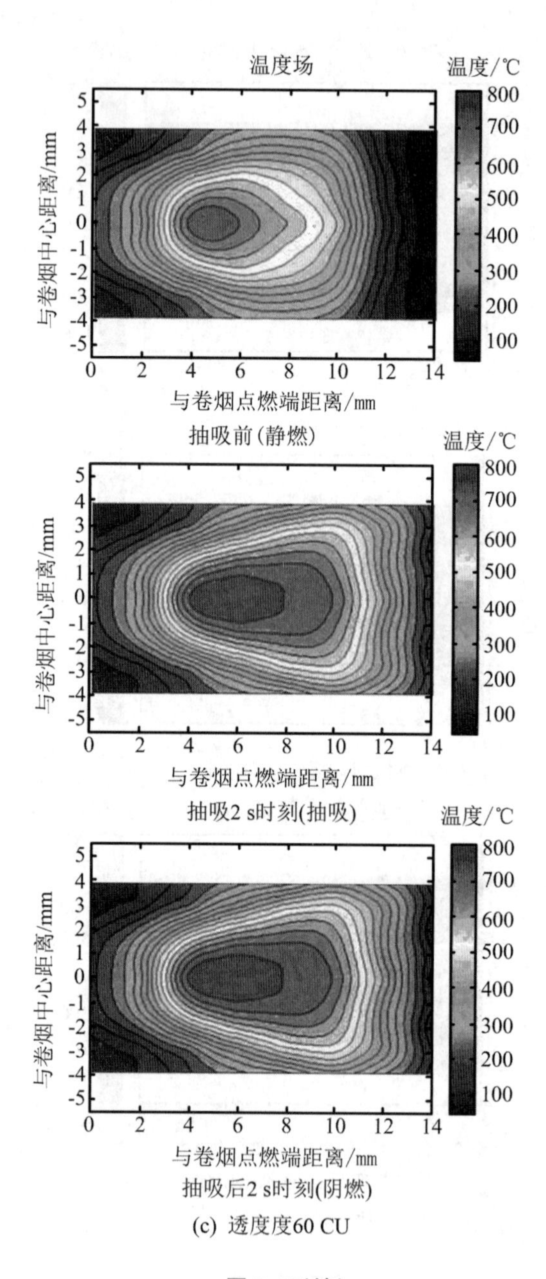

(c) 透度度60 CU

图 2.25(续)

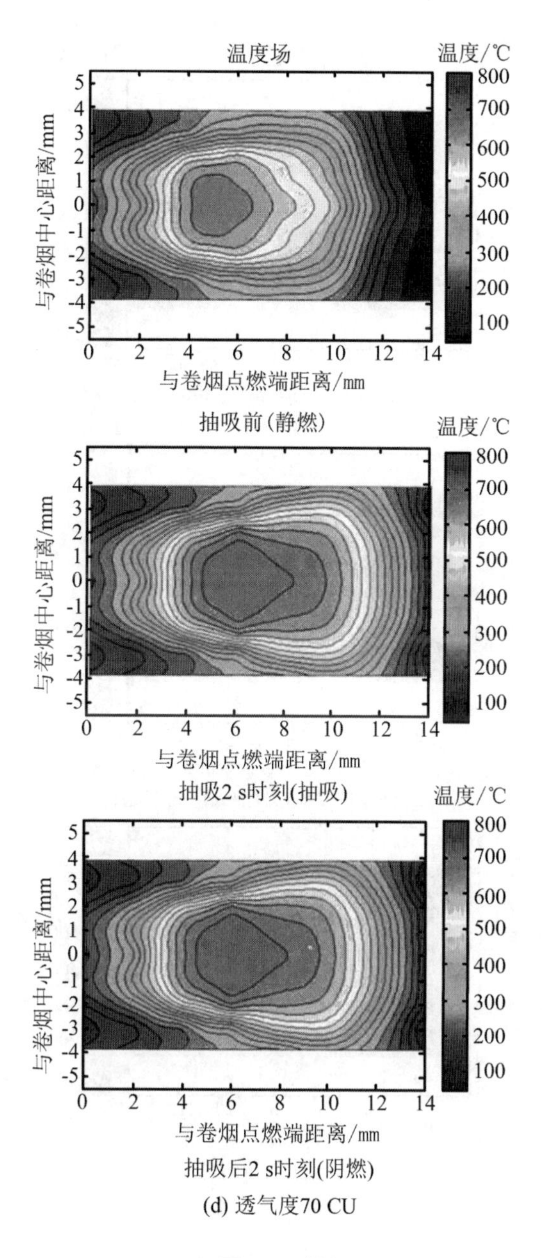

(d) 透气度70 CU

图 2.25(续)

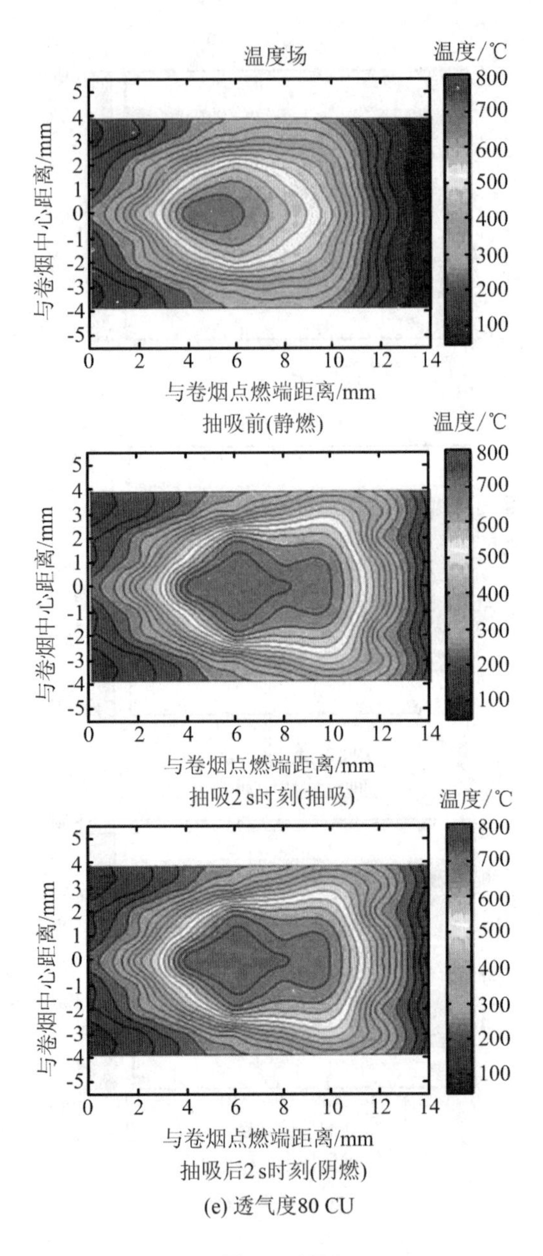
温度场
温度/℃
800
700
600
500
400
300
200
100
与卷烟中心距离/mm
5
4
3
2
1
0
-1
-2
-3
-4
-5
0
2
4
6
8
10
12
14
与卷烟点燃端距离/mm
抽吸前(静燃)
温度/℃
与卷烟中心距离/mm
与卷烟点燃端距离/mm
抽吸2 s时刻(抽吸)
温度/℃
与卷烟中心距离/mm
与卷烟点燃端距离/mm
抽吸后2 s时刻(阴燃)
(e) 透气度80 CU

图 2.25(续)

2. 卷烟纸助燃剂种类及含量

尹升福等考察了卷烟纸中添加 2.1%的不同金属盐(柠檬酸钾、醋酸钙、醋酸锌、氯化钙、氯化锌)对卷烟样品燃烧温度的影响[22]。根据卷烟抽吸 2 s 时燃烧锥内部的温度分布图(图 2.26)和各温度区域的体积(表 2.10)可知,与空白样 C_1 相比,卷烟 C_2 在高温区域(750 ℃以上)燃烧锥的体积降低了 7.7 mm^3,而卷烟 C_3～C_6 的高温燃烧锥体积则分别增加了 16.6 mm^3、15.9 mm^3、26.6 mm^3 和 41.6 mm^3,高温区域燃烧锥体积的增加表明卷烟燃烧峰值温度升高。

表 2.10　6 种试制卷烟抽吸 2 s 时各温度区域的体积

卷烟样品	各温度区域体积/(mm^3)					
	250～350 ℃	350～450 ℃	450～550 ℃	550～650 ℃	650～750 ℃	>750 ℃
C_1(空白样)	139.5	104.1	79.1	63.4	51.2	48.2
C_2(柠檬酸钾)	145.0	106.8	85.9	78.9	82.9	40.5
C_3(醋酸钙)	117.8	92.7	71.0	64.4	63.8	64.8
C_4(醋酸锌)	128.7	85.9	58.8	48.4	47.3	64.1
C_5(氯化钙)	120.5	105.5	75.5	56.2	42.9	74.8
C_6(氯化锌)	117.8	110.0	67.5	59.5	55.2	89.8

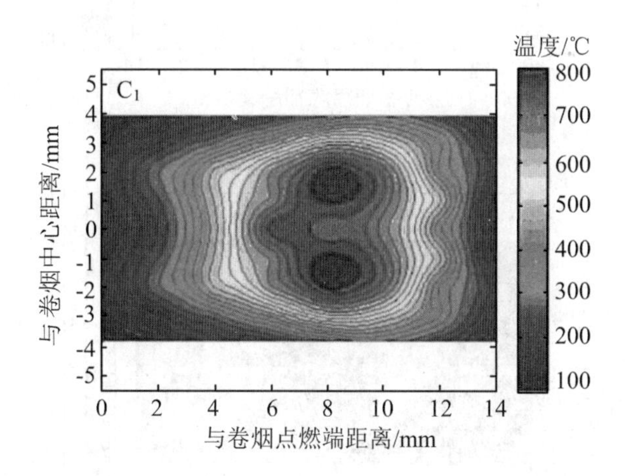

图 2.26　6 种试制卷烟抽吸 2 s 时的二维温度分布

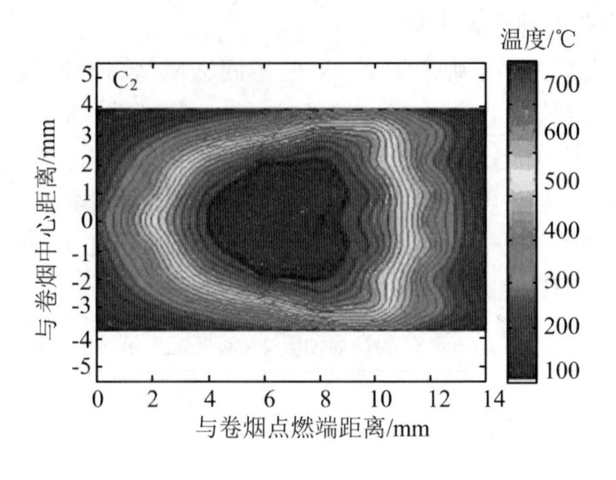
温度/℃
C2
与卷烟中心距离/mm
与卷烟点燃端距离/mm

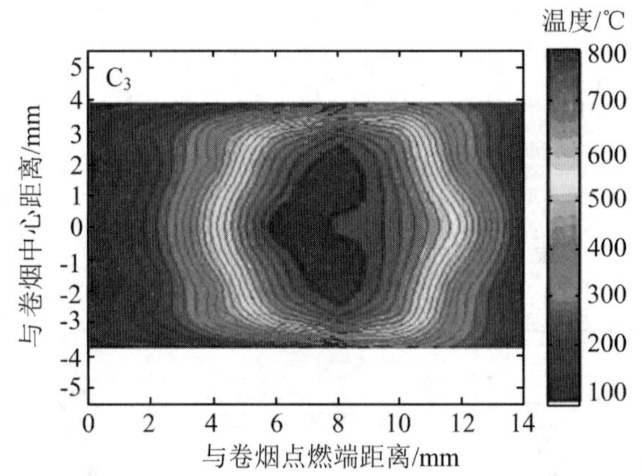
温度/℃
C3
与卷烟中心距离/mm
与卷烟点燃端距离/mm

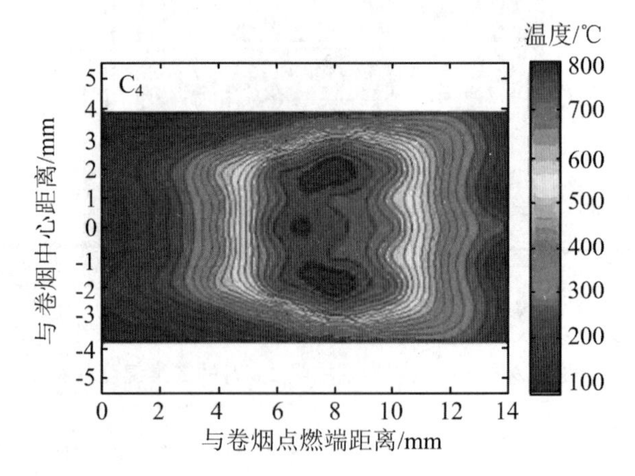
温度/℃
C4
与卷烟中心距离/mm
与卷烟点燃端距离/mm

图 2.26(续)

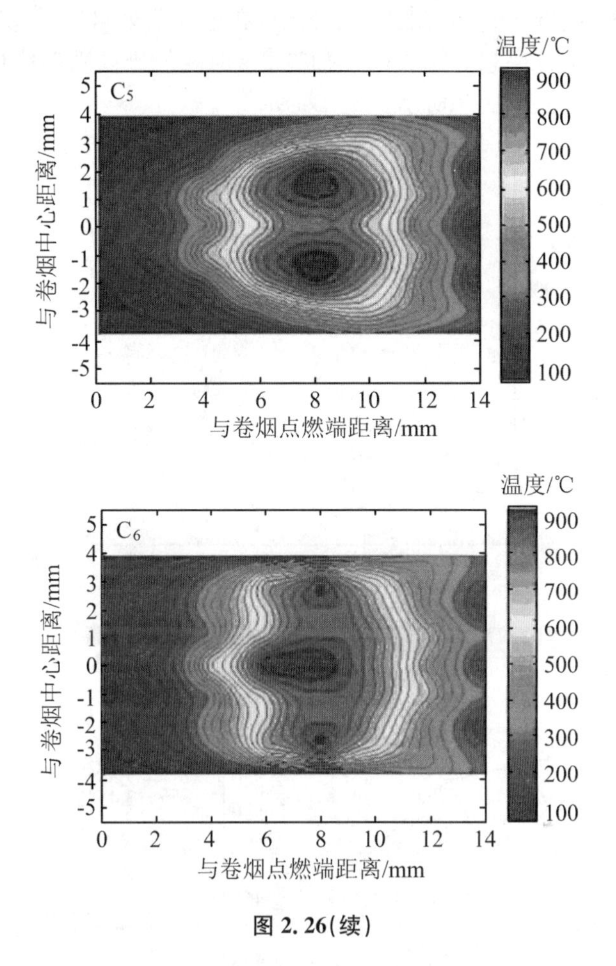

图 2.26(续)

根据卷烟抽吸 2 s 时的平均峰值温度(图 2.27)可知,与空白样卷烟 C_1 相比,卷烟 C_2 的峰值温度降低了 63.9 ℃;但卷烟 C_3～C_6 的峰值温度分别升高了 31.0 ℃、34.8 ℃、130.9 ℃和 180.1 ℃。结合卷烟纸热解前后微观结构的分析,笔者认为造成卷烟燃温升高的原因可能是碳化线附近卷烟纸的孔容和微孔数目减少,碳化线附近空气的进入量减少,但从燃烧锥进入的空气量则相应增加。从碳化线附近进入的空气很少参与燃烧,大部分进入主流烟气,起稀释作用;而从燃烧锥进入的空气则主要参与燃烧反应,其进入量的增加表明燃烧反应程度提高,燃烧锥峰值温度也相应升高。

李斌等考察了卷烟纸中柠檬酸钾含量对卷烟燃吸温度分布的影响[23]。根据卷烟燃吸过程中最高温度的变化数据(图 2.28(a))可知,随着卷烟纸助燃剂含量的增加,燃吸过程中最高温均逐渐下降,说明助燃剂含量能够明显降低燃烧锥的最高温度,在实验范围内,降幅高达 90 ℃。

根据卷烟纸助燃剂含量对燃烧锥体积 V_0 的影响规律(图 2.28(b))可知,随着助燃剂含量的增加,燃吸过程各时刻点(静燃、抽吸及阴燃)的燃烧锥体积呈增加趋势;同时，燃烧锥的体积在抽吸结束时刻达到最大值，在最大值处可以维持 2 s 左右。不同卷烟纸助燃剂含量的样品卷烟抽吸前和抽吸 2 s 时燃烧锥内部温度体积分布与分布特征参数如表 2.11 和表 2.12 所示。

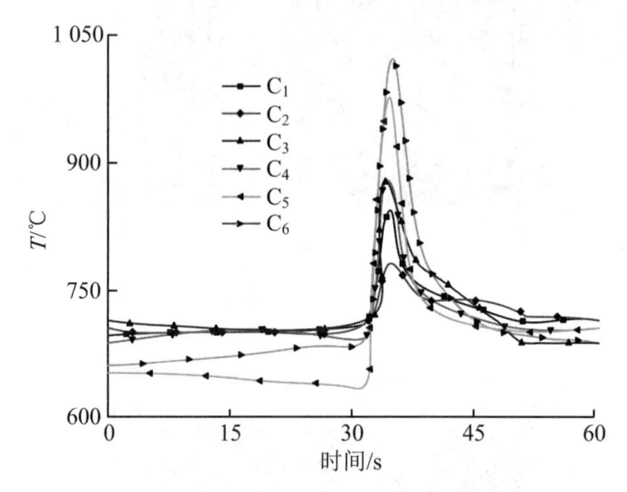

图 2.27　6 种试制卷烟抽吸 2 s 时的平均峰值温度

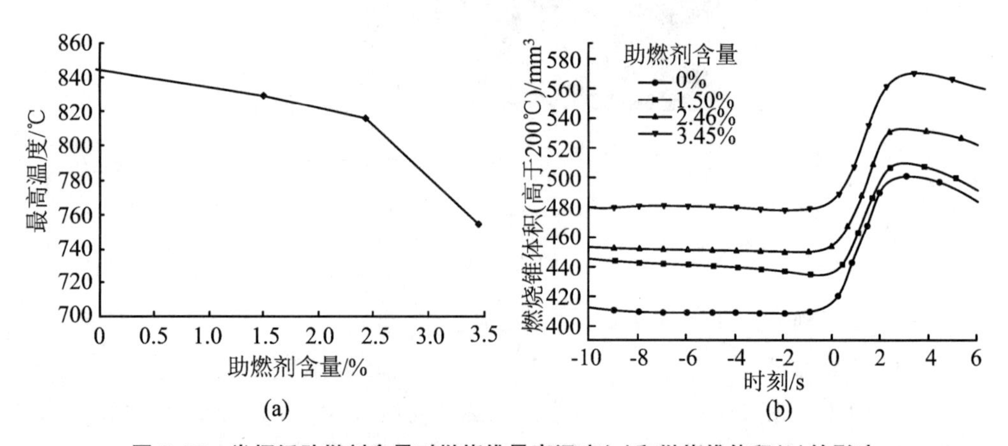

图 2.28　卷烟纸助燃剂含量对燃烧锥最高温度(a)和燃烧锥体积(b)的影响

表 2.11　卷烟纸助燃剂含量对静燃(抽吸前)温度体积分布与分布特征参数的影响

助燃剂含量/%	各温度区域体积/mm³			分布特征参数		
	200～400 ℃	400～600 ℃	>600 ℃	V_0/mm³	T_s/℃	N
0	263.2	137.0	8.6	412	395	1.51
1.50	278.8	145.1	10.6	433	391	1.52
2.46	273.5	165.2	10.1	448	407	1.59
3.45	294.8	164.8	19.1	485	410	1.56

从表 2.11 可以看出，各温度区域的总体积呈增加趋势，卷烟纸助燃剂绝对含量的增加，加快了卷烟纸的静燃速度，使之能够更快地引燃卷烟中的烟丝，从而造成了各温度区间总体积的增加。对于温度分布特征，特征温度 T_s 随助燃剂的增加而呈上升趋势，由于燃烧锥体积呈增加趋势，所以在此温度下绝对体积同样呈增加趋势；另一方面，代表温度分布分散程度的分布系数 N 随着助燃剂含量增加而呈上升趋势，温度分布随助燃剂含量的增加，其分散程度降低，温度分布更加集中。

对于卷烟抽吸 2 s 内(表 2.12)的温度分布的变化最为剧烈，从测试的区间统计数据中，较难捕捉到燃烧过程中的内在规律性，仅在高温区域(>600 ℃)呈现出一定的规律性。随着卷烟纸助燃剂含量的定量增加，该区间的体积呈比较明显的增加趋势。从温度分布特征参数上看，燃烧锥体积 V_0 和特征温度 T_s 随卷烟纸助燃剂含量的增加呈增加趋势，但特征温度 T_s 在助燃剂含量 3.45% 处略有降低，这可能与燃烧锥体积的增大有关；分布系数 N 没有明显规律，这与空气进入后烟丝的快速剧烈燃烧有关。

表 2.12　不同助燃剂含量卷烟纸卷烟样品抽吸 2 s 时的温度体积分布与分布特征参数

助燃剂含量/%	各温度区域体积(mm³)			分布特征参数		
	200～400 ℃	400～600 ℃	>600 ℃	V_0/mm³	T_s/℃	N
0	216.9	187.5	93.8	492	467	1.41
1.50	233.0	191.4	82.4	496	463	1.35
2.46	216.8	203.0	110.7	522	488	1.47
3.45	246.4	207.6	111.5	551	474	1.38

3. 低引燃倾向卷烟纸

李斌等利用热电偶测温技术考察了低引燃倾向卷烟纸的阻燃带和未涂布区对卷烟燃烧锥温度特征的影响[24]。阴燃期间阻燃带附近 4 处卷烟中心轴线点上(1＃热电偶、2＃热电偶、3＃热电偶和 4＃热电偶)的温度随时间的变化如图 2.29 所示。

可以看出，相对于常规烟支，LIP 卷烟燃烧温度的变化从 2＃热电偶到 4＃热电偶的延迟程度逐渐变大。根据 4＃热电偶的测试结果，在阴燃 85 s(图 2.29 中箭头位置)，LIP 卷烟在该点的温度比常规卷烟的低 202 ℃。实际上，对于 4＃热电偶，其所测温度出现差异比标记时间(85 s)早了 20 s。LIP 卷烟达到温度峰值时间最终推迟了约 10.2 s。换算成燃烧速率，可得阻燃带的燃烧速率约为 3.1 mm/min，这比常规卷烟 4.6 mm/min 的静燃速率低很多。但两种卷烟的最高温度和升温速率并没有显著差别。其他 4 支热电偶(5＃热电偶～8＃热电偶)所测 LIP 卷烟的阴燃温度达到峰值的时间延迟依次为：49 s、58 s、70 s 和 60 s。在 6＃热电偶和 7＃热电偶之间出现了 LIP 卷烟与常规卷烟燃烧峰值温度之间的最大时间延迟，而从 7＃热电偶至 8＃热电偶，卷烟已基本烧过阻燃带，时间延迟反而降低。

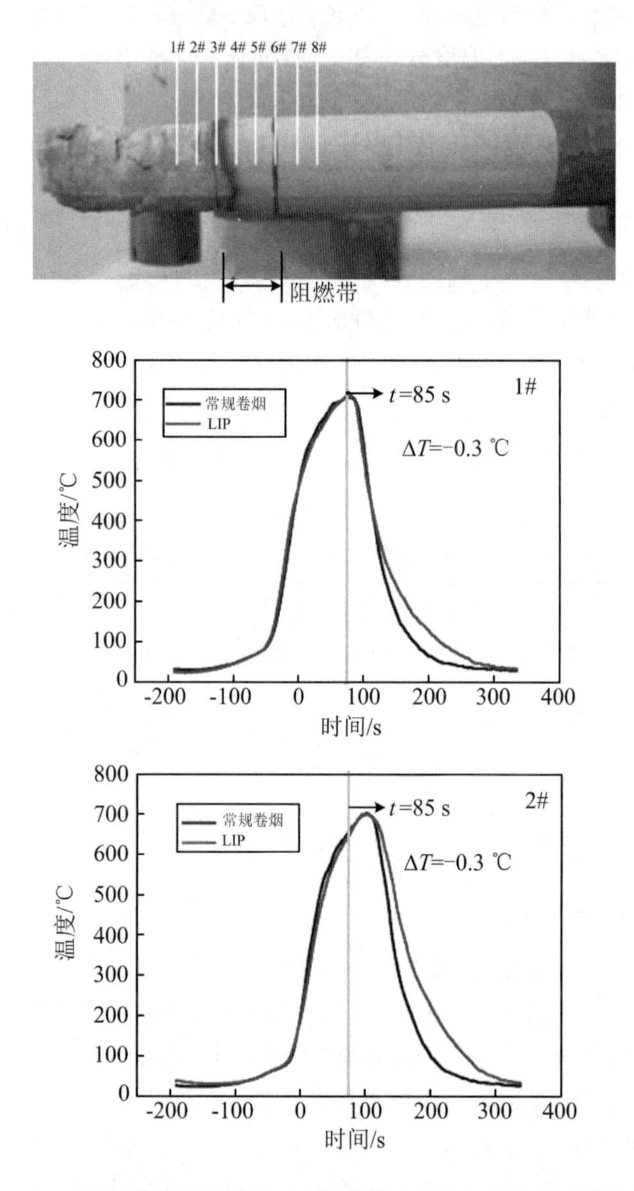

图 2.29 阴燃期间阻燃带附近 4 处卷烟中心轴线点上温度随时间变化
(阻燃带始于 3＃热电偶，终于 3＃6 热电偶)

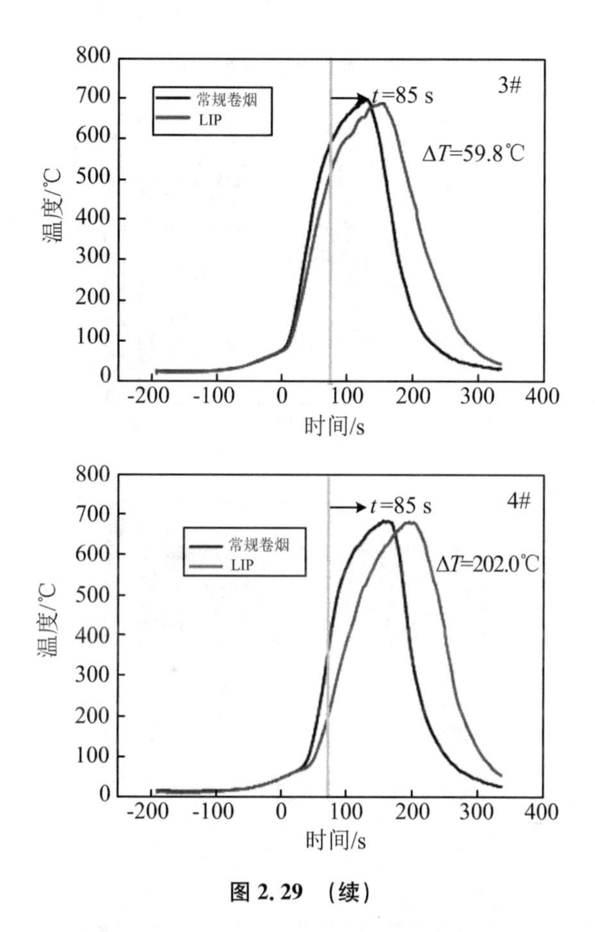

图 2.29　(续)

图 2.30 所示为 2 s 抽吸期间内不同时刻下 LIP 卷烟和常规卷烟温度场的二维分布图。这里将卷烟燃烧至距阻燃带左侧 2 mm 处的时间记为抽吸 0 时刻。抽吸前18.9 s,RIP 卷烟和常规卷烟燃烧温度分布基本相同。在抽吸 0 时刻,两种卷烟在 200 ℃以上燃烧锥体积基本相似,但 RIP 卷烟燃烧锥中心区域温度有明显降低,说明 RIP 阻燃带甚至在卷烟纸燃烧线到达其左边缘之前就在一定程度上抑制了卷烟的燃烧。在抽吸 1 s 时刻,对于 RIP 卷烟来说,最显著的变化是内部高温区的扩大,并向卷烟纸燃烧线附近处空气流入的方向扩展。另一个变化是内部高温区体积的显著增加,但高温区轮廓似乎在前沿处被截断,表明相对于常规卷烟来说,阻燃带极大改变了空气流入卷烟的路径。在抽吸 2 s 时刻,虽然强制抽吸结束,但两种卷烟温度分布仍然有明显区别:对于 RIP 卷烟来说,其内部高温区域体积降低,总体形状也更窄更长,但常规卷烟燃烧锥内部高温区域却增加,总体形状虽然明显变长,但宽度变化不大。另外,从该时刻开始,由于不再有外界空气的扰动,卷烟燃烧锥气固相温度达到平衡。

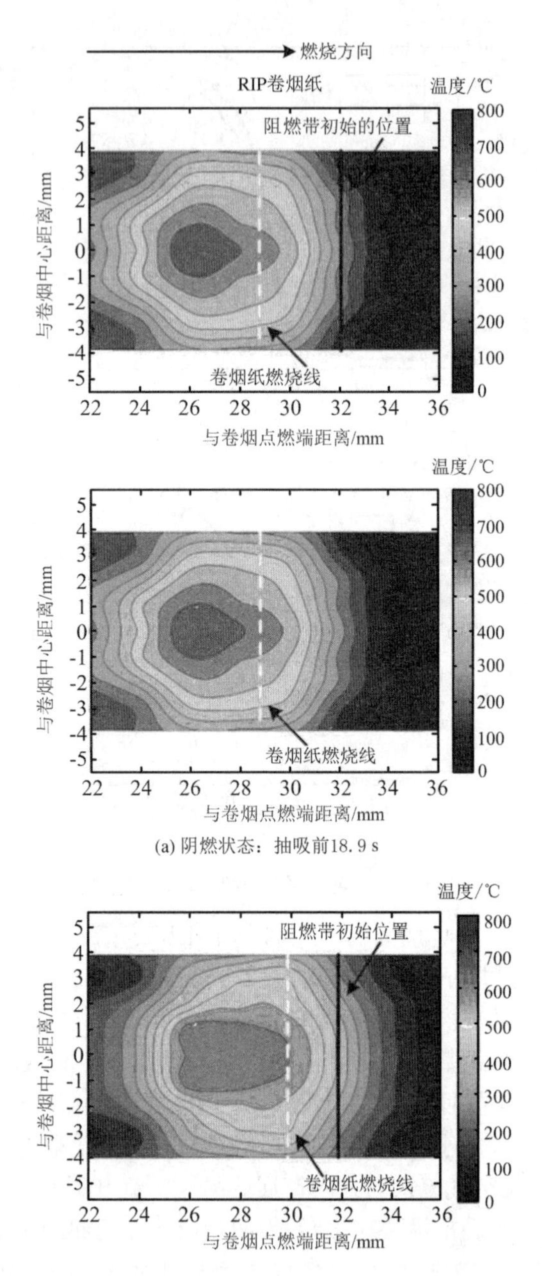

图 2.30　在 2 s 抽吸期间内不同时刻下 LIP 卷烟和常规卷烟温度场二维分布图

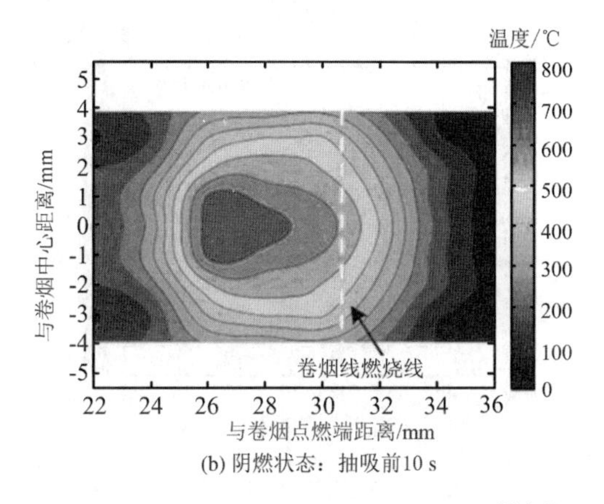

(b) 阴燃状态：抽吸前10 s

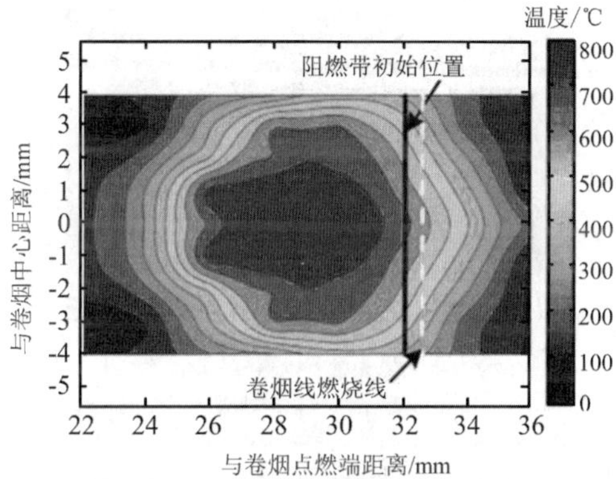

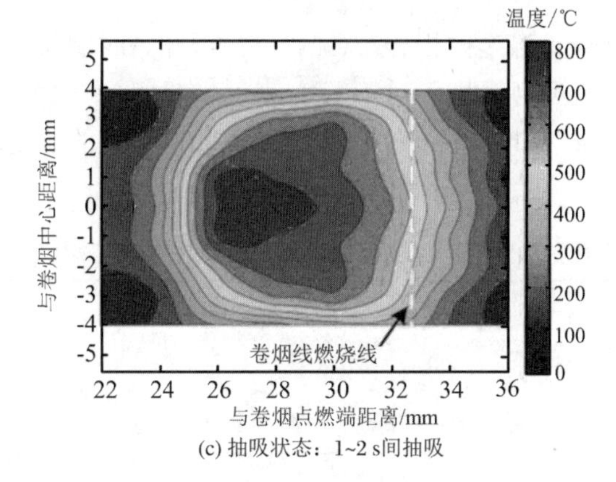

(c) 抽吸状态：1~2 s间抽吸

图 2.30(续)

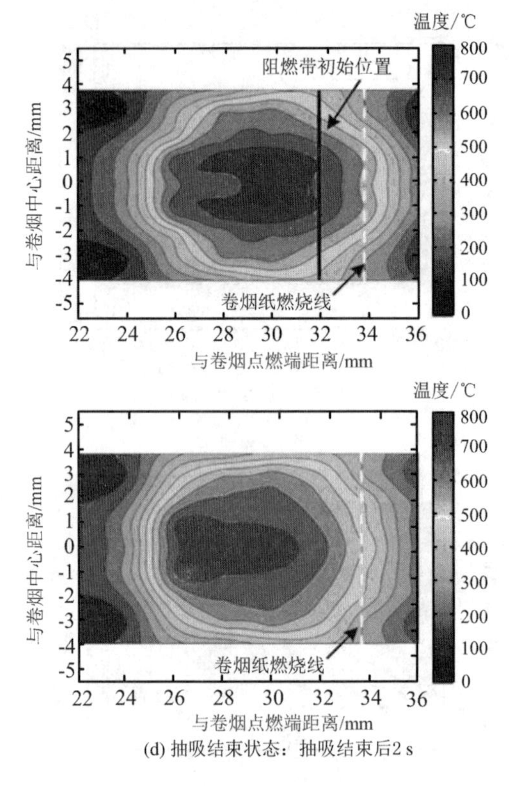

(d) 抽吸结束状态：抽吸结束后2 s

图 2.30(续)

根据两种卷烟燃烧锥温度体积分布(表 2.13)可知，在抽吸前 18.9 s，两种烟各温度区间的体积分布并无明显区别。对于 RIP 来说，在抽吸 0 时刻，各温度区间燃烧锥体积都有所降低。在抽吸期间，除 600 ℃以上时，RIP 卷烟的燃烧锥在各温度区间的体积均有降低。

表 2.13　两种卷烟不同温度范围内燃烧锥气相温度体积(单位:mm^3)

温度 \ 时间/s		−18.9	0	1	2
≥200 ℃	RIP	459.6	456.0	495.7	550.7
	Non-RIP	459.9	474.8	521.2	571.4
≥300 ℃	RIP	348.2	343.2	396.1	457.3
	Non-RIP	348.2	364.2	419.7	474.4
200～300 ℃	RIP	235.0	235.8	191.3	191.9
	Non-RIP	236.0	239.8	205.7	197.7

续表

温度 \ 时间/s		−18.9	0	1	2
400～600 ℃	RIP	202.3	195.7	171.6	201.9
	Non-RIP	201.8	204.2	184.1	217.1
≥600 ℃	RIP	22.3	24.5	132.8	157.0
	Non-RIP	22.1	30.8	131.5	156.6

在 2 s 抽吸期间 200 ℃以上燃烧锥总体积随时间的变化如图 2.31 所示，可以看出，在到达 18.9 s 后，RIP 燃烧锥总体积即刻逐渐降低；在抽吸期间，两者燃烧锥总体积均急剧增加；但在抽吸前就发展的两者燃烧锥总体积差值在整个抽吸过程中基本保持不变，而且抽吸后两者总体积几乎呈现同步的准线性降低趋势。

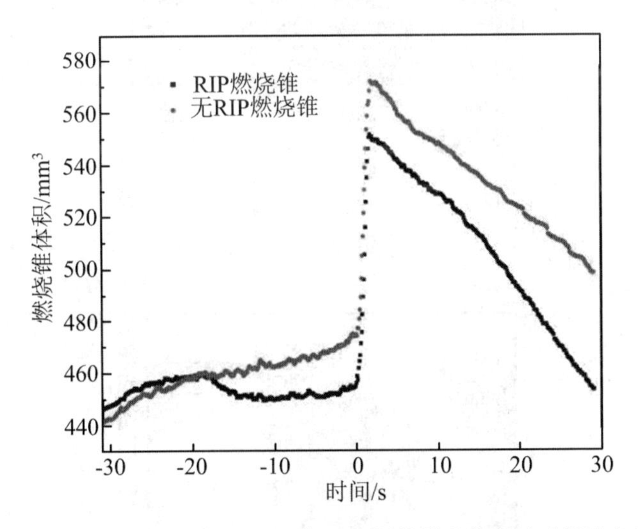

图 2.31　在 2 s 抽吸期间 200 ℃以上燃烧锥总体积随时间的变化

阻燃带对卷烟燃烧锥温度分布特征产生显著影响的原因在于，其一方面是阻燃带限制了燃烧锥从未燃卷烟纸方向获取氧气的能力，另一方面则是改变了氧气在烟支中的流向，具体可通过抽吸 1 s 时刻的温度梯度分布图来证明(图 2.32)。通常，温度梯度越大，燃烧(氧化)反应越剧烈，间接反映了氧气的流入量越高。对于常规卷烟，Baker 早期的研究表明，最高的空气流量发生在靠近新碳化燃烧线后的一块小区域，而不是在燃烧锥顶端或者卷烟纸燃烧线之前。这是因为通过这种方式，流入的空气会绕过热黏度最高的区域，并以阻力最小的方式流入烟支。在图 2.32 中的温度梯度分布图上，用虚线箭头标出了空气的流入位置和方向，其中箭头越粗，表示流量越大。可以看出，与常规卷烟相比，RIP卷烟的抽吸时气流被推向燃烧锥顶端方向，并远离卷烟纸燃烧线。考虑到阻燃带的致密性，甚至在燃烧后仍具有较高的抑制空气流入的能力，这种机理具有合理性。因此，气相温度场分布的改变应是卷烟从高透气卷烟纸下阴燃突然转变到低透气阻燃带下抽吸的缘故。可以预测，如果烟丝完全被阻燃卷烟纸或者被常规卷烟纸包裹，其温度分布图将不会出现这种转变。

4. 滤嘴通风率

连芬燕等利用热电偶测温装置考察了不同滤嘴通风度对卷烟燃烧锥温度的影响[25]。实验所选卷烟样品滤嘴通风率如表2.14所示。

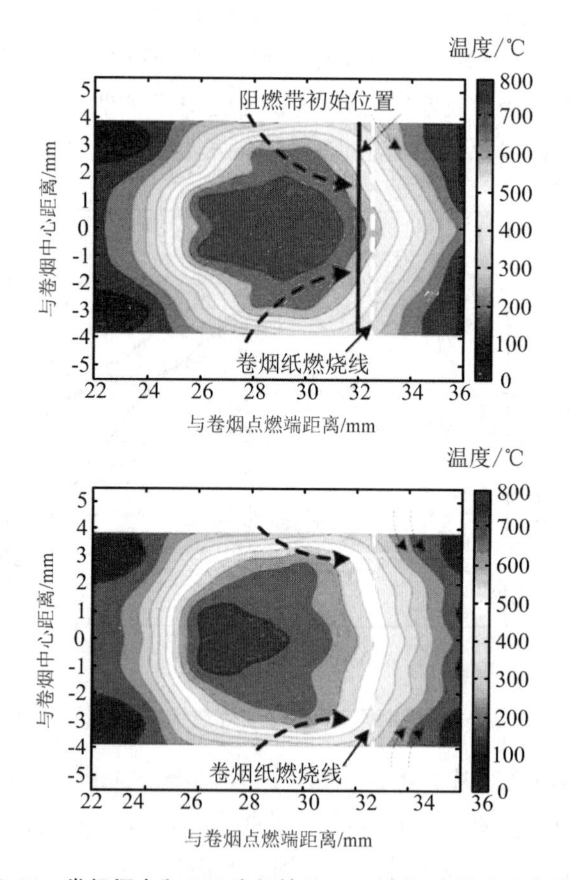

图2.32　常规烟支和RIP卷烟抽吸1 s时刻温度梯度分布比较

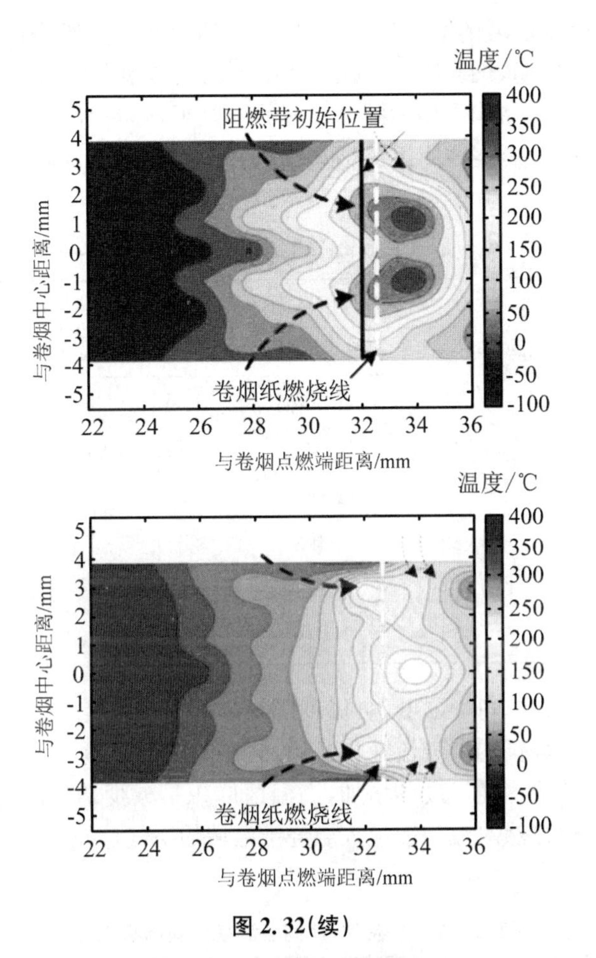

图 2.32(续)

表 2.14　实验样品滤嘴通风率

样品编号	卷烟纸	接装纸透气度/CU	成形纸透气度/CU	滤嘴通风率/%
1	卷烟纸 A	0	3 000	0.00
2	卷烟纸 A	100	3 000	5.60
3	卷烟纸 A	300	3 000	16.48
4	卷烟纸 A	300	4 500	19.82
5	卷烟纸 A	500	6 000	28.87
6	卷烟纸 A	500	10 000	31.04

不同卷烟样品第 3 口抽吸前各温度区间体积积分如表 2.15 所示。可以看出随着滤嘴通风度的增加，600 ℃以上的高温区体积呈逐渐减少的趋势，而燃烧锥后部低温区域的各温度区间体积基本保持不变。随着滤嘴通风度的增加，在抽吸间隙通过自然

对流扩散进入燃烧锥区域的空气量减少，阻碍了烟丝的充分燃烧，降低了燃烧锥高温区域的体积。另一方面，烟支阴燃时燃烧线附近的空气很大一部分是通过自然对流扩散进入的，由于所有样品均采用相同透气度的卷烟纸，通过卷烟纸扩散进入燃烧锥后部的空气量大致相同，燃烧线附近的烟丝燃烧情况大致相同，因此各温度区间的体积分布基本保持一致。

表 2.15 抽吸前 10 s 各温度区间体积积分

编号	各温度区间体积积分/mm^3					
	200～300 ℃	300～400 ℃	400～500 ℃	500～600 ℃	600～700 ℃	>700 ℃
1	12 430	14 840	11 905	9 268	4 254	18
2	12 406	14 212	12 781	9 786	3 976	148
3	12 936	16 171	11 882	8 332	2 634	26
4	12 367	15 983	12 425	8 811	3 018	98
5	12 327	15 411	12 188	7 721	3 025	114
6	12 903	15 075	12 948	8 310	2 064	1

不同卷烟样品第 3 口抽吸期间各温度区间体积分布如表 2.16 所示。与抽吸前相比，抽吸期间进入燃烧锥的空气流速快速增加，烟丝燃烧剧烈，大于 700 ℃的高温区体积迅速增加，且随着滤嘴通风度的增加，高温区体积呈减少趋势。这反映了随着滤嘴通风度的加大，通过自然对流扩散进入燃烧锥区域的空气量减少，烟丝燃烧不充分，燃烧温度降低。

表 2.16 抽吸 2 s 期间各温度区间体积积分

编号	各温度区间体积积分/mm^3					
	200～300 ℃	300～400 ℃	400～500 ℃	500～600 ℃	600～700 ℃	>700 ℃
1	2 645	2 400	2 240	2 049	1 840	600
2	2 585	2 420	2 324	2 101	1 918	490
3	2 873	2 810	2 388	1 818	1 587	340
4	2 302	2 971	2 361	1 807	1 849	369
5	2 790	2 535	2 474	2 022	1 629	181
6	2 874	2 514	2 258	2 092	1 662	180

不同卷烟样品第 3 口抽吸后各温度区间体积分布如表 2.17 所示。与抽吸前及抽吸期间相比，随着抽吸的继续进行，600～700 ℃、大于 700 ℃的温度区间的体积继续增大，可能是由于进入燃烧锥中的空气流速随燃吸时间的延长而增加造成的。且与抽吸前、抽吸期间表现出相同的趋势，随着滤嘴通风度的增加，燃烧锥的最高温度呈现出

下降趋势。

表 2.17　抽吸后 10 s 各温度区间体积积分

编号	各温度区间体积积分/mm³					
	200～300 ℃	300～400 ℃	400～500 ℃	500～600 ℃	600～700 ℃	>700 ℃
1	12 112	13 150	13 619	12 884	7 984	986
2	13 017	14 387	14 094	11 746	7 316	938
3	13 269	15 037	15 546	10 455	6 651	531
4	12 524	15 759	15 562	11 084	6 977	566
5	12 880	13 973	13 197	10 927	6 614	457
6	13 134	13 400	13 907	12 133	5 417	412

滤嘴通风所带来的稀释在整个吸烟过程中都保持恒定，当滤嘴通风时，流经燃烧锥和烟支的气流流速均降低。Mikami 等[26]和李斌等[20]推断，滤嘴通风卷烟等同于用低于标准抽吸容量来抽吸卷烟。因此，随着滤嘴通风度的增加，即等同于减少卷烟抽吸容量，降低了通过自然对流进入燃烧锥的空气流速，进而降低了卷烟的燃烧最高温度。

2.2　基于红外热像仪的卷烟燃吸温度场测温技术

一切温度高于绝对零度的物体都在以电磁波的形式向外辐射能量，其辐射能包括各种波长，其中波长范围在 0.76～1 000 μm 之间的称为红外光波，它在电磁波连续频谱中处于无线电波与可见光之间的区域。按波长范围可将红外光波分为近红外、中红外、远红外、极远红外 4 类。在绝对零度以上的任何物体都会产生分子和原子的无规则运动，并不停地向外辐射能量。分子和原子的运动愈剧烈，辐射的能量愈大。在自然界中红外辐射是最广泛的电磁波辐射，辐射测温技术的原理基础也就是红外光具有很强的温度效应。热辐射投射到物体上会产生反射、吸收和透射现象。吸收能力越强的物体，反射能力就越差。能全部透射辐射能的物体称为“透明体”；能全部吸收辐射能的物体称为“黑体”；能全部反射辐射能的物体，当呈现镜面反射时称为“镜体”，呈现漫反射时称为“白体”。显然，透明体、黑体、镜体、白体都是理想物体[27]。物体表面温度与物体的红外辐射能量、波长的大小有着十分密切的关系。因此，通过对物体辐射的红外能量的测量，便能准确测定物体的表面温度，这是红外辐射测温所依据的理论基础[28]。红外热像仪为实时表面温度测量提供了有效、快速的方法。

2.2.1 红外热像仪的组成

红外热像仪由红外探测器、光学成像物镜和光机扫描系统(目前先进的焦平面技术则省去了光机扫描系统)3 部分组成。在光学系统和红外探测器之间,有一个光机扫描机构(焦平面热像仪无此机构)对被测物体的红外热像进行扫描,并聚焦在单元或分光探测器上,接收到的被测目标红外辐射能量分布信号反映到红外探测器的光敏元上,由探测器将红外辐射能转换成电信号,然后经过放大处理、转换成标准视频信号通过电视屏或监测器显示出红外热像图。其实被测目标各部分的红外辐射的热像分布图信号非常弱,虽然这种热像图与物体表面的热分布场之间存在着一一对应关系,但与可见光图像相比,其缺少层次和立体感。因此,为了更有效地判断被测目标的红外辐射热分布场,常采用一些辅助措施来提高仪器的实用功能,如图像亮度控制、对比度控制、实标校正、伪色彩描绘等技术。

非扫描型热像仪由红外探测器、光学系统、信号处理系统和显示记录装置等部分组成。热像仪中将红外光变成电信号,再将电信号变成可见光的转换功能是由热像仪的各个部件共同完成的。非扫描型热像仪也称为焦平面热像仪,它去掉了繁杂的光机扫描装置。二维平面的红外探测器具有电子自扫描功能,和数码照相机的原理非常相似,被测物体的红外辐射通过物镜就能将物体聚焦在底片上曝光成像。红外辐射聚焦在红外探测器的阵列平面上,此称为“焦平面阵列”,也称其为“凝视成像”。

由于没有光机扫描机构,故质量仅 2 kg 左右,所以使用携带十分方便。焦平面热像仪的摄像头结构简单,内有硅化铂红外电荷耦合器件 CCD、3～5 μm 或 8～14 μm 成像镜头,以及红外 CCD 驱动电路板。硅化铂红外 CCD 输出的视频信号,经钳位放大等预处理后,由 A/D 转换变成数字信号,经过固定图形噪声消除电路和响应率非均匀性校正后,存入帧图像存储器。由于图像信号中混合了标尺和字符等数据,还要经过伪彩色编码和 D/A 转换才能在显示器上显示出来。热像仪具有黑白、伪彩色和等温区等多种显示模式,物体的表面温度可由热像图实时读出,下面分别讲述各组成部分功能。

2.2.1.1 焦平面探测器

被测物体的红外辐射由光学系统传递到红外探测器,红外探测器获得被测物体像的基本信息,并进行合成与分解。所以说探测器是红外热像仪的核心器件。红外探测器元件必须保持较低的温度,这主要是为了屏蔽背景噪声、降低热噪声、提高探测器的信噪比和探测率等。焦平面探测器按制冷方式分为制冷型和非制冷型。非制冷型焦平面探测器的工作原理如图 2.33 所示。探测器主要采用微型辐射热量探测器,作用类似于热敏电阻,探测器的温度随着吸收入射红外辐射量的多少而发生变化,温度的变化导致探测器的阻值发生改变,在外加电压作用下就会有电压信号输出。

图 2.33 所示的是非制冷型焦平面热像仪的工作原理，其电路采用桥式结构，E 是采样电压信号，电阻 R_1 是内置探测器，电阻 R_2 是工作探测器，电阻 R_3 和 R_4 是桥式平衡电路的标准电阻。R_1 被屏蔽，R_2 暴露在外以便接收红外辐射。R_1 和 R_2 两个探测器的位置比较近，如果 R_2 上没有红外辐射照射，则电桥平衡，没有电压信号输出，即 $E=0$；当 R_2 上有红外辐射照射时，则引起工作探测器的温度变化，随着温度的变化 R_2 的电阻值也随之而变，电桥平衡被破坏，输出端有电压 E 输出。

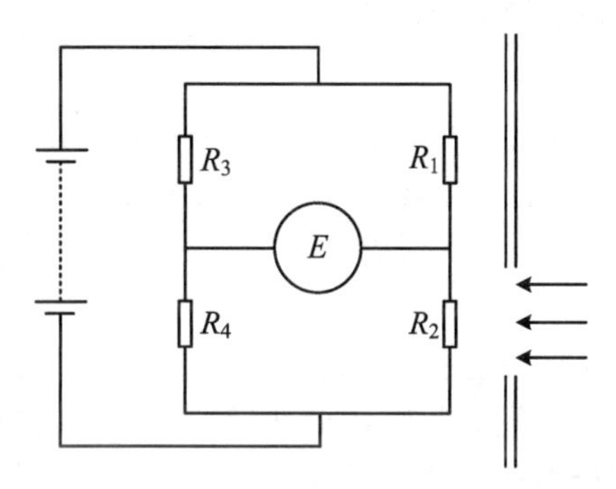

图 2.33　非制冷型焦平面热像仪工作原理

非制冷型红外热像仪主要采用热释电和微测辐射热计 Bolometer 两种技术。$N\times M$ 多探测元非制冷 FPA 红外热像仪代表了当今红外热像仪的最高水平。实现非制冷型红外焦平面有两种途径：微测辐射热计 FPA 和热释电探测器 FPA。实现微测辐射热计 FPA 技术有以下几种方法[30-32]：

1. 非晶硅微测辐射热计 FPA

其由法国研制成功的单片式非制冷 FPA。热敏材料采用非晶硅材料，640×480 元阵列，工作波长 8～13 μm，像元尺寸为 45 μm×45 μm。

2. 氧化钒辐射热计 FPA

20 世纪 90 年代初美国 Honeywell 传感器及系统开发中心提出了这一实现方法，其是在电绝缘板上通过化学气相沉积技术或溅射技术沉积矩形氧化钒薄膜。电绝缘板是一种电阻型器件，它连接像元和硅读出电路，由两根细长支柱-微桥支撑，吸收外界红外辐射时温度升高引起材料的电阻变化。现已研制出 640×480 元的阵列，像元尺寸达到 50 μm×50 μm。

3. 温差电堆 FPA

1994 年日本防卫技术和技术开发所研制出了温差电堆 FPA，像元尺寸为 100 μm×100 μm，阵列为 128×128 元。

2.2.1.2　信号处理电路及显示方式

为了能够反映出各部分之间的温差，探测器输出的电信号必须要经过放大和转换处理。为了消除探测器上的直流偏置、抑制大面积的背景噪声、减弱探测器的 $1/f$ 噪声，探测器与放大器之间的耦合方式均采用交流耦合。红外热像仪的图像处理系统可以实现对被测目标的实时观察、测量和分析，实现热图像的采集、存储、增强、滤波去噪、伪彩色显示、图像运算、几何变换、传输和打印等功能。这些系统功能一般由微型计算机及相应的软、硬件和辅助设备完成。

2.2.2 红外热像仪的特点

红外热像测温系统是目前发展最快、性能比较稳定的现代化应用中极其重要的被动成像系统。与其他测温方法相比，红外热像仪在对温度分布不均匀的大面积目标的表面温度场进行测量和在有限的区域内快速确定过热点或过热区域两个方面，具有明显的优势。现总结如下：

① 响应速度快。传统的测温技术（如热电偶）的响应时间一般为秒级，而热像仪测温的响应时间多为毫秒甚至微秒级，因此热像仪可以测出快速变化的温度（场）。

② 测量范围宽。玻璃温度计的测温范围为－200～600 ℃，热电偶的测温范围为－273～2 750 ℃，而辐射测温的理论下限是无限接近绝对零度（即－273.16 ℃），基本没有理论上限。红外热像仪因型号不同，温度测量范围有所不同，且温度范围可扩展。TI45 红外热像仪（8～14 μm）的测温范围为－20～600 ℃，上限可以扩展到 1 200 ℃；德国 DIAS 在线红外热像仪（8～14 μm，3～5 μm）的测温范围为－20～1 250 ℃；ThermaCAMSC500（7.5～13 μm）的测温范围为－40～＋2 000 ℃；IR928（8～14 μm）的测温范围为－20 ℃～＋500 ℃；ThermaCAMS65（7.5～13 μm）的测温范围为－40～＋500 ℃，上限可扩展到－1 500 ℃或 2 000 ℃；ThermaCAMTMSC3000 的测温范围为－40～＋500 ℃，上限可扩展到 1 500 ℃；Inframetrics600（8～12 μm）的测温范围为－20～＋400 ℃，扩展之后为 0～1 000 ℃；

③ 测温精度高，可以分辨 0.01 ℃或更小的温差。

④ 可对小面积测温，直径可达几微米。

⑤ 可同时测量点温、线温和面温。

⑥ 绝对温度和相对温度均可测量。

⑦ 非接触测量。由于测取的是物体表面的红外辐射能，不用接触被测物体，也不会干扰被测的温度场，故红外热像测温技术非常适用于测量运动的物体、危险的物体（如高压线缆）和不易接近的物体。

⑧ 测量结果形象直观。红外热像仪以彩色或黑白图像的方式输出被测目标表面的温度场，对比单点测温不仅可提供更为完整、丰富的信息，且非常形象直观。

2.2.3 红外热像仪的基本原理

红外热像仪的成像系统一般有两种扫描方式：光机扫描和非扫描成像。光机扫描式成像系统采用单元或多元(元数有 8、10、16、23、48、55、60、120 和 180 等)光伏或光电导红外探测器。用单元探测器时由于帧幅响应时间不够快,所以速度慢。一般利用多元阵列探测器实现高速实时热成像。

非扫描成像的热像仪是新一代的热像装置,阵列式凝视成像的焦平面热像仪在性能上优于光机扫描式热像仪,今后的发展趋势是非扫描成像热像仪逐步取代光机扫描式热像仪。焦平面热像仪的关键技术是由单片集成电路组成探测器,被测目标可以充满整个视场,而且仪器非常小巧轻便,图像更加清晰,同时具有连续放大、自动调焦图像冻结、点测温、线测温、等温显示和语音注释图像等功能,由于仪器采用了 PC 卡,存储容量可扩展到 500 幅图像。

红外热像仪是一种通过非接触方式探测红外热量并将其转换成热图像和温度值在显示器上显示出来,同时对温度值进行计算的检测设备。红外热像仪能够将探测到的热量精确量化,能够对发热的故障区域进行准确识别和严格分析。红外热像系统发展到目前已经成为现代半导体技术、精密光学机械、微电子学、特殊红外工艺、新型红外光学材料与系统工程的产物。其利用红外探测器接收被测目标的红外线信号,进行放大和处理后送至显示器,形成该目标温度分布的二维可视图像。系统的基本组成示意图如图 2.34 所示。

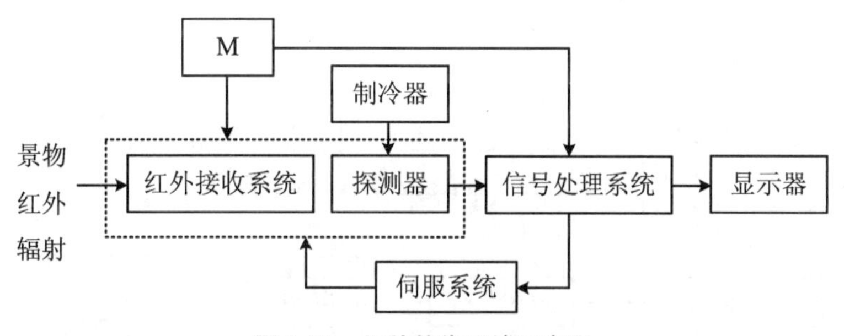

图 2.34　红外热像系统示意图

红外探测器类型是单元制冷型,光学系统具有反射、透射汇聚功能,物空间光机扫描,摆动电机带动行扫描,步进电机则带动帧扫描。光学系统构成包括两个焦点,第一焦点放置调制器,第二焦点放置探测器(图 2.35)。调制器具有控制简单、体积小、相位准确等优点。为了在扫描过程中根据测温功能要求,定期利用调制器加入温度参考信号,而且在每行扫描的逆程时必须迅速插入光路,并完全遮挡光路,所以设置了第一焦点。又由于调制器的摆幅不大,所以将其放置在第一焦点处比较合适。

在利用热像仪对图像进行定性观察时,要求图像分辨率要高,所以一般不单设孔径光阑,尽量选择大的通光孔径[33,34]。

探测器窗口、孔径光阑、次镜镜筒的温度变化是影响测温的主要因素。在复杂的环境温度中,仪器的内部和外部温度随时都可能发生变化。为了消除影响、准确测温,可以在光路中加入快门或调制器,求出目标信号和参考源信号的差值,这样就可以达到准确测温的目的。

因仪器内部特有的结构，准确测量调制器挡片或快门的温度就显得尤为重要。调制器挡片或快门属于运动部件，非接触测温方法比较适用于这两个部件的测温。营造一个环境，使环境温度和调制器挡片温度尽量保持一致，通过调制器挡片或快门附近的温度传感器采集信号。在结构上，主要考虑减少对流、传导、辐射的影响，需要对其采取措施。对仪器内部的冷源或热源要加装保温或隔温层，尽量减少仪器内部的发热，使调制器挡片所处的环境温度保持稳定，不受其他因素干扰。为了使各部件和挡片的发射率尽量接近于1，将其进行发黑处理，这样可以减小内部部件之间的相互辐射。图2.36所示为红外热像仪的前置放大器框图。前置放大器是影响测温功能最关键的部分，它能够实现图像信号的放大、滤波，进行环境温度补偿，恢复直流成分等。

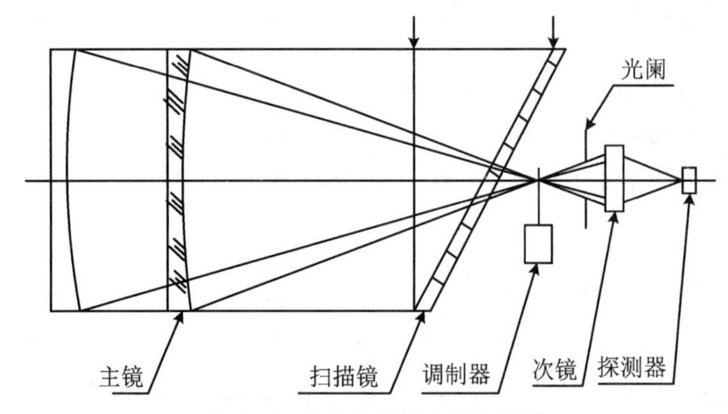

图2.35 热像仪光学系统示意图

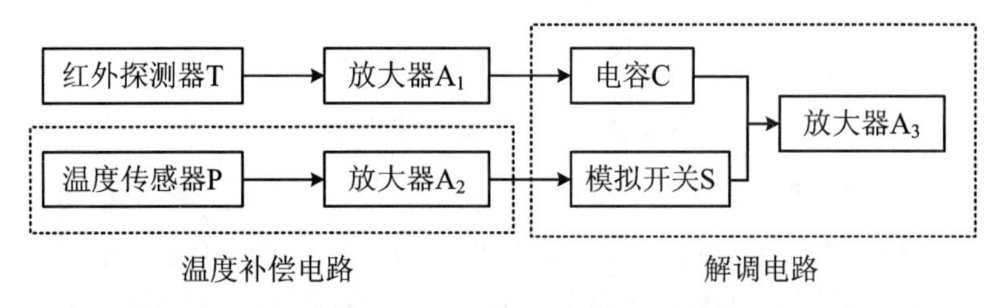

图2.36 红外热像仪的前置放大器框图

红外热像仪依靠接收物体的辐射能量来成像，因其能量信号微弱，必须使用高增益放大器，带来的影响是放大器的直流漂移会增大。红外探测器如果选用的是电阻型的，也会产生比较大的直流漂移。如果第一级采用交流放大就能有效地消除直流漂移。所以在探测器和放大器之间需要接入一个电容，起到隔直通交作用。由于结构设计中使用了调制器，这样就可以使用交流放大器。调制器有两个作用：一是对信号进行了调制，把接收的光信号转换成交流电信号，二是在信号中加入了温度参考源。

第一级放大器应慎重选择，它是影响测温精度的关键，也是影响图像质量的关键。

对前置放大器中第一级放大器 A_1 的要求是：噪声低、动态范围大、增益稳定、失真小。解调电路由模拟开关 S、电容器 C、放大器 A_3 组成。因为信号的直流成分代表着物体的辐射量，与温度有直接的对应关系。为了恢复信号的直流成分，需要在前置放大器中对信号进行解调，在模拟开关 S 端加上定时脉冲信号，使开关处于导通状态。为了使加上脉冲信号的时间和调制器挡片遮挡光路的时间相同，要求控制电路能够控制调制器，保持调制器与摆动电机同频同相，完全同步。

前置放大器的另一个重要作用是温度补偿。设备工作时必须准确测量环境温度，因为调制器的挡片温度会随着周围环境温度的变化而变化。为了使调制器挡片的温度和环境温度保持一致，需要在电路中对其温度进行补偿。电路中由放大器 A_2 和温度传感器 P 构成了环境温度补偿电路。补偿电路的温度补偿范围不能太大，否则就要进行曲线校正，因为温度传感器 P 和红外探测器 T 的温度曲线只是在一定范围内近似相等的。经过前置放大电路处理后，被测目标温度和图像的输出信号之间基本上能够一一对应，再经过非线性校正、温度标定、发射率修正后便得到物体的真实温度。

2.2.4　红外热成像测温的影响因素

红外线的波长范围是 0.76～1 000 μm。自目标发射出来的红外辐射需要在大气中传播一段距离才能到达探测仪器，在这过程中除了辐射本身的几何发散外，还会因在大气中传播而受到衰减。组成大气的气体主要包括氧气、氮气、氩气，它们占大气总量的 99%以上，但它们不吸收波长 15 μm 以下的红外线，否则红外技术在野外根本没法使用。对红外辐射具有主要吸收作用的气体是水蒸气、二氧化碳和臭氧（O_3），加上甲烷、一氧化碳等的吸收作用，造成了红外辐射的衰减，在不同波段形成了红外线吸收带。进行了将 1～15 μm 的红外辐射通过一海里（1 850 m）厚度的大气透射比实验，发现只有处于红外吸收带之间的红外辐射才能够透过大气向远处传输，其中有 3 个透过大气的红外波段为 1～3 μm、3～5 μm 和 8～14 μm。这 3 个波段被称为“大气窗口”[35]，红外测温系统常常工作在这 3 个大气窗口。3～5 μm 和 8～14 μm 分别被称为“短波”和“长波”窗口。这两个窗口对红外辐射均敏感，但两个波段范围特性不同，长波窗口主要用于低温及远距离的测温，而短波窗口能在较宽的范围内提供最佳功能，获得良好的测温效果。

大气吸收是影响测温精度的因素之一，热像仪特性、目标特性、测量距离等因素也直接影响了测温的准确性。为了便于操作和实现对温度的精确测量，在热像系统中大多数时候进行了精度补偿，包括：

① 对镜头视场外的辐射补偿。

② 对不同操作温度下的补偿，如夏天和冬天。

③ 对热像仪内部的漂移和增益补偿。

为了保证测温精度的可靠性，要根据实际情况对发射率、环境温度、距离、湿度等基本参数按要求进行设置。

总结实际测温过程中的影响因素包括发射率、光路上的散射与吸收、背景噪声、红外热像仪的稳定性。随测量条件不同,这些因素的影响程度也不同。必须进行准确的校准以保证测量的可靠性。换句话说,在实际测量时必须准确地设定各参数值,才能得到精确的温度测量值。

2.2.4.1 发射率的影响

发射率是影响红外热像仪测温精度的最大不确定因素。发射率受表面条件、形状、波长和温度等因素的影响。要想得到物体的真实温度,必须精确地设定物体的发射率值。

1. 不同材料性质的影响

材料的性质不同,不仅包括材料的化学组分和化学性质的差异,还包括材料的内部结构(如表面层结构和结晶状态等)和物理性质的差异。材料的性质不同,会使材料的发射性能、辐射的吸收或透射性能都不同。绝大多数非金属材料红外光谱区的发射率都比较高,而绝大多数纯金属表面的发射率很低。当温度低于 300 K 时,金属氧化物的发射率一般会超过 0.8。

2. 表面状态的影响

没有绝对光滑的物体表面,任何实际物体都有不同的表面粗糙度,总会表现出凹凸不平的不规则形貌。不同的表面形态首先影响到反射率,进而影响到发射率。材料的种类和粗糙的程度直接影响到发射率。表面粗糙度对金属材料的发射率影响比较大,对非金属的电介质材料影响较小或根本无影响。当辐射光垂直入射时,金属表面粗糙度对反射率的影响关系如式(2.13)所示[36]:

$$\frac{\rho}{\rho_0}=\exp\left[-\left(\frac{4\pi r}{\lambda}\right)^2\right]+32\pi^4\left(\frac{\Delta\alpha}{m}\right)^2 \tag{2.13}$$

式中,ρ 和 ρ_0 分别是对于同种金属,在半角为 $\Delta\alpha$ 接收立体角测量的粗糙表面和理想光滑表面的反射率;λ 是入射辐射波长;r 是表面的均方根粗糙度;m 是表面的均方根斜率。通过对镍铬合金、黄铜、不锈钢和铝等金属材料的实验测试,式(2.13)表明,金属表面越粗糙反射率越低,发射率越高。如果粗糙表面上突起的高度超过辐射波长数倍时,可按式(2.14)计算粗糙表面的发射率:

$$\varepsilon=\varepsilon_0[1+2.8(1-\varepsilon_0)^2] \tag{2.14}$$

式中,ε_0 是光滑表面的发射率。

3. 温度的影响

发射率和温度的关系很难用统一的分析表达式来定量的概括。因为不同材料在不同波长和温度范围内的发射率变化是不一样的,虽然很多情况下认为发射率随温度变化,但发射率到底随温度怎样变化却没有指明。一般实验表明,绝大多数纯金属材料的发射率近似随开氏温度成比例增大，但比例系数却与金属的电阻率有关；绝大多数非金属材料的发射率随温度的升高而减小。

2.2.4.2　背景噪声的影响

利用红外热像仪进行辐射温度测量时，由于目标信号非常小，所以其往往被背景噪声所淹没。故常温状态的温度测量必须考虑背景噪声的影响，因其受背景噪声的影响非常大。室内测量时，周围高温物体等的反射光也会影响待测物体温度的测量结果；室外主要的背景噪声是阳光的直接辐射、折射和空间散射。因此在测温时必须考虑各种影响因素，采取的基本对策如下：

① 在待测物体附近设置屏蔽物，以减少外界环境的干扰。

② 准确对准焦距，防止非待测物体的辐射进入测试角。

③ 室外测量，应选择晚上或有云天气以排除日光的影响。

④ 通过制作小孔或采用高发射率的涂料涂抹等方法提高发射率，使之接近于 1。

2.2.4.3　光路上吸收的影响

空气中的水、二氧化碳、臭氧、一氧化碳等均吸收红外线。根据仪器自身的适应性和实际的工作环境，主要应考虑水蒸气对测温精度的影响。在风力较大的情况下，风会使被测物体温度下降，风速冷却对流也会影响到测温的精度。瑞典国家电力局定义的风力影响的修正公式如下：

$$T_2 = T_1 \times \left(\frac{F_1}{F_2}\right)^{0.488} = T_1 \times \sqrt{\frac{F_1}{F_2}} \tag{2.15}$$

本公式在室外的强制对流（风正面吹向物体）条件下非常适用。式(2.15)中风速 F_1 下的过热温度为 T_1，风速 F_2 下的过热温度是 T_2。例如当风力 1 级、风速 $F_1 = 1$ m/s 时测得的过热温度 T_1 为 60 ℃，则风力大到 3 级、风速 $F_2 = 4$ m/s 时，计算得到过热温度 T_2 为 30 ℃。如果不考虑风速的冷却作用，就会导致严重的测量误差。

2.2.4.4　热像仪稳定性的影响

红外热像仪与其他仪器不同，它的使用在很大程度上会受到环境温度的影响。当待测温度低于常温时，由于红外透镜自身存在一些不可避免的影响因素，会使得环境温度变化的影响甚至大于信号变化的影响。尽管在仪器设计中采取了某种补偿措施，但当环境温度高于规定值时，则必须采取冷却措施，以使仪器维持恒定的温度。

2.2.5 红外热像测温法在卷烟燃吸温度场诊断中的应用

2.2.5.1 红外热像仪关键参数的校准

为了增加测试精度，利用红外热像仪进行卷烟燃烧锥温度测试之前需要对相关参数进行校准，这些参数包括红外热像仪对温度的响应时间、焦距深度以及卷烟发射率等。郑赛晶[37]等人利用 0.05 mm 的一根铂丝缠在卷烟自动点火器上，通过测量不同情况下热像仪所示铂丝温度的大小来计算仪器的响应时间和焦距深度。

1. 响应时间

先用一块挡板横在已经加热的铂丝和热像仪之间，热像仪开始记录，然后以很快的速度抽掉挡板，观察热像仪所示的温度变化。如图 2.37 所示，低温平台(231.1 ℃)是此热像仪的检测下限，而高温平台是铂丝的温度。虽然图中所示热像仪用了 0.02 s 才达到高温平台，但是这是受到了记录速度的限制(每 0.02 s 采集记录一次)，可见此热像仪的响应时间是小于 0.02 s 的。

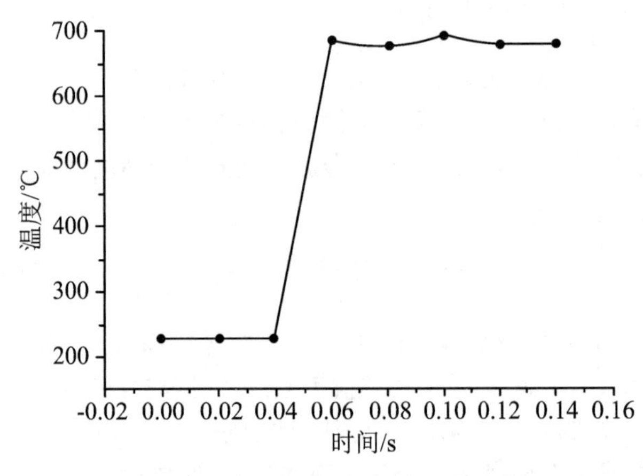

图 2.37 SC3000 热像仪系统的响应时间

2. 焦距深度

焦距深度决定了聚焦镜头在对焦后可以正常移动的距离。这个能力在发生热交换时特别有用，例如，卷烟的抽吸。图 2.38 所示的是所测到的铂丝的温度和其偏离正常聚焦距离(为 0.1 m)的位移的关系。由于周边空气流的轻微影响，使得温度有一些波动，所以图中的每一个数据点都是经 30 s 的数据采集的平均值。由图可知，所用的红外热像系统聚焦深度在 2 mm 左右。

3. 发射率

不同类型卷烟燃烧具有不同的红外发射率，加之所使用的红外热像仪敏感波长的不同，所以不能盲目照搬文献中所提供的发射率数据而应测试前进行发射率校正。郑赛晶[38]等人利用卷烟阴燃时气、固相温度保持平衡，采用自制的微小测温热电偶装置测出气相的温度作为红外热像仪所测到的某一小范围温度平均值的参考值来推算发射率。

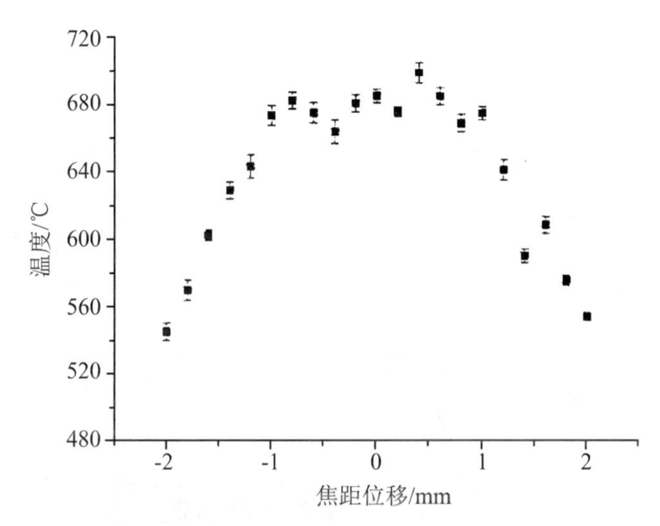

图 2.38　检测到的温度和偏离正常聚焦位置的位移的关系

根据斯蒂芬-玻尔兹曼定律，灰体的辐射强度公式为

$$M_g = \varepsilon\sigma T_b^4 = \sigma T_g^4 \tag{2.16}$$

式中，σ 是斯蒂芬-玻尔兹曼常数；ε 是发射率，描述在特定温度下物体的辐射强度和黑体辐射强度的比值。ε 通常随波长和温度而变化，用热像仪获得的 ε 值是热像仪探测器敏感的红外波段内 ε_λ 的平均值。

图 2.39(a)所示的是和热电偶相接触点的卷烟燃烧过程气相温度变化曲线。可见阴燃时的温度基本保持不变，而抽吸时温度急剧升高，抽吸快结束时温度重新回落。数据选取了 10：14：27 这个时刻。此时为阴燃状态，气、固两相达到平衡，可以认为每一点的气相温度和固相温度相等。从图中可知，此时气相温度为 609.3 ℃，即 T_b 为 609.3 ℃；而从图 2.39(b)所示的红外热图上找到卷烟和热电偶所接触的点，读出此点周围小范围内的平均值 T_g 为 581.3 ℃(此时 ε 值设为 1，为热像仪测得的等效黑体温度)。把 T_b 和 T_g 代入公式(2.16)，可得 ε 值为 0.88。

从表 2.18 可以看出，3 种单料烟抽吸时燃烧锥发射率的测量结果在 0.83～0.93

表 2.18　不同类型单料卷烟红外发射率

卷烟类型	发射率					发射率平均值
烤烟	0.84	0.88	0.83	0.89	0.93	0.87
香料烟	0.85	0.86	0.86	0.86	0.90	0.87
白肋烟	0.90	0.83	0.90	0.87	0.92	0.88

之间,而且平均值为 0.87 和 0.88,彼此之间无明显差异。因此测试卷烟燃烧温度时,发射率可取相同的值 0.87。

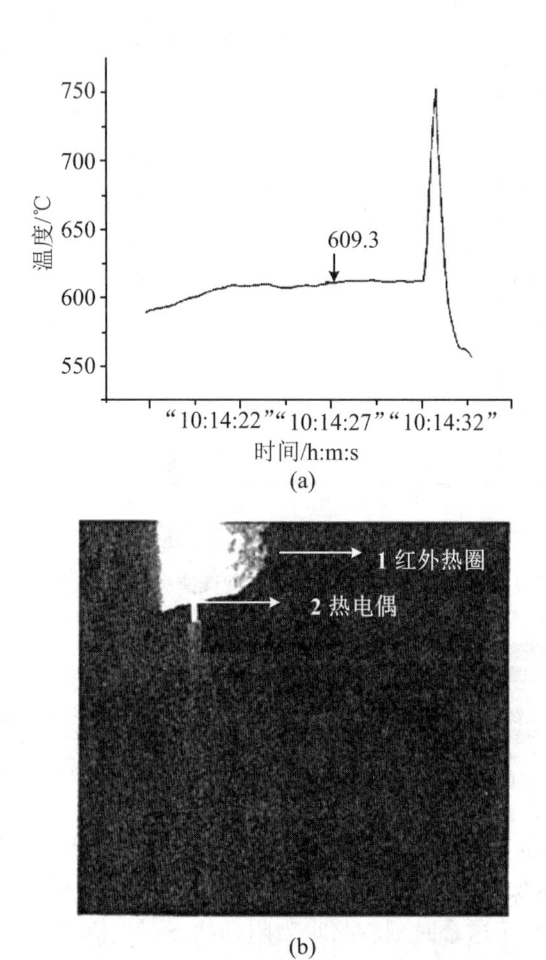

图 2.39 (a)热电偶所接触点的卷烟燃烧气相温度变化曲线;(b)10:14:27 时刻对应的红外热图

2.2.5.2 抽吸参数对卷烟燃烧温度场的影响[39]

郑赛晶采用 AGEMA SC3000 红外热像仪研究了抽吸参数(从第 3 口开始抽吸)对卷烟燃烧最高温度的影响。所用红外测温系统的记录速度可以达到 50 Hz(每 0.02 s记录一幅图);热像仪的空间分辨率为 1.1 mrad;频谱范围为 8～9 μm;热像仪和目标物的距离为 10 cm;红外探头的测温范围选择在 300～1 500 ℃。

1. 抽吸曲线

标准抽吸条件下(抽吸容量 35 cm^3,抽吸持续时间 2 s,抽吸频率 1 次/min),选用 RM1 单孔道吸烟机程序中的 4 种抽吸曲线,得到最高温度随时间变化(图 2.40)曲线。

可见最高温度曲线形状和抽吸曲线很类似，这是由于抽吸流速的变化能改变单位时间内进入燃烧锥的空气，相应地改变了卷烟的燃烧状态，因而产生了不同的燃烧温度。其中燃烧温度曲线中的最高点为整个抽吸阶段的最高温度（文中简称为抽吸最高温）。由于烟支间的差异（比如填充度等）会影响氧气流的分布，故抽吸最高温度有比较大的差异。因此下面的实验中抽吸最高温度都是取 10 次平均的结果。

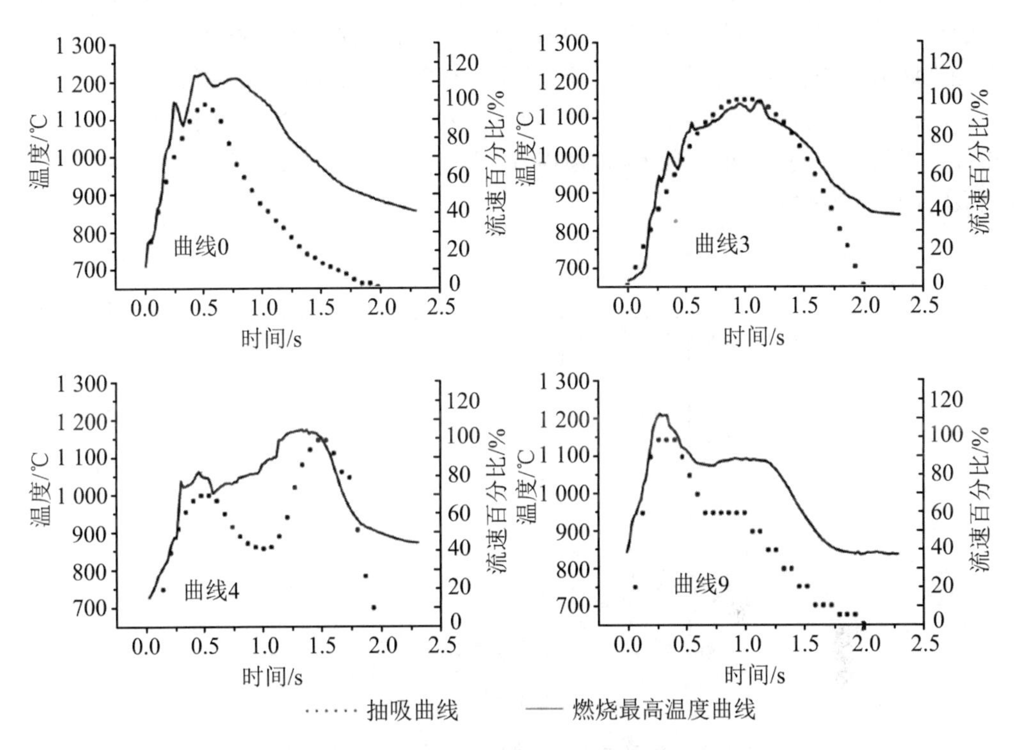

图 2.40　4 种抽吸曲线以及对应的燃烧最高温度随时间的变化曲线

2. 抽吸容量

选择抽吸曲线 0，保持抽吸持续时间为 2 s，抽吸频率为 1 次/min，将抽吸容量从 23 cm^3 改变到 70 cm^3。结果发现（图 2.41），随着抽吸容量的增加，最高温度呈上升趋势，说明增加空气流速，会加剧卷烟燃烧，从而增加卷烟燃烧的温度。

3. 抽吸持续时间

固定抽吸容量为 35 cm^3，抽吸频率为 1 次/min，抽吸持续时间分别为 1 s、2 s、3 s。根据图 2.42 所示，增加抽吸持续时间，降低了抽吸最高温度，但也增加了抽吸过程中持续高温的时间。同时比较图 2.41 和图 2.42 可见，抽吸持续时间本身对抽吸最高温度也有影响，如 1 s 内抽吸 35 cm^3 的空气流速等同于 2 s 内抽吸 70 cm^3，但是其最高抽吸温度的平均值却相差约 55 ℃。

4. 抽吸间隔时间

固定抽吸容量和抽吸持续时间,将两次抽吸间的间隔时间设置成 18 s、38 s、58 s、78 s 和 98 s,从而改变抽吸频率。由图 2.43 可知,随抽吸间隔时间变长(抽吸频率降低),抽吸最高温度呈上升趋势。这可能是由于较长的阴燃时间使燃烧锥内部的气、固相反应更充分,并生成了较为致密的碳化区,从而增大了抽吸时空气进入燃烧锥的阻力的缘故。这样虽然总抽吸容量是一样的,但由于燃烧锥阻力比较高,使更多空气由燃烧锥底部燃烧线附近进入烟支,因而使抽吸时的燃烧温度更高。抑或阴燃时间长了,环境中自然对流过来补充的氧气更充足一些,更接近于完全自然阴燃的状态,这样在接下来的抽吸时,虽然具有相同的抽吸容量,但是可能 O_2 的含量更充足一些,导致抽吸时的燃烧温度更高。

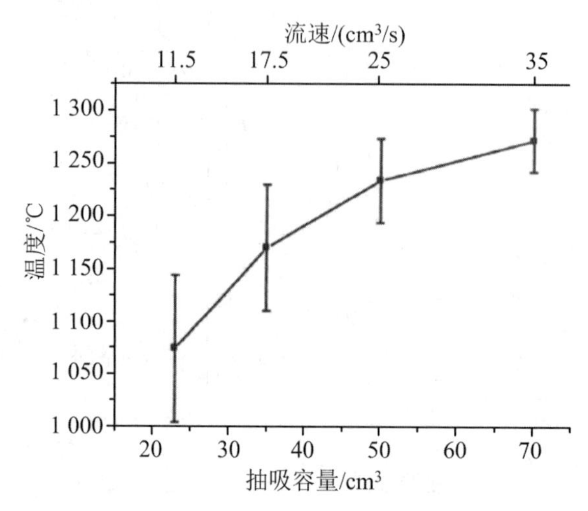

图 2.41 抽吸最高温度和抽吸容量的关系(n=10)

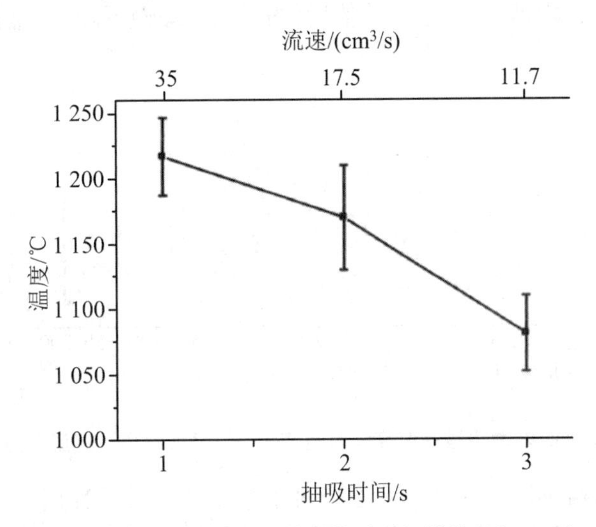

图 2.42　抽吸最高温度和抽吸持续时间的关系(n=10)

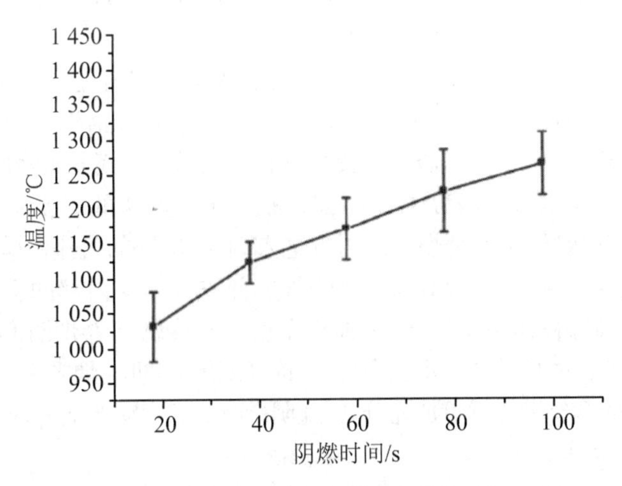

图 2.43　抽吸最高温度和阴燃时间的关系(n=10)

2.2.5.3　卷烟设计参数对卷烟燃烧温度的影响

1. 卷烟纸透气度[40]

谢定海等利用红外测温平台(温度测量系统、移动平台系统、计算机数据采集系统以及卷烟抽吸系统)考察了卷烟纸透气度对燃烧锥温度的影响。所用红外热像仪(FLIR-SC660)的记录速度可以达到 60 Hz,空间分辨率为 0.65 mrad,波长范围为 7.5～13 μm,像素 640×480(最小分辨尺寸 0.15 mm×0.15 mm)。热像仪和目标物的距离为 0.10 mm,辐射率设定为 0.88。

图 2.44 所示为卷烟抽吸过程中最高温度随时间的变化。对于单口抽吸(图 2.44(a)),

抽吸过程中,温度先剧烈上升,达到峰值后(约 0.7 s)缓慢下降,直至抽吸结束进入静

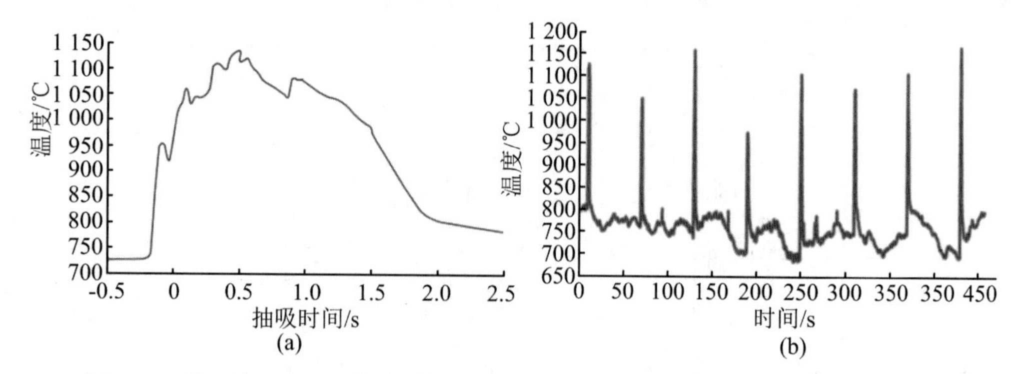

图 2.44 单口抽吸时燃烧最高温度随时间变化(a);卷烟最高燃烧温度随时间变化(b)

燃阶段,温度达到相对稳定的平衡状态。对于整支烟抽吸过程而言(图 2.44(b)),在 2 s 抽吸期间,最高温曲线为幅宽狭小的尖峰,峰值温度最高可达约 1 200 ℃;在 58 s 阴燃期间,温度变化幅度不大,波动大约在 150 ℃内。此外,每口抽吸最高温峰值都不相同,这可能与卷烟中烟丝分布不均匀有关。

在标准抽吸状态下,10 支卷烟燃烧温度测定数据平均值随卷烟纸透气度变化如图 2.45 所示。可以看出,抽吸时平均温度(图 2.45(a))和峰值平均值(2.45(b))均随透气度增加而逐渐减小,并且与透气度变化呈良好的线性关系;而阴燃时平均温度随透气度的增加仅呈略微上升趋势(2.45(c))。根据烟支燃烧的气流动态[41],在卷烟抽吸时,大部分气流由燃烧锥底部燃烧线附近进入烟支,次强的气流由碳化区进入烟支。随着卷烟纸透气度的增大,抽吸时通过燃烧锥底部进入烟支内部的空气增多,冷空气对烟支主流烟气的稀释作用增强,于是抽吸温度逐渐降低。卷烟阴燃时,空气是通过卷烟纸的自然孔隙自由扩散进入烟支内部,当透气度增大,进入烟支内的空气就增多,与卷烟纸接触部分的烟丝燃烧就更加充分,因此阴燃时的温度略有上升,但变化幅度不大。

2. 卷烟纸定量[42]

利用红外热像仪测温平台,谢定海等考察了卷烟纸定量对卷烟燃烧第 3 口抽吸和阴燃温度的影响,结果如表 2.19 所示。可以看出,随着卷烟纸定量的增大,卷烟第 3 口抽吸最高温度逐渐增加,并呈现出良好的线性规律(决定系数 $R^2=0.9764$)。他们认为这是由于定量的增加意味着单位面积内纤维含量的增加,抽吸瞬间有更多的纤维物质参与燃烧,从而使卷烟燃烧锥表面的固相温度提高。

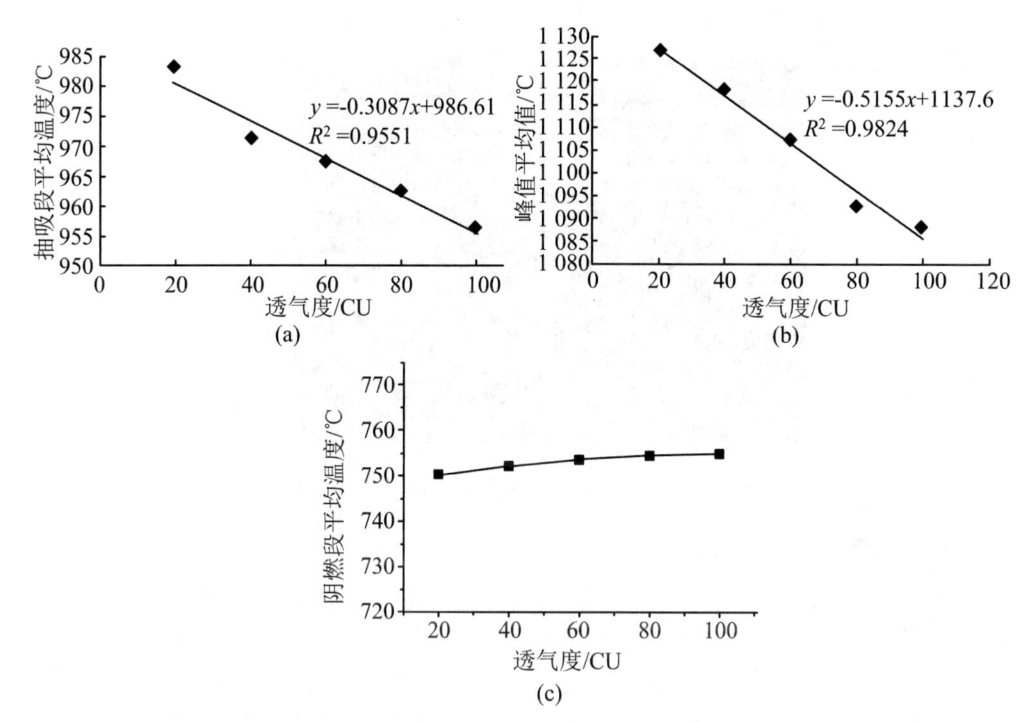

图 2.45　卷烟抽吸平均温度(a)、温度峰值平均值(b)和阴燃段温度平均值(c)随卷烟纸透气度的变化

表 2.19　不同定量卷烟纸对卷烟燃烧温度的影响

编号	定量/(g/m²)	抽吸最高温度/℃	标准偏差
1#	24	1 055.41	6.2
2#	30	1 078.48	6.5
3#	35	1 086.65	5.0
4#	40	1 108.88	6.1

3. 烟丝添加剂

笔者采用 MIKRONMC320 热像仪考察了硝酸钾和柠檬酸钾对卷烟燃烧温度的影响[43]。该热像仪的像素分辨率为 320×40,影像采集频率为 60 Hz。烟支水平放置在距红外热像仪镜头 30 cm 处,发射率设置为 0.95。烟支抽吸第 3 口的红外热像如图 2.46 所示。可以看出,当烟丝中加入钾盐后,抽吸期间卷烟燃烧锥表面最大温度区域面积和最大温度均明显降低,其中以柠檬酸钾的效果最为明显。

笔者还采用 Pyroview380 MCompact 热像仪考察了聚磷酸铵对卷烟 ISO 抽吸第 3 口时燃烧锥温度的影响[44]。烟支水平放置在距热像仪镜头 25 cm 处,通过热电偶校正发射率为 0.96。据图 2.47 可以看出,聚磷酸铵的加入不仅降低了燃烧锥高温区域的面积,也降低了最大燃吸温度和平均燃吸温度。

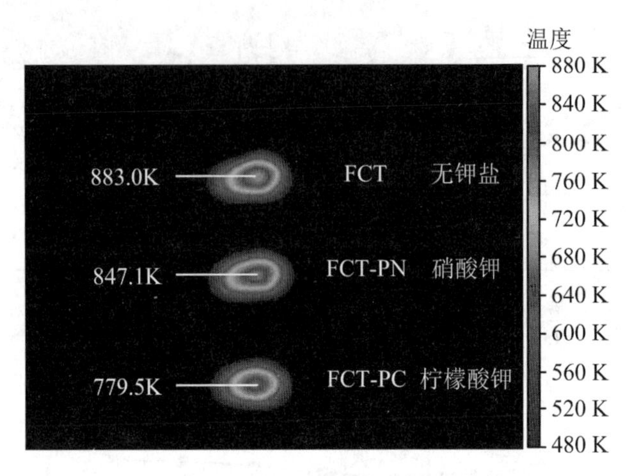

图 2.46　抽吸期间三种卷烟燃烧锥的红外热像图

4. 烟丝宽度和烘丝工序

细支烟是卷烟制品的重要品类之一，其主要特点是烟支圆周小于传统卷烟。烟支圆周的降低不仅节约了原辅材料，在产业链上实现节能、降耗和减排，从而显著降低了企业的卷烟生产成本，而且使烟气呈现细腻柔和、刺激性小、浓度劲头适中、余味干净舒适以及低危害等优点。再者，其纤细的外形也顺应了卷烟消费者追求时尚和前卫的消费潮流，满足了卷烟市场差异化的消费需求。细支烟和常规卷烟一样，都是需要通过燃烧才能进行消费，由于圆周发生明显改变，其燃烧过程也显著异于常规卷烟。

采用气流烘丝（HXD）和薄板烘丝（KLD）两种工艺分别处理了 3 种宽度的烟丝（0.6 mm、0.8 mm 和 1.0 mm），然后将其分别卷制成细支烟（烟支长度：97 mm、圆周：17 mm），其物理指标检测结果见表 2.20，可知 6 个烟支样品的平均质量、圆周无显著差异，而吸阻和总通风率却随切丝宽度的降低呈上升趋势[45]。

表 2.20　六种细支卷烟样品的物理检测结果（$n=3$）

样品名称	质量/g	圆周/mm	开式吸阻/Pa	总通风率/%	硬度/%
0.6 mmHXD	0.51	16.96	1 800	46.8	63.4
0.6 mmKLD	0.52	16.90	1 780	43.0	62.4
0.8 mmHXD	0.50	16.98	1 760	43.3	62.2a
0.8 mmKLD	0.51	16.95	1 750	41.2	61.6a
1.0 mmHXD	0.50	17.01	1 680	40.2	59.2
1.0 mmKLD	0.50	16.92	1 700	39.0	59.6

为考察烟丝宽度和红丝工序对细支烟燃烧温度的影响，采用红外热像仪对卷烟抽吸第 3 口时的燃烧锥温度进行测量，结果见图 2.48。

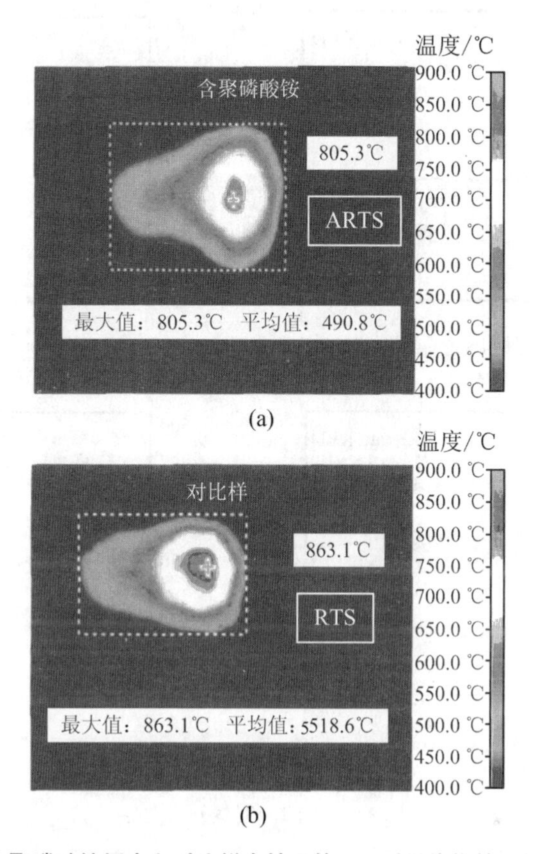

图 2.47　含聚磷酸铵烟支和对比样在抽吸第 3 口时燃烧锥的固相燃烧温度

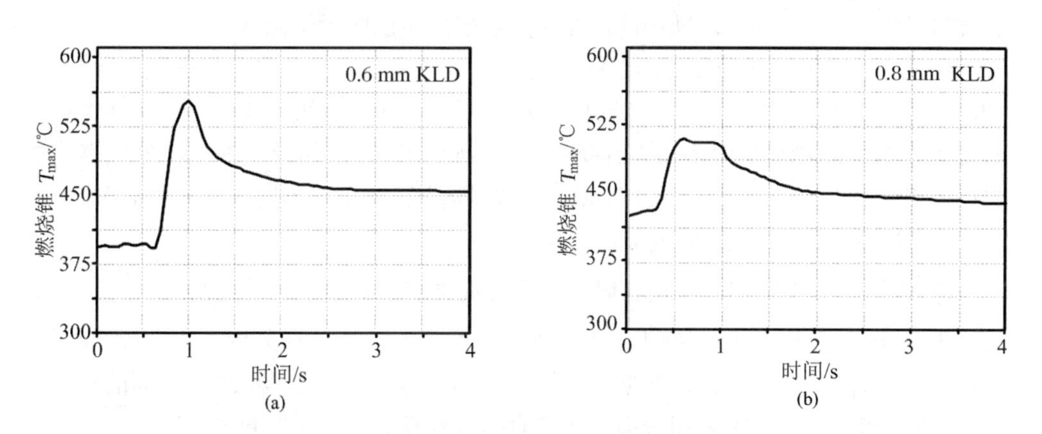

图 2.48　6 种细支卷烟样品的燃烧锥温度变化图

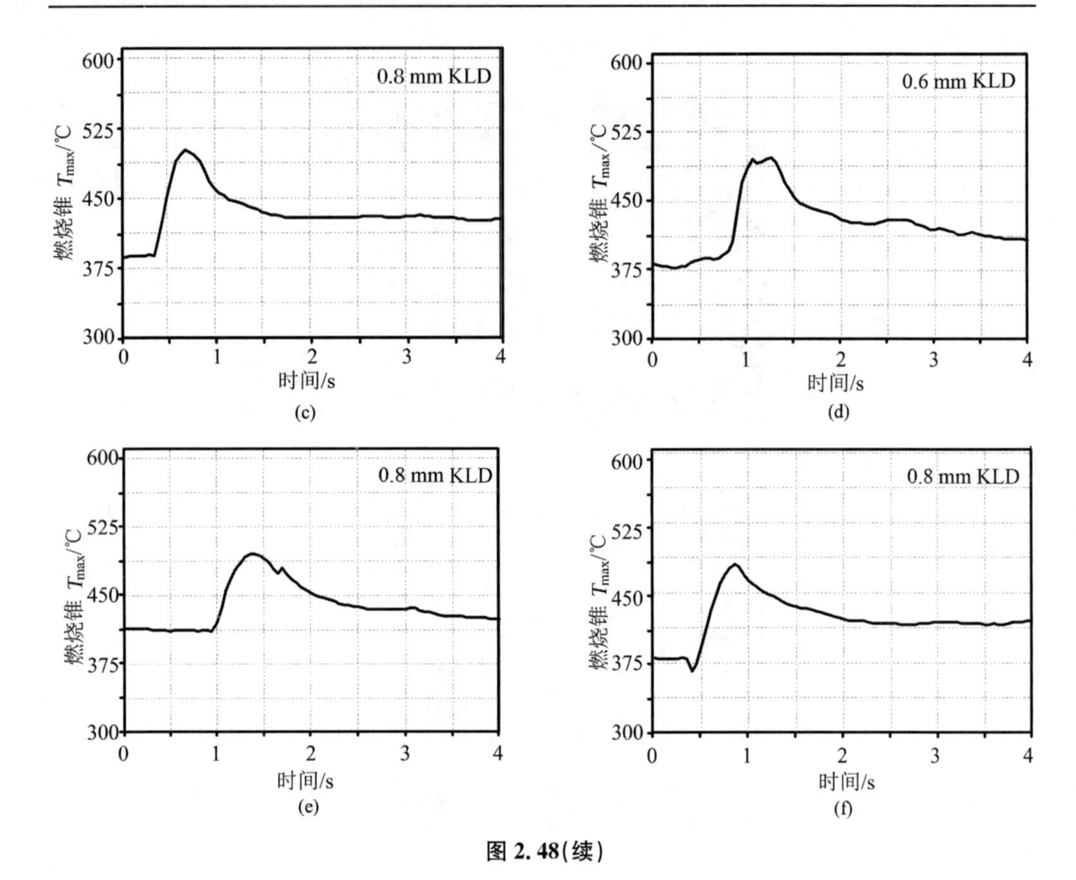

图 2.48(续)

可以看出,阴燃时,6 个样品的燃烧锥温度差异不大,均在 390～400 ℃之间。但在抽吸状态下,经不同工序处理的细支卷烟表现出不同的燃烧温度。

由图 2.49 可知,6 种细支卷烟样品燃烧锥温度均小于 600 ℃,明显低于传统卷烟的燃烧温度(800～1 000 ℃)。相同切丝宽度下,KLD 薄板烘丝工艺较 HXD 气流烘丝处理卷烟样品燃烧锥温度高;而在相同烘丝条件下,降低切丝宽度也会导致燃烧锥温度的升高。其中,0.6 mm KLD 薄板烘丝样品燃烧温度明显高于其他样品,而 1.0 mm HXD 样品的燃烧温度最低。

5. 偏最小二乘回归分析法在研究卷烟燃烧温度影响因素中的应用

偏最小二乘(PLS)回归分析法是一种新型的多元统计数据分析方法,可以同时实现回归建模(多元线性回归)、数据结构简化(主成分分析)以及两组变量之间的相关性分析(典型相关分析),主要用于多因变量对多自变量的线性回归建模[46,47]。

罗彦波等[48]采用 Research N1 红外热像仪测量了卷烟 3 口抽吸时的燃烧锥温度,并利用 PLS 回归分析法系统研究了卷烟材料和膨胀梗丝多因素对卷烟燃烧锥最高温度的影响,获取了多因素对燃烧锥最高温度的影响程度及预测模型。卷烟样品的设计参数见表 2.21。

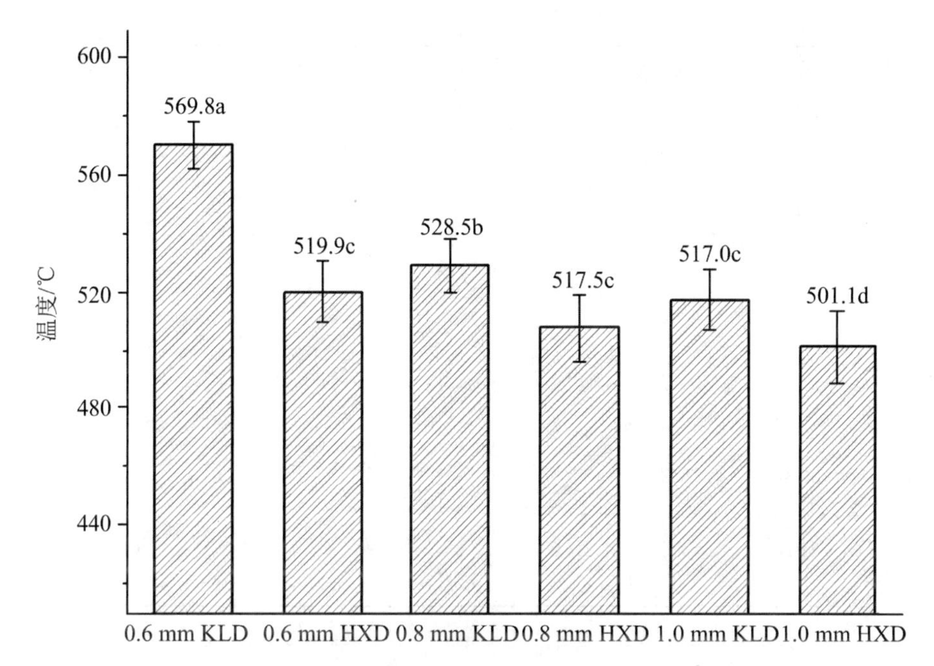

图 2.49　6 种细支卷烟样品抽吸时的燃烧锥最高温度对比($n=10$)

表 2.21　卷烟样品的设计参数

样品编号	接装纸透气度/CU	成型纸透气度/CU	卷烟纸透气度/CU	卷烟纸助燃剂含量/%	滤棒吸阻/Pa	膨胀梗丝含量/%
1	150	12 000	30	0.7	800	10
2	150	12 000	60	0.7	800	10
3	150	12 000	40	0.7	800	10
4	150	12 000	40	0.7	800	10
5	150	12 000	40	1.7	800	10
6	150	12 000	40	0.7	800	10
7	150	12 000	40	2.5	800	10
8	300	12 000	40	0.7	800	10
9	450	12 000	40	0.7	800	10
10	150	6 000	40	0.7	800	10
11	150	20 000	40	0.7	800	10
12	150	32 000	40	0.7	800	10
13	150	12 000	40	0.7	700	10
14	150	12 000	40	0.7	900	10

续表

样品编号	接装纸透气度/CU	成型纸透气度/CU	卷烟纸透气度/CU	卷烟纸助燃剂含量/%	滤棒吸阻/Pa	膨胀梗丝含量/%
15	150	12 000	40	0.7	800	5
16	150	12 000	40	0.7	800	15
17	450	32 000	60	2.5	900	15
18	450	32 000	60	1.7	900	5
19	450	32 000	60	0.7	900	15
20	450	32 000	60	2.5	900	5
21	450	32 000	30	1.7	900	5
22	450	32 000	30	2.5	900	15
23	450	32 000	30	0.7	900	5

注:3 号样品卷烟纸纤维结构成分为混合浆,4 号样品卷烟纸纤维结构成分为麻浆,其余样品卷烟纸纤维结构成分均为木浆。

多因素对卷烟燃烧锥最高温度的影响 PLS 回归方程的方差分析结果和模型的回归系数分别见表 2.22 和表 2.23。方差分析结果表明,卷烟燃烧锥最高温度 PLS 回归方程的 P 值为 0.001,说明预测模型能通过 0.05 显著水平的检验。

表 2.22 卷烟燃烧锥最高温度 PLS 回归方程的方差分析

因变量	变异来源	自由度	SS	MS	F	P
燃烧锥最高温度	回归	5	58 646.5	11 729.3	7.37	0.001
	残差	9	30 249.5	1 592.1		
	合计	14	88 896.0			

由卷烟燃烧锥最高温度模型的标准化回归系数得到卷烟材料和膨胀梗丝对燃烧锥最高温度的主要影响因素。标准化回归系数表明,卷烟燃烧锥最高温度的影响因素从大到小依次为:卷烟纸助燃剂含量 > 滤棒吸阻 > 成型纸透气度 > 卷烟纸透气度 > 膨胀梗丝含量 > 接装纸透气度。其中,接装纸透气度、卷烟纸透气度和膨胀梗丝含量与燃烧锥最高温度正相关;其余参数与燃烧锥最高温度负相关。

表 2.23　卷烟燃烧锥最高温度模型的回归系数

因变量	自变量	非标准化回归系数	标准化回归系数
燃烧锥最高温度	常量	1 444.29	0.00
	接装纸透气度	0.04	0.09
	成型纸透气度	−1.21	−0.2
	卷烟纸透气度	0.68	0.11
	卷烟纸助燃剂含量	−50.43	−0.58
	滤棒吸阻	−0.28	−0.25
	膨胀梗丝含量	2.13	0.11

由卷烟燃烧锥最高温度模型的非标准化回归系数得到卷烟材料和膨胀梗丝对燃烧锥最高温度的预测模型，PLS 回归分析中将最优模型定义为具有最高预测系数 R^2 的模型。由交叉验证选择的卷烟燃烧锥最高温度模型的系数（表示模型对数据的拟合优度）、预测的回归系数 R^2（表示模型对新观测值相应的预测优度）、模型的方差解释率（特指五分量模型所能解释预测变量（自变量）方差的百分比）以及拟合值与观测值之间的平均相对偏差分别为 0.48%，0.36%，50.2%和 1.10%。

参 考 文 献

[1] TOUEY G E, MUMPOWER R C. Measurement of the combustion: zone temperature of cigarettes[J]. Tob Sci, 1957(1): 33 - 37.

[2] MURAMATSU M, OBI Y, FUKUZUMI T, et al. Influence of continuous puff velocity on combustion rate, temperature and temperature distribution of cigarette[J]. Agric Chem Soc Japan, 1972, 46: 569 - 575.

[3] EGERTON, SIR A, GUGAN K, et al. The mechanism of smouldering in cigarette[J]. Combust Flame, 1963, 7: 63 - 78.

[4] KOBASHI Y SOICHI S, MASAO I. Influence of smoking procedures on combustion temperature of cigarettes and the nicotine content of cigarere smoke[J]. Bull Agric Chem Soc Japan, 1959, 23, 528 - 532.

[5] DRYAGINA M J, ZHURAVLEV N V, MOKHNACHEV I G. Burning zone temperature of cigarettes and papyrossi. Tab SSR, 1969, 1, 43 - 44.

[6] BAKER R R. Temperature distribution inside a burning cigarette[J]. Nature,

1974，247:405－406.

[7] LASZLO T S, WATAON, F M. A scanning infrared technique for cigarette coal peak temperature measurements[J]. Beitr Tabakforsch, 1974, 7: 269－275.

[8] LASZLO T S, LENDVAG A T. Cigarette peak coal temperature measurements [J]. Beitr Tabakforsch, 1974, 7: 276－281.

[9] LIU C, WOODCOCK D. Observing the peripheral burning of cigarettes by allinfrared technique[J]. Beitr Tabakforsch, 2002, 20: 257－264.

[10] 李斌，赵继俊，谢国勇，等. 卷烟燃吸过程温度分布的检测：热电偶法[J]. 2016.

[11] 张明春，肖燕红. 热电偶测温原理及应用[J]. 攀枝花科技与信息，2009(3): 58－62.

[12] 李斌，刘民昌，银董红，等. 卷烟燃吸过程中温度分布检测系统的开发与应用[J]. 烟草科技，2013(2): 24－26.

[13] 刘民昌，李斌，银董红，等. 卷烟燃烧锥温度分布的表征方法[J]. 烟草科技，2012(12): 9－13.

[14] 刘民昌，李斌，银董红，等. 基于费马点平移原理的卷烟静燃温度数据前处理方法[J]. 烟草科技，2012(6): 20－23.

[15] 李得虎. 数学问题中的物理方法简介[J]. 陕西学前师范学院学报，2002，18(3): 60－63.

[16] 沈文选. 平面几何证明方法全书[M]. 哈尔滨：哈尔滨工业大学出版社，2005.

[17] HERTZ R, STREIBEL T, LIU C, et al. Microprobe sampling-photoionization-time-of-flight mass spectrometry for in situ chemical analysis of pyrolysis and combustion gases: examination of the thermo-chemical processes within a burning cigarette[J]. Anal Chim Acta, 2012, 714: 104－13.

[18] LI B, PANG H R, ZHAO L C, et al. Quantifying gas-Phase temperature inside a burning cigarette[J]. Industrial & Engineering Chemistry Research, 2014, 53: 7810－7820

[19] Baker R R. Tob Prod, Chem Technol, 1999, 398－439.

[20] LI B, ZHAO L C, YU C F, et al. Effect of machine smoking intensity and filter ventilation level on gas-phase temperature distribution inside a burning cigarette[J]. Beiträge zur Tabakforschung International, 2014, 26(4): 191－203.

[21] 谢国勇，李斌，银董红，等. 卷烟纸透气度对卷烟燃吸温度分布特征的影响[J]. 烟草科技，2013(10): 35－39.

[22] 尹升福，谭蓉，银董红，等. 金属盐对卷烟纸裂解致孔及主流烟气中 CO 释放量的影响[J]. 烟草科技，2016，49(8).

[23] 李斌，庞红蕊，谢国勇，等. 卷烟纸助燃剂含量与定量对卷烟燃吸温度分布特征的影响[J]. 烟草科技，2013 (12):45－49.

[24] LI B，PANG H R，XING J，et al. Effect of reduced lgnition propensity paper bands on cigarette burning temperatures[J]. Thermochimica Acta，2014，579:93－99.

[25] 连芬燕，李斌，黄朝章. 滤嘴通风对卷烟燃烧温度及主流烟气中七种有害成分的影响[J]. 湖北农业科学，2014，53(17):4074－4078.

[26] MIKAMI，NAITO Y N，KABURAKI Y. Some factors affecting carbon monoxide concentration in cigarette smoke[J]. Japanse Monopoly Corporation Central Research Institute Science paper，1971，113:99－105.

[27] RUSU ELENA，RUSU GHEORGHE，DOROHOI. Influence of temperature on structures of polymers with ε-caprolactam units studied by FT-IR spectroscopy[J]. Polimery，2009，54(5):347－352.

[28] HORNY N. FPA camera standardization[J]. Infrared Physics & Technology，2003，44:109－119.

[29] KAMARAINEN JONI-KRISTIAN，KYRKI VILLE，ILONEN JARMO，et al. Improving similarity measures of histograms using smoothing projections[J]. Pattern Recognition Letters，2003，24(12):2009－2019.

[30] AVIRAM，G，ROTMAN S R. Analyzing the improving effect of Modeled.

[31] Histogram enhancement on human target detection performance of infrared images[J]. Infrared Physics and Technology，2000，41(3):163－168.

[32] VIRGIL E，VICKERS. Plateau equalization algorithm for real-time display of high-equality infrared imagery[J]. Optical Engineering，1996，35(7):1921－1926.

[33] 张先明. 红外热像仪测温功能分析[J]. 激光与红外，2007，37(7):647－648.

[34] 彭俊毅，易凡，黄启俊. 锑化铟红外热像仪测温的大气修正计算[J]. 红外技术，2007，29(5):297－301.

[35] 齐文娟. 发射率对红外测温精度的影响[D]. 长春:长春理工大学，2006.

[36] 孙鹏. 红外测温物理模型的建立及论证[D]. 长春:吉林大学，2007:50－60.

[37] 郑赛晶. 卷烟燃烧温度的动态测试与调控技术研究[D]. 上海:复旦大学，2005.

[38] 郑赛晶，顾文博，张建平，等. 利用红外测温技术测定卷烟的燃烧温度[J]. 烟草科技，2006(7):5－10.

[39] 郑赛晶，顾文博，张建平，等. 抽吸参数对卷烟燃烧温度及主流烟气中某些化学成分的影响[J]. 中国烟草学报，2007，13(2):6－11.

[40] 谢定海，黄宪忠，单婧，等. 卷烟纸透气度对卷烟燃烧温度及烟气指标的影响

[J]. 纸和造纸, 2013, 32(1):45-49.

[41] 于建军. 卷烟工艺学[M]. 北京:中国农业出版社,2003.

[42] 谢定海, 黄宪忠, 单婧,等. 卷烟纸定量对卷烟燃烧温度及烟气指标的影响[J]. 中国造纸, 2013, 32(12):34-37.

[43] 张亚平, 周顺, 何庆,等. 硝酸钾和柠檬酸钾对典型烤烟热解动力学及燃烧特性的影响[J]. 中国烟草学报, 2016, 22(3).

[44] 周顺, 宁敏, 徐迎波,等. 多聚磷酸铵对造纸法再造烟叶热解燃烧特性和感官质量的影响[J]. 烟草科技, 2013(3).

[45] 田忠, 陈闯, 许宗保,等. 制丝关键工序对细支卷烟燃烧温度及主流烟气成分的影响[J]. 中国烟草学报, 2015, 21(6):19-26.

[46] WOLD S, ALBANO C, DUN M. Pattern regression finding and using regularities in multivariate data [M]. London: Analysis Applied Science Publication,1983.

[47] 王慧文. 偏最小二乘回归方法及其应用[M]. 北京:国防工业出版社,1999.

[48] 罗彦波, 庞永强, 姜兴益,等. PLS 回归法分析多因素对卷烟燃烧温度及主流烟气有害成分释放量的影响[J]. 烟草科技, 2014(10):56-60.

第3章 基于氧消耗原理的烟草和烟草制品燃烧热释放分析技术

氧耗原理是指：物质完全燃烧时每消耗单位质量的氧会产生基本上相同的热量，即氧耗燃烧热(E)基本相同。这一原理由 Thornton[1] 在 1918 年发现，1980 年 Huggett[2]应用氧耗原理对常用易燃聚合物及天然材料进行了系统计算，得到了氧耗燃烧热(E)的平均值为 13.1 kJ/g，材料间的 E 值偏差为 5%[2]。所以，在实际测试中，测定出燃烧体系中氧气的变化，就可换算出材料的燃烧放热。具体步骤如下：

$$\dot{q} = E(\dot{m}_{O_2,\infty} - \dot{m}_{O_2}) \tag{3.1}$$

这里，$E = \Delta H_C / r_0$。对不同的材料，ΔH_C 与 r_0 的值各不相同，若 ΔH_C 与 r_0 已知，则可以求算相应的燃烧热。在实际测量中，可以通过测定 O_2 的体积分数的变化以求得热释放率($\dot{q}$)：

$$\dot{q} = E(\dot{m}_{O_2,\infty} - \dot{m}_{O_2}) \tag{3.2}$$

$$= \frac{\Delta H_C}{r_0} \dot{m}_\alpha \frac{M_{O_2}}{M_\alpha}\left[\frac{x_{O_2}^{A0} - x_{O_2}^{A}}{1 - x_{O_2}^{A}}\right] \tag{3.3}$$

$$= \frac{\Delta H_C}{r_0} \frac{\dot{m}_e}{1 + \varphi(\alpha - 1)} \frac{M_{O_2}}{M_\alpha}\left(\frac{x_{O_2}^{A0} - x_{O_2}^{A}}{1 - x_{O_2}^{A}}\right) \tag{3.4}$$

$$= \frac{\Delta H_C}{r_0} \dot{m}_e \frac{M_{O_2}}{M_\alpha}\left(\frac{x_{O_2}^{A0} - x_{O_2}^{A}}{\alpha - \beta x_{O_2}^{A}}\right) \tag{3.5}$$

$$\dot{m}_e = \dot{m}_{N_2} + \dot{m}_{O_2} + \dot{m}_{H_2O} + \dot{m}_{CO_2} + \dot{m}_{CO} \tag{3.6}$$

$$\dot{m}_\alpha = \dot{m}_{N_2}^0 + \dot{m}_{O_2}^0 + \dot{m}_{H_2O}^0 + \dot{m}_{CO_2}^0 \tag{3.7}$$

式中，α 为氧耗空气部分的体积膨胀因子

$$\alpha = 1 + \beta x_{O_2}^{A} - x_{O_2}^{A}$$

β 为燃烧产物同所需耗氧摩尔数之比；φ 为体积分数表示的耗氧率

$$\varphi = \frac{x_{O_2}^{A0} - x_{O_2}^{A}}{x_{O_2}^{A0}(1 - x_{O_2}^{A})} \tag{3.8}$$

若取

$$E = 13.1 \times 10^3 \text{ kJ/kg}$$

$$\frac{M_{O_2}}{M_\alpha} = \frac{32}{28.95} = 1.1$$

$$x_{O_2}^{A0} = 0.209\,5$$

$$\dot{m}_e = C\sqrt{\frac{\Delta P}{T_e}}$$（ΔP 为压力差；T_e 为烟道中温度；C 为标定常数）

则当 $\alpha=1.105$，$\beta=1.5$（甲烷燃烧气体）时，锥形量热仪计算燃烧时的释放热量公式为

$$\dot{q} = 13.1 \times 103 \times 1.1 \times C\sqrt{\frac{\Delta P}{T_e}}\left(\frac{0.209\,5 - x_{O_2}^A}{1.105 - 1.5\,x_{O_2}^A}\right) \tag{3.9}$$

燃烧热是反应物质燃烧热解特性的重要指标。烟草和卷烟燃烧热解过程中均伴随着热量的释放。燃烧热与烟气成分释放、卷烟燃烧状态特征等存在密切的联系，然而因受到诸多方面的限制，现阶段对于该项指标的关注度较低。目前，基于氧消耗原理所开发的仪器已广泛应用于评价材料的燃烧性能。本章将重点介绍经典的和自主开发的基于氧消耗原理的燃烧特性分析仪器及其在烟草和烟草制品燃烧热解特性研究中的应用。

3.1 锥形量热仪

现阶段表征材料燃烧性能的实验方法较多[3]，如氧指数（LOI）法、UL 标准中的水平燃烧、垂直燃烧法及 NBS 烟箱法等。它们多是传统的小型实验方法，实验操作环境与真实火灾相差较大，实验获得的数据也只能用于一定实验条件下的材料间燃烧性能的相对比较，而不能作为评价材料在真实火灾中行为的依据。

为了客观地评价真实火灾中材料的燃烧性能，1982 年 Babrauskas 等人开发设计了锥形量热仪（Cone Calorimeter，简称 CONE）[4]。CONE 的燃烧环境极近似于真实的燃烧环境，其实验结果与大型燃烧实验的结果之间存在很好的相关性，能够表征出材料的燃烧性能，在评价材料、材料设计和火灾预防等方面具有重要的参考价值。经不断研制和改进，CONE 现在已成为研究火灾和评定材料燃烧性能的理想实验仪器。国际标准组织（ISO）及美国、英国等国家已制定出应用 CONE 测定各种材料燃烧性能参数的标准，另外一些国家和地区，如瑞典等也正在积极地制定相应的使用标准。以 CONE 为实验仪器[5]，我国已参照 ISO 非等效地制定了有关燃烧标准。但由于多方面的原因，此标准并没有真正在我国得到推广应用。可以相信，随着我国工业的不断发展和对材料阻燃性能认识与需要的不断提高，CONE 必定会在我国的材料阻燃和火灾预防等领域起到越来越重要的作用。

3.1.1 基本构造

CONE 主要由燃烧室、载重台、氧分析仪、烟测量系统、通风装置及有关辅助设备

等6部分组成(图3.1、图3.2)。

1. 燃烧室

截断锥形加热器、点火器、控制电路、挡风罩等构成了燃烧室。入射热流强度可根据不同的实验要求适当选择;样品放在燃烧平台上由点火器点燃;燃烧产物由通风系统排走。

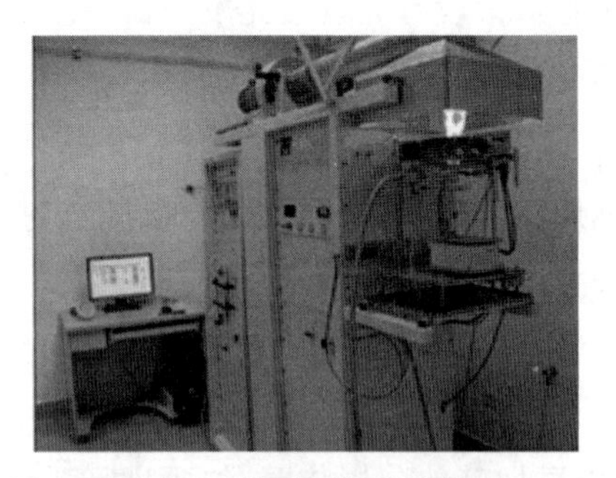

图3.1 锥型量热仪实物图

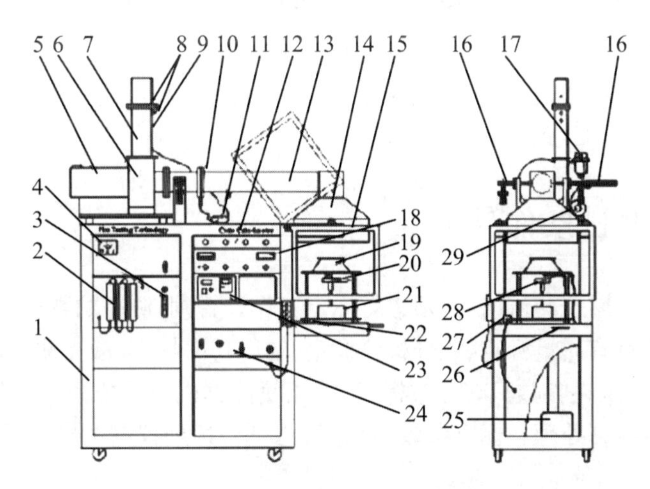

图3.2 锥型量热仪内部构造

1. 仪器箱体;2. 圆柱状过滤器;3. 气体流量计;4. 调速装置;5. 变速电动机;6. 鼓风机;7. 排烟管;8. 测压端口;9. 测温热电偶;10. 样品气取样环;11. 烟尘过滤管;12. 按钮开关控制面板;13. 吸烟管道;14. 引风罩;15. 防护罩;16. 激光测烟系统;17. 样品气过滤系统;18. 温度控制调节器;19. 锥形电加热器;20. 样品燃烧盒;21. 称重传感器;22. 远程控制手柄;23. 氧气分析仪;24. 气体流速控制板;25. 制冷装置;26. 隔热板转动手柄;27. 甲烷燃烧器;28. 电子脉冲点火器;29. 真空泵

2. 氧分析仪

氧分析仪是CONE的核心部分,它是一种高精度的气体分析仪(精确到10^{-4})。由氧分析仪可精确检验燃烧时通气管道中氧的百分含量随时间的变化情况,进而由即时氧气浓度和氧耗原理测定出材料的燃烧放热情况。

3. 载重台

载重台是测定样品质量变化的装置，它可以准确记录样品在燃烧过程中的质量变化情况。燃烧时，样品放置于载重台的支架上。

4. 烟测量系统

在靠近燃烧室的通风管道中设有氦氖激光发射器、复杂的伪双电子束测量装置和热电偶等装置，以此可测定烟管道中烟的比消光面积(SEA)。

5. 通风系统

通风系统是指样品燃烧后，将燃烧产物由燃烧室排出到大气中的装置。通风装置的通风性能要根据实验要求进行调节，气体流速应限制在一定范围之内，否则将影响实验结果。

6. 其他改进设备

根据不同需要，也可以添加其他分析装置，如要进行燃烧产物成分分析，可增加红外光谱分析装置；若测量样品中温度分布，须进行相应的热电偶或红外摄像装置改造。

7. 辅助设备

辅助设备中含有微机处理器、入射热流强度测量仪以及除去 CO_2 及 H_2O(气) 的相应装置等。

3.1.2 测试条件[6]

锥形量热仪在燃烧测试前，必须进行标定工作。否则，测得的数据不准确，将无法采用。标定的项目有质量标定、氧分析仪标定、辐射功率标定、激光测烟标定以及测热系数“*C*”值标定。上述参数只有经过标定，才能使计算机对采集到的样品件燃烧测试数据进行有效地运算处理。标定参数必须符合要求，达到仪器的精度范围，才能顺利地进行实验。

1. 样品制备

锥形量热法测试的样品件应该是外形完整、料质均匀、尺寸为 100 mm×100 mm 的正方形，厚度在 3～20 mm 之间，常用的厚度为 4 mm 和 10 mm。样品件可以用模具压制，也可以用成品的板材切割而成。不管用哪一种方式制作的样品件，都不能存在厚薄不均、有大小气泡、有坑陷缺料和周边凸凹不齐等现象。尤其是用模具压制的样品件，在对材料进行混炼或搅拌时，应多重复几次，以充分地保证材料能混合均匀。这样压制出的样品件材质才能保证均匀，在燃烧测试时的效果稳定、数据的重复性较好。通常情况下，要测试的样品件应该选择相同的厚度进行测试比较。每种要测试的样品件最好准备两件以上，以便测试失败时有备用件可用。样品件在测试前，要用铝箔将其 5 个侧面包好，防止燃烧时流滴过多和测试不准确。外露出的一个大平面，用于标记编号、接受辐射热、观察测试现象。

2. 样品燃烧盒

样品燃烧盒由耐热不锈钢制成，是测试样品件的重要部件，其外形和尺寸都有明确的规定和要求，属于随机附件。样品燃烧盒由盒盖、盒体、垫衬层3部分组成。

在样品件燃烧测试前，应该先把样品燃烧盒的内外清理干净，不能有任何杂物黏附在盒盖、盒体上。如果在样品燃烧盒上有黏附物，在燃烧测试样品件时，就会出现无规律的熔化、脱落，从而影响到采集到的数据的真实性和引起质量损失等，造成实验结果不准确。样品燃烧盒内的衬垫层也很重要，其主要是起隔热和调节样品件放置高度的作用。垫衬层与测试样品叠放后，应与盒盖顶部内侧下表面等高，否则就应该调整垫衬层的高度。

3. 过滤材料

在应用锥形量热法进行燃烧测试时，过滤器的材料对样品气的采集质量和数据准确性非常重要，直接影响到实验的成败。因此，要足够重视对过滤材料质量的选择和及时更换，尤其是在样品件燃烧测试前，必须做好充分准备。要防止在测试过程中由于出现过滤效果不好、气流不畅和管路堵塞等现象而导致的测试失败。

(1) 圆柱状过滤器

3只圆柱状过滤器中间的玻璃管内的过滤材料为粉红色的钠石灰，用来过滤掉样品气中的CO、CO_2。当粉红色变得发白时，就应该及时更换。两边玻璃管内的过滤材料为变色硅胶，正常情况下呈蓝色，用来过滤掉样品气中的H_2O。当玻璃管内变色硅胶的颜色大部分(约60%)变白时，就不能再用了，应该及时更换。

(2) 样品气过滤系统

由真空泵抽出的样品气，在进入氧分析仪之前必须进行过滤，去除掉样品气中的烟尘杂质。过滤分为两处：第一处，过滤器的材料是一白色圆筒形滤芯，安装在透明的圆形透明罩内；第二处，过滤器的材料是一外部封塑的白色滤纸，封塑外壳的两端面中间各伸出一接头，与通气管相连接。测试前，要先检查一下两处过滤芯的情况。第一处过滤器应该在每次测试工作前都要拆开检查，清理圆筒形滤芯内侧上吸附的烟尘，当滤芯外面有发黑的迹象时，应及时更换。如果发现第二处过滤器的进气端处发黑，就不能再用了，要及时更换。

4. 核定距离

要测试的样品件与锥形加热器之间的距离，明确规定为25 mm。初始测试样品件时，燃烧盒放置在燃烧架上，核定一下锥形加热器的底面(打开防护板时)至样品件外露的表面之间的距离，应该保证在25 mm。如果距离不对，应及时调节。在称重传感器上的立杆处有一凸出的调节螺钉，松开螺钉后上下移动滑套即可调节距离。

3.1.3 主要性能参数

应用 CONE 可以得到燃烧试样的多个性能参数[5]，包括热释放速率、质量损失速率、烟生成速率、有效燃烧热、点燃时间以及关于燃烧气体的毒性和腐蚀性等。这些性能参数的测定是在稳定、真实、易于控制的条件下得到的，且能够在不同时间、地点重复操作，因此，可以作为文献参考数据备用，为进一步研究材料的燃烧过程提供文献数据。

1. 热释放速率(Heat Release Rate，简称 HRR)

HRR 是指在预置的入射热流强度下，材料被点燃后其单位面积的热量释放速率，即

$$\dot{q}'' = \frac{\dot{q}}{A} = \frac{1}{A}\frac{\Delta H_C}{r_0} \times 1.10 \times C\sqrt{\frac{\Delta P}{T_e}}\left(\frac{x_{O_2}^0 - x_{O_2}}{1.105 - 1.5_{O_2}}\right) \tag{3.10}$$

HRR 是表征火灾强度的最重要性能参数，单位为 kW/m²。HRR 的最大值为热释放速率峰值(Peak of HHR，简称 pkHRR)，pkHRR 的大小表征了材料燃烧时的最大热释放程度。HRR 和 pkHHR 越大，材料的燃烧释放热量越大，形成的火灾的危害性就越大。

2. 总释放热(Total Heat Release，简称 THR)

THR 是指在预置的入射热流强度下，材料从点燃到火焰熄灭为止所释放热量的总和，即

$$THR = \int_{t=0}^{t_{\text{end}}} HRR \tag{3.11}$$

式中，THR 的单位为 MJ/m²。

将 HRR 与 THR 结合起来，可以更好地评价材料的燃烧性和阻燃性，对火灾研究具有更为客观、全面的指导作用。

3. 质量损失速率(Mass Loss Rate，简称 MLR)

MLR 是指燃烧样品在燃烧过程中质量随时间的变化率，它反应了材料在一定火强度下的热裂解、挥发及燃烧程度。

MLR 值由 5 点数值微分方程算出，即

$$-[\dot{m}]_{i=0} = \frac{25m_0 - 48m_1 + 36m_2 - 16m_3 + 3m_4}{12\Delta t} \tag{3.12}$$

$$-[\dot{m}]_{i=1} = \frac{10m_0 + 3m_1 - 18m_2 + 6m_3 - 3m_4}{12\Delta t} \tag{3.13}$$

$$-[\dot{m}]_{i} = \frac{-m_{i-2} + 8m_{i-1} - 8m_{i+1} - m_{i+2}}{12\Delta t} \tag{3.14}$$

$$-[\dot{m}]_{i=n-1} = \frac{-10m_n - 3m_{n-1} + 18m_{n-2} - 6m_{n-3} + m_{n-4}}{12\Delta t} \tag{3.15}$$

$$-[\dot{m}]_{i=n} = \frac{-25m_0 + 48m_{n-1} - 36m_{n-2} + 16m_{n-3} - 3m_{n-4}}{12\Delta t} \tag{3.16}$$

式中，Δt 为数据采集时间间隔；质量损失速率的下标 0 和 1 分别表示前两个采集点，$n-1$ 和 n 为最后两个采集点，i 代表除两头共 4 个采集点外的中间采集点。MLR 的单位为 g/s。除质量损失速率外，由 CONE 还可得到质量损失曲线，从而获取不同时刻下的残余物质量，便于直观分析燃烧样品的裂解行为。

4. 烟生成速率(Smoke Produce Rate，简称 SPR)

SPR 被定义为比消光面积与质量损失速率之比，单位为 m^2/s，即

$$SPR=\frac{SEA}{MLR} \tag{3.17}$$

式中，SEA 为比消光面积(Specific Extinction Area，SEA)，表示挥发单位质量的材料所产生的烟，它不直接表示生烟量的大小，只是计算生烟量的一个转换因子，单位为 m^2/kg。SEA 可由下列公式表示

$$SEA=\frac{OD\cdot V_{flow}}{MLR} \tag{3.18}$$

式中，OD 为光密度；V_{flow} 为体积流速。

同样，总生烟量(Total Smoke Rate，TSR)可由积分得到：

$$TSR=\int SPR$$

式中，TSR 表示单位样品面积燃烧时的累积生烟总量，单位为 m^3/m^2。

5. 有效燃烧热(Effective Heat Combustion，简称 EHC)

EHC 表示在某时刻 t 时，所测得热释放速率与质量损失速率之比，它反应了挥发性气体在气相火焰中的燃烧程度，对分析燃烧机理很有帮助，公式如下：

$$EHC=\frac{HRR}{MLR} \tag{3.19}$$

式中，EHC 的单位为 MJ/kg。

6. 点燃时间(Time to Ignition，简称 TTI)

TTI 是评价材料耐火性能的一个重要参数(单位为 s)，它是指在预置的入射热流强度下，从材料表面受热到表面持续出现燃烧时所用的时间。TTI 可用来评估和比较材料的耐火性能。

7. 毒性测定

材料燃烧时放出多种气体，其中含有 CO、HCN、SO_2、HCl、H_2S 等毒性气体，毒性气体对人体危害极大，其成分及百分含量可通过锥形量热仪中的附加设备收集分析。

3.1.4　锥形量热仪的应用现状

CONE 虽然属于小型火灾实验设备，但它的一些实验结果可以用来预测材料在大尺度实验和真实火灾情况下的燃烧性能。目前 CONE 已被多个国家、地区及国际标准组织应用于建筑材料、高分子材料、复合材料、木材制品以及电缆的燃烧性能研究等领域。

1. 评价材料的燃烧性能

综合 HRR、pkHRR 和 TTI，可以定量地判断出材料的燃烧危害性。HRR、pkHRR 愈大，TTI 愈小，材料潜在的火灾危害性就愈大；反之，材料的危害性就小。

2. 评价阻燃机理

由 EHC、HRR 和 SEA 等性能参数可讨论材料在裂解过程中的气相阻燃、凝聚相阻燃情况。若 HRR 下降，表明阻燃性提高，这也可由降低 EHC 和增加 SEA 得到；若气相燃烧不完全，说明阻燃剂在气相中起作用，属于气相阻燃机理。若 EHC 无大的变化，而平均 HRR 下降，说明 MLR 亦下降，这属于凝聚相阻燃。

3. 进行火灾模型化研究

发明 CONE 的初衷就是为了进行火灾模型设计，通过 CONE 可测定出火灾中最能表征危害性的性能参数 HRR，从而进行火灾模型设计。值得注意的是，在测试过程中，设计火灾模型需要的其他性能，如毒性、烟等也和 HRR 一并测出。

CONE 虽然属于小型的火灾实验装置，但由于 CONE 具有众多传统燃烧测试仪器所不能具备的优点，在一些国家已经得到了推广使用。国际标准组织及英、美等国的标准组织已经根据 CONE 制定了各种材料的燃烧测试标准，并取得了较好的效果。从发展趋势看，CONE 有可能取代一些传统的小型火灾实验仪器。

目前，国际上以 CONE 为测试方法制定的测试标准主要有：

ASTM E1354 — 94：应用耗氧仪对材料和产品加热进行烟热释放速度的测定。

NFPA 264A：对家具、外套和床垫进行热释放速率的测定。

ISO 5660 — 1：测定建筑材料的热释放速率。

BS 476 Part 15：测定建筑材料的热释放速率。

但是，仍需认识到，虽然 CONE 实验方法在定量测试热释放能量方面比传统仪器有了较大提高，但 CONE 实验法本身仍有一定的缺点。

首先，采用耗氧原理进行 HRR 计算时，耗氧燃烧热 E 的值随燃烧材料本身性质不同而发生改变；特别是对于含杂原子的材料而言，E 值要做相应改变。

其次，在燃烧过程中，凡是没有氧气参与的反应，其反应热效应不能由 CONE 测出，所以在对阻燃材料进行释热测量时，必须考虑材料非氧化反应的热效应。

综上所述，对于一般性的实验材料，应用 CONE 实验方法进行火灾性能测定会有较为理想的效果。CONE 特别是在聚合物材料燃烧性和阻燃性的研究以及火灾预防方面具有广阔的应用前景。

3.1.5 锥形量热仪在烟草及烟草制品燃烧特性研究中的应用

3.1.5.1 再造烟叶丝、膨胀烟丝和梗丝燃烧特性研究

一些研究者利用锥型量热仪比较了再造烟叶丝、膨胀烟丝和梗丝的燃烧行为，考

察了燃烧过程中热释放、烟气释放、质量损失、CO 和 CO_2 释放等关键燃烧特征参数的变化情况[7]。再造烟叶丝，膨胀烟丝和梗丝具体表征数据见表 3.1。辐射热通量设定为 100 kW/m^2（该热通量对应温度约为 950 ℃，接近于卷烟燃吸最高温度）。

表 3.1　对再造烟叶丝、膨胀烟丝和梗丝元素分析和工业分析结果

样　品	C/%	H/%	C/H	O/%	Cl/%	K/%	K/Cl	含水率/%	挥发分/%	灰分/%	固定碳/%
再造烟叶	38.32	5.62	6.82	45.92	0.71	2.81	3.96	11.31	65.5	8.19	15.00
膨胀烟丝	39.57	6.07	6.52	42.07	0.39	2.75	7.05	6.97	69.57	9.18	14.28
梗丝	33.83	5.39	6.28	45.05	1.68	5.32	3.17	7.78	64.03	12.03	16.16

1. 燃烧热释放分析

再造烟叶丝、膨胀烟丝和梗丝的 HRR 曲线见图 3.3。HRR 峰值和平均值列于表 3.2。

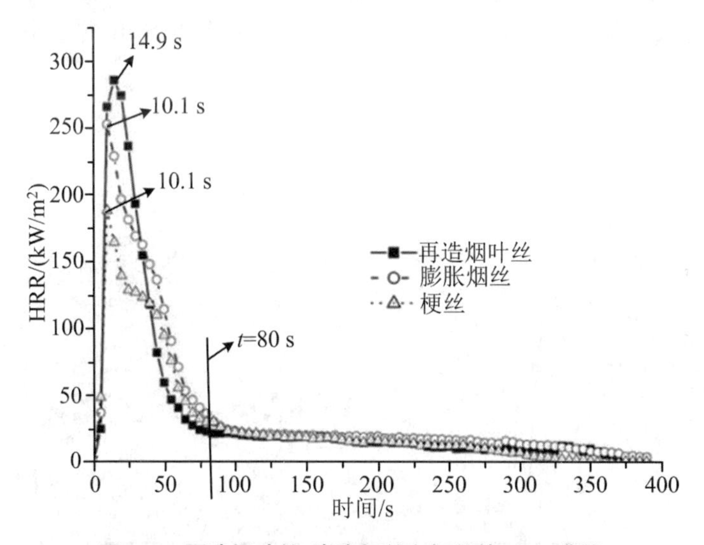

图 3.3　再造烟叶丝、膨胀烟丝和梗丝的 HRR 曲线

由图 3.3 可以看出，在 100 kW/m^2 的辐射热通量下，再造烟叶丝、膨胀烟丝和梗丝迅速被点燃，其 HRR 的值快速达到其最大。比较再造烟叶丝、膨胀烟丝和梗丝的 HRR 的峰值可以发现，再造烟叶丝的 HRR 的峰值最高为 285.20 kW/m^2，而膨胀烟丝和梗丝的 HRR 的峰值分别为 252.16 kW/m^2 和 187.72 kW/m^2，这说明再造烟叶丝的易燃性要优于膨胀烟丝，而梗丝的易燃性最差。根据表 3.1 中 3 种烟丝元素分析结果可以看出，再造烟叶丝、膨胀烟丝和梗丝的 C/H 值分别为 6.82、6.52 和 6.28，其变化趋势与 HRR 的峰值的大小变化趋势较为一致。此外，由表 3.2 和图 3.3 可以看出，再造烟叶丝、膨胀烟丝和梗丝的有焰燃烧时间非常接近，均为 80 s 左右，之后进入阴燃状态。在阴燃状态下，3 种丝的 HRR 的值相对有焰燃烧时低很多，且非常接近。

表 3.2 再造烟叶丝、膨胀烟丝和梗丝的锥型量热仪测试结果

样品	点燃时间/s	有焰燃烧时间/s	HRR峰值/(kW/m^2)	HRR平均值/(kW/m^2)	TSP值/(m^2/kg)	SEA平均值/(m^2/kg)	CO平均值/(kg/kg)	CO_2平均值/(kg/kg)	CO峰值/(kg/kg)	CO_2峰值/(kg/kg)	CO/CO_2
再造烟叶	1	80	285.20	42.80	3.18	360.8	0.17	1.71	6.19	52.4	0.10
膨胀烟丝	1	79	252.16	46.45	2.20	255.1	0.12	1.23	5.39	16.30	0.10
梗丝	1	80	187.72	36.66	0.34	17.7	0.19	0.97	3.05	7.25	0.20

2. 燃烧烟气释放分析

再造烟叶丝、膨胀烟丝和梗丝的SPR的值随时间变化的曲线见图3.4。由图3.4可以看出，在三丝的有焰燃烧阶段，SPR的值迅速增大，并达到其峰值。膨胀烟丝的SPR的峰值明显大于再造烟叶丝，并远远高于梗丝。这表明，膨胀烟丝比再造烟叶和梗丝的烟气释放强度要高。但是，在阴燃阶段，膨胀烟丝的SPR的值明显低于再造烟叶丝。

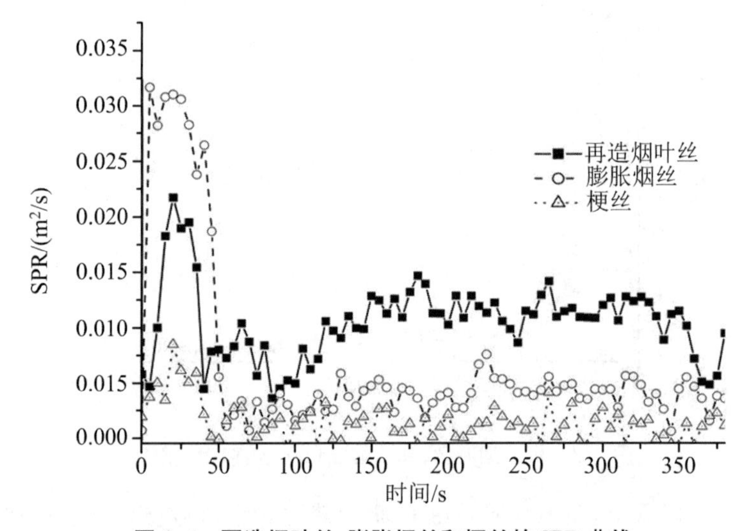

图 3.4 再造烟叶丝、膨胀烟丝和梗丝的 SPR 曲线

图3.5所示的是再造烟叶丝、膨胀烟丝和梗丝的总烟气产量(TSP)释放曲线，它能反映出烟丝燃烧过程中的烟气释放量的变化过程。根据表3.2中的数据可知，再造烟叶丝、膨胀烟丝和梗丝在整个燃烧过程的总计TSP的值分别为3.18 m^2/kg、2.20 m^2/kg和0.34 m^2/kg，而SEA的平均值则分别为360.8 m^2/kg、255.1 m^2/kg和17.7 m^2/kg。由图3.5可以看出在燃烧初期，膨胀烟丝的发烟量明显高于再造烟叶丝和梗丝。在整个燃烧过程，梗丝的发烟量都小于膨胀烟丝和再造烟叶丝；在阴燃阶段后期(大约167 s以后)，再造烟叶丝的发烟量要高于膨胀烟丝。

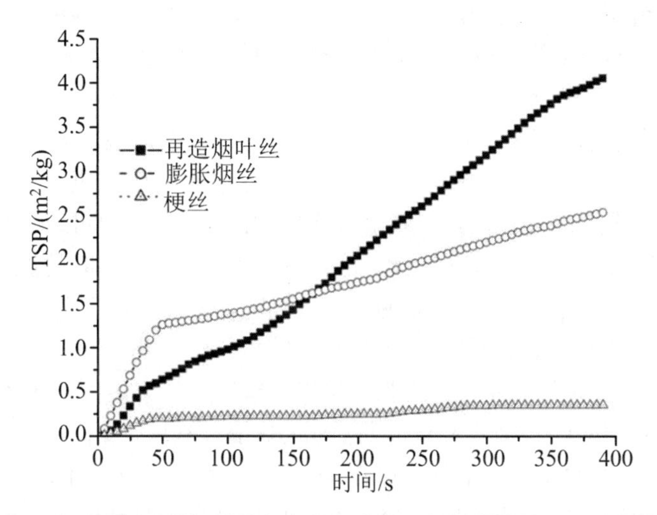

图 3.5　再造烟叶丝、膨胀烟丝和梗丝的总烟气产量的 TSP 的曲线

3. 燃烧质量损失分析

再造烟叶丝、膨胀烟丝和梗丝在 100 kW/m^2 的辐射热通量下的质量损失速率曲线见图 3.6。由图 3.6 可以看出，当再造烟叶丝、膨胀烟丝和梗丝被点燃后，质量损失速率迅速升高，并在 10 s 左右分别达到其最大值(0.35 g/s，0.25 g/s 和 0.23 g/s)。在此之后快速降低，在进入阴燃阶段后，MLR 的数值明显远低于有焰燃烧阶段且变化幅度很小。比较再造烟叶丝、膨胀烟丝和梗丝的 MLR 的峰值可以发现，在相同的火强度下，再造烟叶丝较膨胀烟丝和梗丝燃烧更为快速。

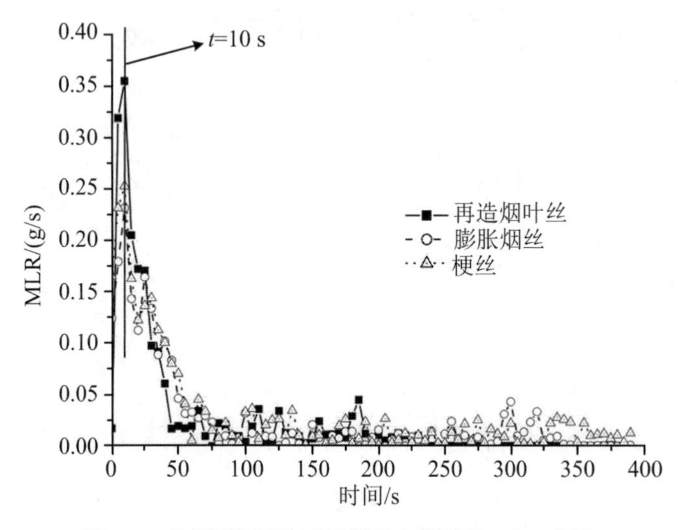

图 3.6　再造烟叶丝、膨胀烟丝和梗丝的 MLR 曲线

为了进一步分析再造烟叶丝、膨胀烟丝和梗丝的燃烧质量损失规律，利用热重分析仪研究了其热降解特性，其热重（TG）和微分热重曲线（DTG）见图 3.7。由图 3.7 可以看出，再造烟叶丝、膨胀烟丝和梗丝的热解过程主要由 4 个阶段组成。第一个热失重阶段主要是由于失水引起的，最大热失重温度均在 100 ℃左右。比较来说，梗丝在这一阶段的失水速率明显快于膨胀烟丝，而再造烟叶丝最慢。第二和第三个热失重阶段是由于其主要化学组成物质热降解所致，这在很大程度上决定了再造烟叶丝、膨胀烟丝和梗丝的燃烧特性。比较膨胀烟丝和梗丝的 DTG 曲线可以看出，在第二个阶段里，膨胀烟丝的最大热解速率较梗丝大，且达到 DTG 最大值时的温度也较梗丝低。而在第三个热解阶段里，再造烟叶丝的最大热失重速率明显高于膨胀烟丝。最后一个热失重阶段主要是因前期热解形成的残渣在高温下进一步降解所致，从图 3.7 可以看出，在这一热解阶段，再造烟叶丝、膨胀烟丝和梗丝达到最大热失重速率的温度分别为 695 ℃、718 ℃和 748 ℃，这表明梗丝前期形成的热解残渣具有更高的热稳定性。900 ℃时，膨胀烟丝和梗丝的剩余质量百分比几乎一样，均为 10.3%，而梗丝则达到13.1%。综合以上可以看出，早期快速的失水能力和在热解过程中表现出的较高热稳定性是导致梗丝的燃烧性要较膨胀烟丝和再造烟叶丝差的重要原因之一。

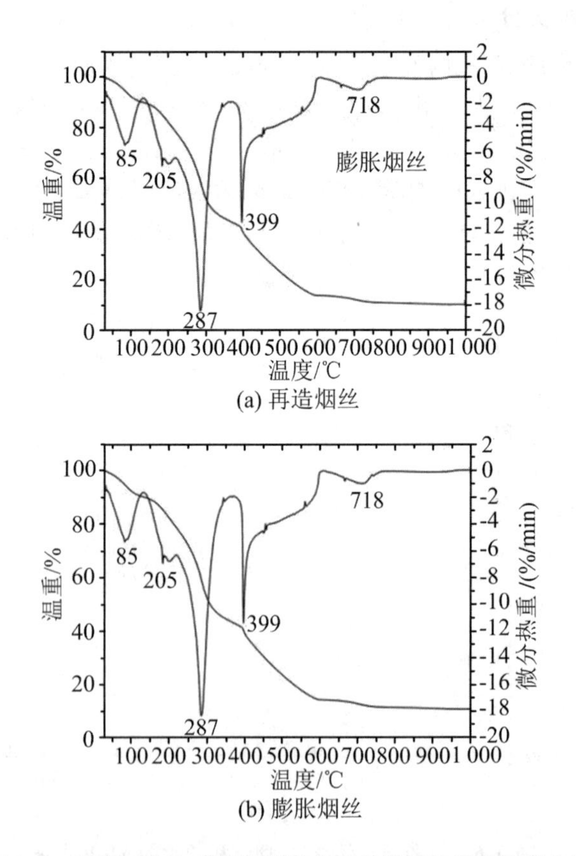

图 3.7　再造烟叶丝、膨胀烟丝和梗丝的热重和微分热重曲线

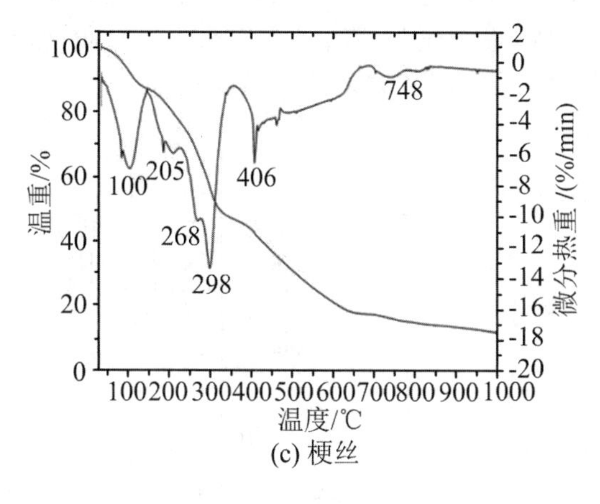

(c) 梗丝

图 3.7(续)

4. 燃烧过程中 CO 和 CO_2 生成分析

CO 和 CO_2 是烟草燃烧过程中形成的重要气相产物，能在一定程度上反映烟草的燃烧状态和烟气毒性[8, 9]。锥型量热仪可以实时测量烟气中 CO 和 CO_2 生成速率和生成量。再造烟叶丝、膨胀烟丝和梗丝的 CO 和 CO_2 生成速率和生成量变化曲线见图 3.8、图 3.9。

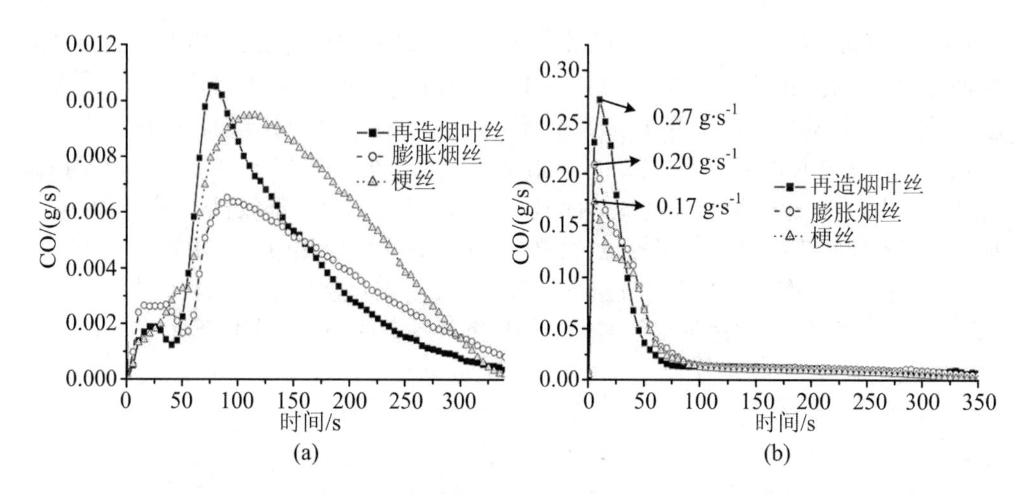

图 3.8　再造烟叶丝、膨胀烟丝和梗丝的 CO(a)和 CO_2(b)生成速率曲线

由图 3.8 可以看出，三者在阴燃状态下的 CO 释放速率都明显高于有焰燃烧阶段，而对于 CO_2 来说正好相反。在有焰燃烧阶段，再造烟叶丝的 CO_2 释放速率最高达到 0.27 g/s，而膨胀烟丝和梗丝分别为 0.20 g/s 和 0.17 g/s，表明再造烟叶丝的易燃性要好于膨胀烟丝和梗丝。在阴燃阶段，三者的 CO_2 释放速率变化不大，而 CO 释放速率具有明显差异。图 3.9 所示的是再造烟叶丝、膨胀烟丝和梗丝的 CO 和 CO_2 生成量变化曲线。由图 3.9 和表 3.2 可以看出，在整个燃烧过程中，梗丝较膨胀烟丝和再造烟叶丝生成了更多的 CO 和更少的 CO_2。CO 和 CO_2 的生成量在数量级上相差 10 倍左右。再造烟叶丝和膨胀烟丝的 CO/CO_2 均为 0.10，而梗丝的 CO/CO_2 则高达 0.20，再次证实梗丝燃烧性较膨胀烟丝和再造烟叶丝差。

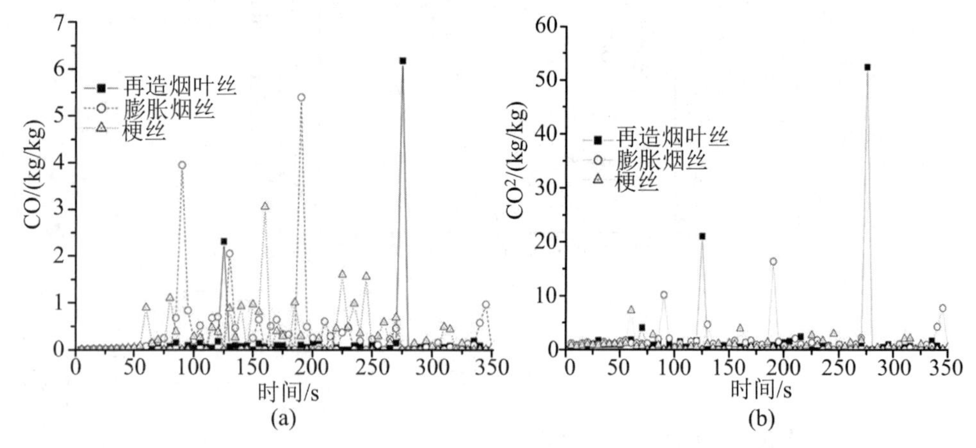

图 3.9 再造烟叶丝、膨胀烟丝和梗丝的 CO(a)和 CO_2(b)生成量曲线

3.1.5.2 再造烟叶燃烧特性研究

图 3.10 给出了不同物理参数纸基(具体物理参数参见表 3.3)SPR 值变化曲线和 CO 生成速率曲线。由图 3.10(a)可以看出，在纸基的有焰燃烧阶段(锥形量热仪测试结果显示纸基有焰燃烧维持时间为 4 s)，SPR 的值迅速增大，并达到其峰值。进入阴燃阶段后，SPR 的值迅速降低并在较小幅度内进行动态变化。比较而言，在有焰燃烧阶段，PB-4 的 SPR 的峰值明显大于其他纸基。比较 PB-1 和 PB-3 的 SPR 的值变化曲线可以看出，在整个燃烧阶段，PB-3 的 SPR 的值相对于 PB-1 都较低。图 3.10(b)分别给出了不同物理参数纸基在燃烧过程中 CO 生成速率变化曲线。由图 3.10(b)可以看出，在阴燃状态下的 CO 释放速率都明显高于有焰燃烧阶段。比较而言，PB-1 的 CO 释放速率最大，说明透气度的增大会加快纸基燃烧过程中 CO 的释放。

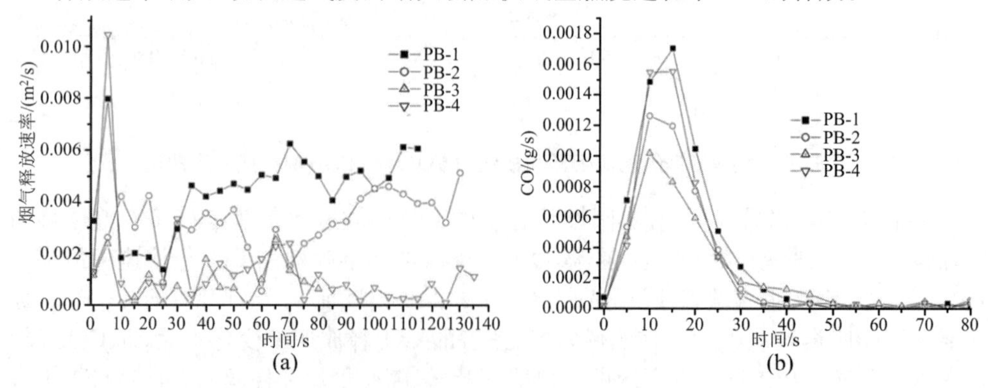

图 3.10 不同物理参数纸基的 SPR 值曲线(a)和 CO 生成速率曲线(b)

表 3.3 不同类型造纸法薄片纸基主要物理参数

样品编号	定量/(g/m²)	透气度/CU	浆料配比/%	
			烟草	木浆
PB-1	61.6	34.2	90	10
PB-2	62.2	7.26	90	10
PB-3	61.6	3.37	90	10
PB-4	62.6	18.13	80	20

图3.11所示的是常规再造烟叶(RTS)和多聚磷酸铵改性再造烟叶(ARTS)的CONE测试过程中HRR、THR和总烟生成量(TSP)曲线。如图3.11(a)所示,RTS点燃之后燃烧非常迅速,产生了HRR尖峰,峰值为143 kW/m²。RTS在经APP处理后,PHRR值降至100 kW/m²,表明ARTS的易燃性明显弱于RTS。从图3.11(b)可以看出,在整个燃烧过程的相同时间点,RTS的THR值均高于ARTS。至燃烧结束,RTS的总热释放为11.1 MJ/m²,而ARTS则为10.0 MJ/m²,这与MCC结果一致。对于烟生成量,ARTS的TSP更高(图3.11(c)),这可能是由于添加了APP使RTS燃烧不完全所致。

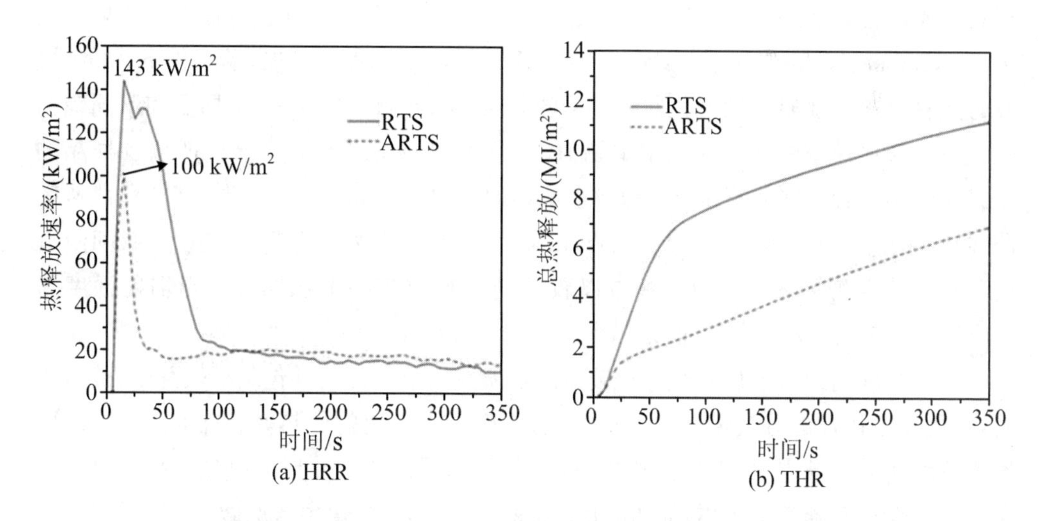

图3.11 RTS和ARTS的HRR(a)、THR(b)与TSP(c)曲线

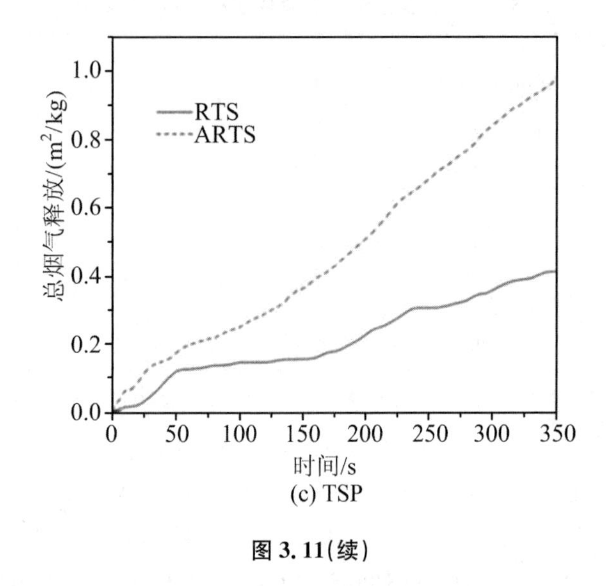

(c) TSP

图 3.11(续)

3.1.5.3　烟草制品燃烧特性研究

王正洲和付丽华等[10,11]曾利用锥型量热仪研究了烤烟烟叶、成品卷烟及其包装材料在不同辐射热通量下的燃烧热释放规律。图 3.12 给出了 4 种样品在热辐射强度为 10 kW/m²、15 kW/m²、20 kW/m²、25 kW/m²和 35 kW/m²的实验条件下，样品燃烧时热释放速率随时间的变化曲线。从图 3.12 可以看出，1＃～3＃样品在不同辐射强度下热释放速率的变化规律基本相似，只是由于热辐射强度不同，所以各样品的点燃时间不一致，放出的热量及速率也不相同。因 4＃样品为组合样，其热释放速率曲线较为复杂。在辐射强度为 15 kW/m²和 20 kW/m²时，曲线除了在点燃时间附近出现一个较强的释热峰之外，基本以较低的热释放速率平稳燃烧。当辐射强度为 25 kW/m²和 35 kW/m²时，曲线出现了强弱不等的 4 个峰。

第一个峰是由最上层香烟外包装纸燃烧所成。这是因为外包装纸较薄，在被引燃后，表面发生快速的分解燃烧并很快烧完，因而出现陡峭的放热峰。此时，处于内层的烟箱纸板受热被引燃，发生分解燃烧，并逐渐形成碳化层并形成第二个小的热释放速率峰。碳化层随着厚度增加，应力增大而破裂，热释放速率再次微增，同时引燃下面的烟支、包装纸，继而出现第三个和第四个峰。受碳化层阻隔的影响，其热释放速率减小，基本处于弱势稳定燃烧状态。

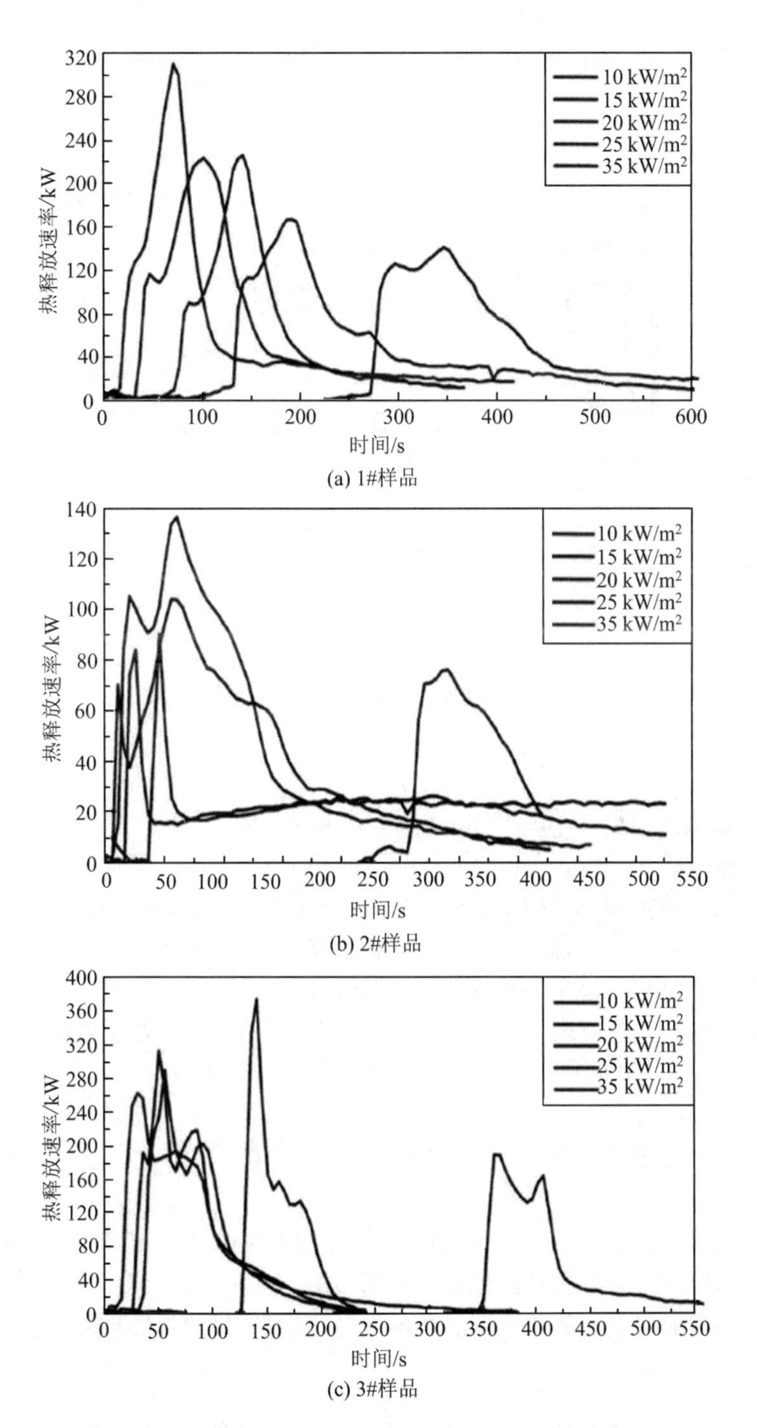

(a) 1#样品

(b) 2#样品

(c) 3#样品

图 3.12　4 种样品在不同辐射热通量下的热释放速率曲线

1＃为成品烟烟支；2＃为烟丝；3＃为烟箱包装用纸板；4＃为组合样品(从下到上依次放置香烟条包装纸、烟支、烟箱包装用纸板、香烟条包装纸)

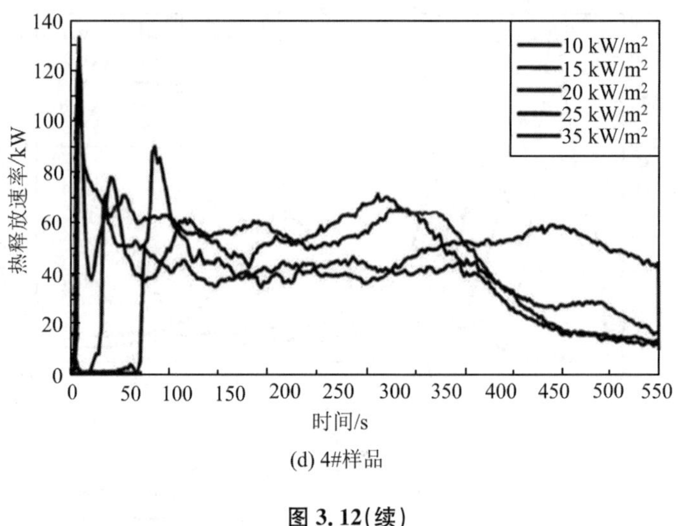

(d) 4#样品

图 3.12(续)

3.2 微燃烧量热分析技术

微燃烧量热仪(Microscale Combustion Colorimeter,简称 MCC)是由美国联邦民航管理局(Federal Aviation Administration,简称 FAA)的 R. 莱昂教授和 FAA 休斯技术中心焰火实验室的 S. 斯托列罗教授共同研制而成[12]。MCC 能快速有效地测定各种塑料、木材、纺织品或合成物的主要燃烧参数,只需数毫克的试样,数分钟的时间,就能得到材料燃烧和易燃危险性的充分资料。目前,MCC 已被美国联邦航空、宇航局、国家标准实验室、麻省理工、康奈尔大学、意大利都灵大学、戴顿研究学院以及道氏化工、斯巴、Symyx 等单位所使用。

3.2.1 基本构造

裂解燃烧微型量热仪主要是由实验炉、样品称重与供给系统、温度测量控制系统、气体预处理系统、气体控制系统、数据采集系统等构成的,整个装置的结构如图 3.13 所示。整个实验装置应当放置在自然通风良好、温湿度比较适宜的环境下,并保证外界环境无尘。

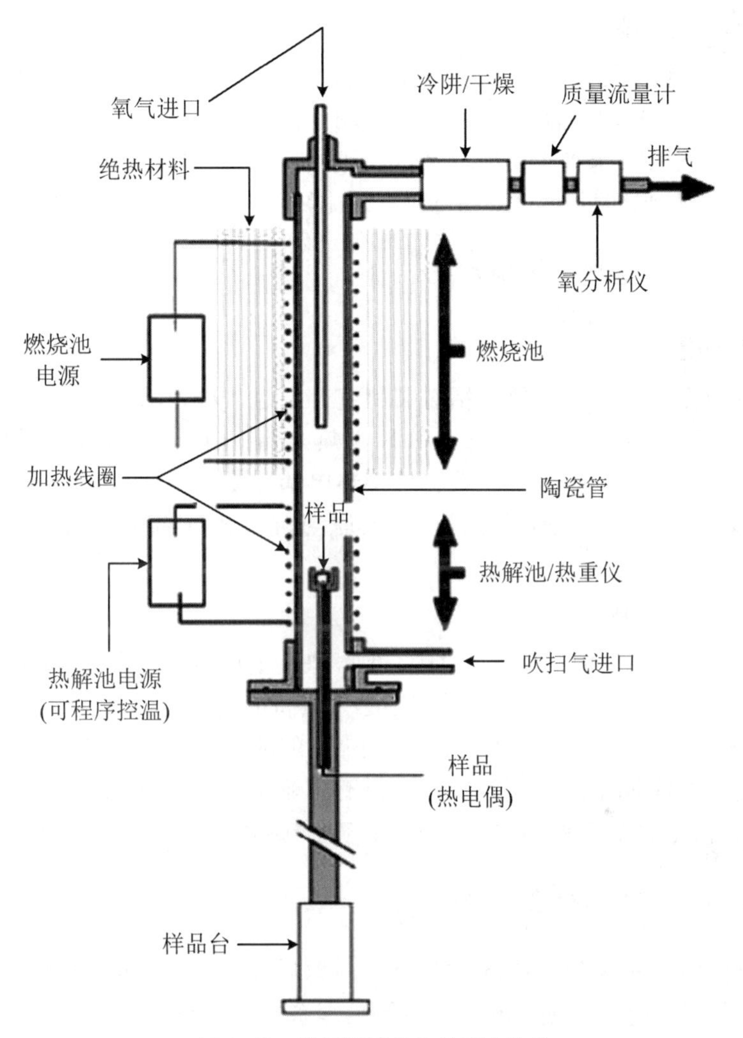

图 3.13 微燃烧量热仪的基本构造

3.2.1.1 样品称重与供给系统

1. 微量称重天平

因为实验样品质量一般为几毫克，故根据标准 ASTM — 7309 2013 中对天平的要求，应使用量程不小于 250 mg，灵敏度不低于 0.01 mg 的分析天平。市场上满足要求的天平供应商有 Sartorius、METTLER TOLEDO 等，以 Sartorius 公司 CPA26P 型微量天平为例介绍。CPA26 型微量天平量程可达 21 g，可读性为 2 μg；内部使用的是高精度高灵敏的 Monolithic 称重传感器，它通过内置电机驱动校准砝码，确保只需要按一次校准健就可以获得最高的称重精确性。此外，它配置有高质量的防风罩，开启和关闭顺畅，保证了样品的无尘称重环境。

2. 样品供给系统

样品供给系统主要是完成将实验样品送入裂解室的工作，应根据负载和行程选择适当的电动推杆型号。下面以 UT450 型电动推杆为例介绍。UT450 电动推杆采用伺服电机驱动，根据实验要求实现坩埚样品组件的升降。电动推杆的顶部固定坩埚样品组件，并带有 O 形密封圈，O 形圈可以密封住裂解室底部和坩埚组件间的空隙。

3.2.1.2 温度测量控制系统

1. 温度测量

实验中对温度的测量主要包括对裂解室升温过程以及对燃烧室恒温控制过程的温度测量。按照标准的要求，可选用 K 型热电偶。热电偶偶丝直径约 1.2 mm，测量温度范围为－200～＋1 200 ℃。K 型热电偶测量范围宽、线性度好、热电势率比较高、灵敏度高、抗氧化能力较强，在还原与抗氧化气氛中输出热电动势均较稳定。

2. 温度 PID 控制

裂解室和燃烧室的炉温是通过温度控制器来实现控制调节的。实验中，需要根据升温要求调节炉内温度。炉温的自动控制必须具备的组件有：参数检测转换装置，即传感器；比较运算部件，即控制器；执行控制命令的部件，即执行机构。PID 控制作为工业控制过程中最常用的一种控制方法，具有控制结构简单、控制直观等优点，在冶金、机械、电力、化工等工业过程控制中有着广泛的应用。

3.2.1.3 气体预处理系统

裂解燃烧微型量热仪中的气体预处理系统对后续的气体分析起着关键性的作用。在进入氧气传感器前，样气必须经过气体预处理系统进行干燥、除杂等处理。此外，由于微裂解燃烧实验是在高温下进行的，故样品气必须经过冷却才能进入气体流量计和氧气传感器。

3.2.1.4 气体控制系统

在微型量热实验中，需要控制 N_2 和 O_2 的流量。实验中，N_2 的流量要控制在 80 mL/min，准确度±1%；O_2 的流量要控制在 20 mL/min，准确度±1%。下文以 KOFLOC 公司 MODEL3660 系列产品为例说明。

MODEL3660 系列具有小巧、紧凑与成本低等诸多优点，同时搭配改良型恒定电流温差的流量传感器，可实现高速响应；其采用了安全方向工作的常闭阀；通过螺线管传动器确保了产品的高度可靠性；可控制燃烧气体的低差压。

3.2.1.5 数据采集系统

数据采集就是将想要获取的信息通过传感器转换为信号，并经过信号调理、采样、量化、编码和传输等步骤，最后送到计算机系统中进行处理、分析、存储和显示。数据采集系统一般由传感器、数据采集板卡、通信总线及计算机软硬件等构成。

3.2.2 工作原理

MCC同样是基于氧消耗原理的，具体可参见前文。MCC是用来测量固体试样在惰性气流中可控热解后产生的裂解气体的热释放速率的。固体试样经过高温可控热解后，产生的裂解气体与过量的氧气混合后在高温下完全氧化，可通过氧气消耗量来测量裂解气流瞬时燃烧的热释放速率（图3.14）。

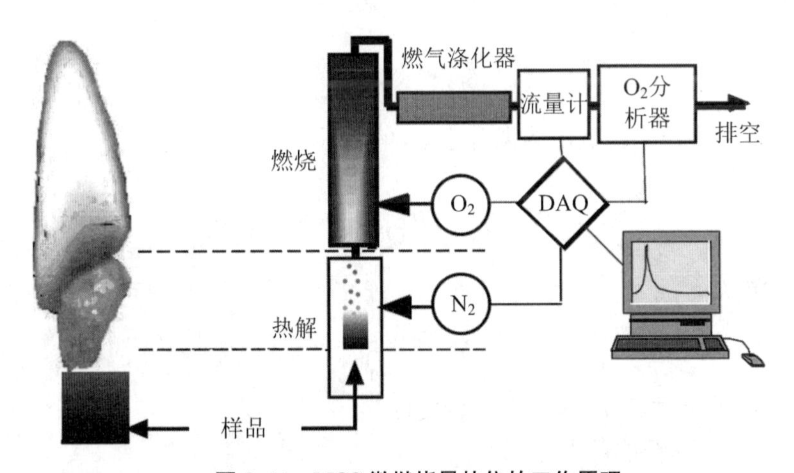

图3.14　MCC微燃烧量热仪的工作原理

基于耗氧原理的MCC热释放速率测量理论基于以下4点假设，并且这些假设已经被验证是合理的：

① 完全燃烧时每消耗单位质量的氧气释放的热量为常数：$E = 13.1$ kJ/g。

② 所有气体都是理想气体，即等温、等压条件下单位气体的体积为常数。

③ 进入燃烧系统的气体中只包含O_2、CO_2、H_2O和N_2，不包含其他成分，不参与燃烧反应的气体均被当作N_2。

④ 进入分析系统前，水蒸气已经被完全去除，混合气体中的O_2浓度是在充分干燥的基础上测量的。

3.2.3 主要性能参数

应用 MCC 可以得到燃烧试样的多个性能参数[12]，如热释放速率（W/g）、燃烧热量（J/g）和起燃温度（℃）等指标。

根据 ASTM 7309 — 2011 标准的相关条例，微裂解燃烧量热可有两种实验方法：受控热裂解与受控热氧化裂解。实验主要测试的参数有：样品的单位质量热释放速率 $Q(t)$，单位 W/g；单位质量样品总热释放量 h_C，单位 J/g；单位质量样品热释放能力 η_C，单位 J/(gK)；残余比 Y_C，单位 g/g 及裂解气体的比热释放量 $h_{C,gas}$，单位 J/g 等。根据最新国际标准 ASTM7309 — 2013，样品热释放速率为

$$Q(t)=\frac{E\rho F}{m_0}\Delta[O_2] \tag{3.20}$$

式中，ρ 为氧气密度，单位 g /L；F 为气体流量，单位 mL/min。

热释放能力 η_C 为

$$\eta_C=\frac{Q_{max}}{\beta} \tag{3.21}$$

式中，Q_{max} 为最大热释放速率；β 为温升速率，单位 K/s。

热释放量 H_C 为

$$H_C=\int_0^t Q(t)\,dt \tag{3.22}$$

残余比 Y_C 为

$$Y_C=\frac{m_p}{m_0} \tag{3.23}$$

式中，m_p 为样品残余质量；m_0 为样品初始质量。

裂解气体的比热释放量 $H_{C,gas}$ 为

$$H_{C,gas}=\frac{H_C}{1-Y_p} \tag{3.24}$$

3.2.4 MCC 在烟草燃烧热解特性研究中的应用

3.2.4.1 典型烤烟烟叶原料燃烧热及其影响因素研究

称取 4～6 mg 烟草样品，在纯氮气气氛下以 1 ℃/s 的升温速率从室温升至 650 ℃，热解产物实时进入温度为 900 ℃、气氛为氧气浓度 10%的燃烧池内燃烧。检测并记录氧气浓度变化，并根据氧消耗原理计算热释放速率，再经积分求解后，得到烟草总燃烧热。每个实验重复 3 次，最终数据为 3 次实验结果的平均值。数据分析采用 R 软件进行统计分析[13, 14]。

1. 烟草燃烧热释放行为

图3.15所示的是产于云南昆明的等级为C_3F的烟叶燃烧热释放速率(HRR)随温度的变化曲线。可以看出其燃烧热释放有3个阶段,分别位于100～250 ℃、250～400 ℃以及400～620 ℃之间。据已有文献,烤烟热解主要分为以下几个阶段:吸附水蒸发、易挥发小分子逸出和分解、难挥发大分子分解、焦炭分解以及残渣分解[15-17]。由于测试燃烧热时,烟草先在氮气中热解,所生成的气体再进入燃烧室中燃烧,因此燃烧热测试包含两步,即热解和生成气体燃烧。所以烟草燃烧热释放的3个阶段分别对应于易挥发小分子逸出和分解产物燃烧热、难挥发大分子分解产物燃烧热以及焦炭分解产物燃烧热。

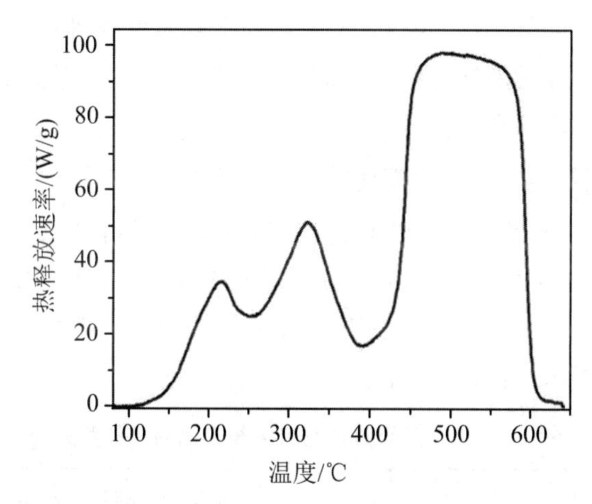

图3.15 产于云南昆明的等级为C_3F的烟叶燃烧热释速率随温度的变化曲线

2. 检测结果统计描述

对37种烤烟烟叶中的C、H、O、N和S这5种元素的含量以及总燃烧热释放进行统计描述,结果见表3.4。

表3.4 检测指标统计描述

项　目	极小值	极大值	均值	标准差	方差	偏度	峰度	变异系数/%
C	40.38	44.98	43.28	1.14	1.29	−0.85	0.74	2.62
H	5.79	6.51	6.28	0.16	0.03	−1.25	1.89	2.61
N	1.76	3.26	2.31	0.36	0.13	0.75	0.12	15.81
O	36.06	44.80	39.63	2.02	4.10	0.54	0.37	5.11
S	0.48	1.22	0.81	0.18	0.03	0.22	−0.62	22.38
(C+H+N+S)/O	1.10	1.50	1.33	0.09	0.01	−0.55	0.66	6.62
THR	14.20	17.90	16.49	0.93	0.86	−0.52	−0.38	5.64

可以看出，C 元素平均含量高达 43.28%，O 元素平均含量则高达 39.63%，充分说明 C 和 O 是烤烟烟叶中最主要的两种元素。H 元素含量范围在 5.79%～6.51%，均值为 6.28%，是烤烟烟叶中含量排在 C、O 之后的第三个重要元素。烤烟烟叶中含有多种蛋白质、氨基酸、烟碱等，它们使氮元素成为烤烟烟叶中不可或缺的元素之一，其平均含量为 2.31%。硫元素是这 5 种元素烤烟烟叶中含量最少的一种，平均含量为 0.81%，主要以有机硫（如巯基、硫醚和二硫键）和硫酸根的形式存在。对于不同烤烟烟叶中这 5 种元素分布离散程度来说，S 和 N 元素变异系数最大，分别高达 22.38%和15.81%；O 元素变异系数居中，为 5.11%；而 C 和 H 的变异系数最小。说明不同烤烟烟叶中 S 元素含量分布较为离散；其次为 N 元素；C 和 H 元素含量分布则较为集中；O 元素含量分布虽比 C 和 H 含量分布略显离散，但远比 S 和 N 元素含量分布集中。另外，37 种烤烟烟叶的 THR 均位于 14.2～17.9 kJ/g 之间，其变异系数为 5.64，说明其分布离散程度偏低。

3. 烟草总燃烧热与其主要元素间简单相关分析

对烟草总燃烧热与其主要元素间进行简单相关分析，结果见表 3.5 和图 3.16。实验表明：THR 与烟草中 C（相关范围 0.42～0.81）、H（相关范围 0.27～0.74）和 N（相关范围 0.19～0.7）在 0.05 水平下显著正相关，与 S（相关范围 0.06～0.63）在 0.01水平下显著正相关，与 O 相关性不显著。

表 3.5 烟草总燃烧热与其主要元素简单相关分析

指 标	C	H	N	O	S	(C+H+N+S)/O
THR	0.66**	0.55**	0.49**	−0.08	0.38*	0.38*

注：** 为 0.01 水平下显著，* 为 0.05 水平下显著。

在具体燃烧实验时，烟草热解释放出的各种产物，如碳氢化合物、CO、羰基化合物、生物碱以及有机硫化合物等，进入燃烧室后与氧气发生反应，生成深度氧化物，如 CO_2、H_2O、NO_x 和 SO_2 等，同时释放氧化反应热。因此，烤烟中 C、H、N 和 S 含量对总燃烧热释放呈正贡献是很易理解的。这似乎与传统认识有差异，即 N 和 S 含量对烟草燃烧有负面效应[18,19]。从阻燃学角度来说[20]，硫元素可以捕获自由基从而延缓或抑制燃烧，N 元素可以通过自身形成的氮氧化合物对自由基的捕获来影响燃烧。但这些只是中间阶段，它们最终还是会被氧化成深度氧化物的。

4. 烟草总燃烧热与其主要元素间广义可加模型分析

利用广义可加模型对烟草总燃烧热与其主要元素间关系进行分析，结果见表 3.6 和图 3.16。实验表明：THR 与烟草中 C、H 和 N 含量在 0.01 水平下显著相关，方差解释率分别高达 48.9%、30%和 26.8%；与 S 只在 0.05 水平下显著相关，方差解释率为14.4%；与 O 相关关系不显著。这些结果与简单相关分析一致。

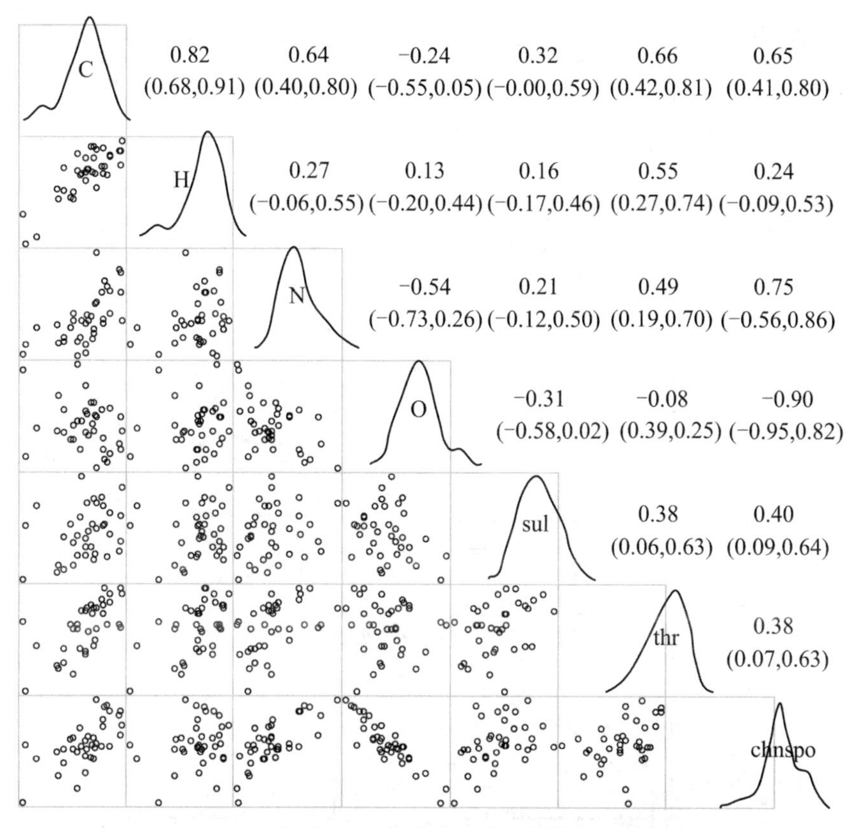

图 3.16　烟草 THR 与其主要元素间散布矩阵图

注:图中对角线为各成分数据的核密度分布,C、H、O、N、sul 分别代表元素碳、氢、氧、氮、硫,thr 为总燃烧热,chnspo 为元素碳、氢、氮和硫含量之和与氧元素含量之比。

表 3.6　烟草燃烧热释放与其主要元素广义可加模型分析结果

指　标		C	H	N	O	S	(C+H+N+S)/O
THR	*P* 值	<0.001**	<0.001**	0.0074**	0.646	0.0203*	0.03*
	方差解释率	48.90%	30%	26.80%	0.61%	14.40%	19.7%

注:**为 0.01 水平下显著相关;*为 0.05 水平下显著相关。

图 3.17 给出了 THR 随 C、H、O、N 和 S 含量变化的偏残差图。显然,THR 偏残差随着 C、H、N 和 S 元素含量增加呈现升高趋势。为进一步研究烟草 THR 与元素间关系,将对 THR 有贡献的元素作为分子相加;将对 THR 呈负效应的元素作为分母,得出了 THR 与(C+H+N+S)/O 之间的相关性,具体如表 3.5、表 3.6 和图 3.17(f)所示。简单相关分析结果表明 THR 与(C+H+N+S)/O 在 0.01 水平下显著相关(表 3.5);广义可加模型分析结果表明 THR 与(C+H+N+S)/O 在 0.05 水平下显著相关,方差解释率为 19.7%(表 3.6)。从图 3.17(f)可以看出,THR 随着(C+H+N+S)/O 增加先缓慢增加后快速增加。

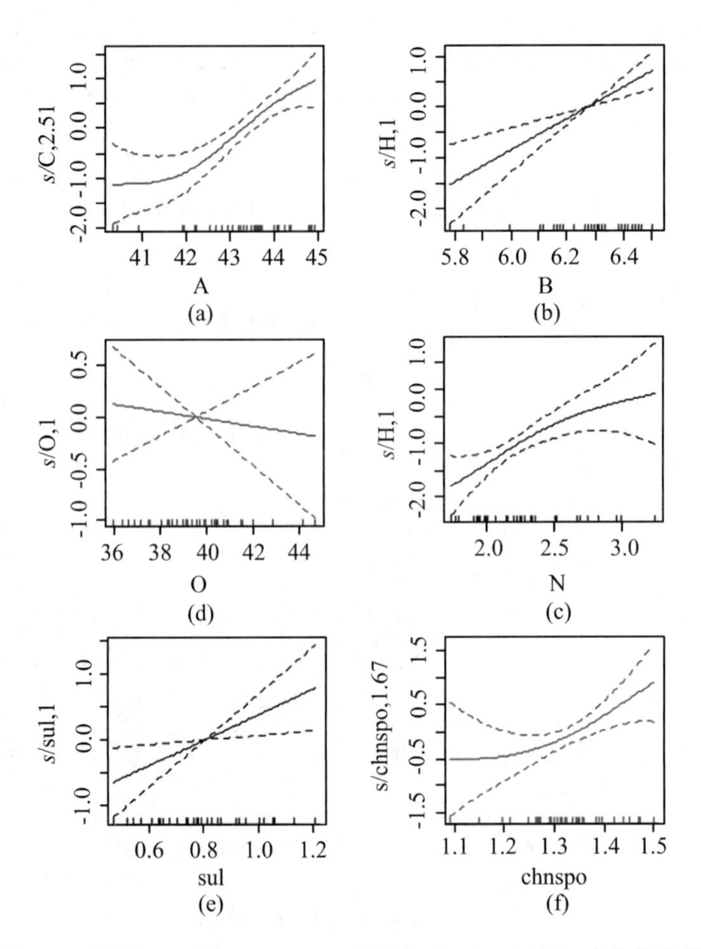

图 3.17 烟草 THR 随 C、H、O、N、S 以及(C+H+N+S)/O 变化偏残差图

3.2.4.2 纤维素、果胶和淀粉燃烧特性研究

纤维素(E)、果胶(PE)和淀粉(ST)是烟草的重要组成部分,占整个烟草的 20%~40%,其燃烧行为对整个烟草的燃烧规律有着重要的影响。近年来,研究人员对纤维素、果胶和淀粉的热解行为和机理进行了广泛探讨,但多集中在利用热解手段研究纤维素、果胶和淀粉的热解产物和热解机制上。关于其燃烧行为和燃烧机理方面的研究则鲜见报道,特别是关于燃烧行为和热解特性之间的相互关系的更为少见。

利用微燃烧量热仪(MCC)比较研究了纤维素、果胶和淀粉的燃烧行为(如燃烧热释放规律、易燃性和燃烧性等),考察了升温速率和燃烧环境的改变对燃烧特性的影响。图 3.18 给出了纤维素、果胶和淀粉在不同氧气浓度下的燃烧热释放速率变化曲线,相关测试数据详见表 3.7。

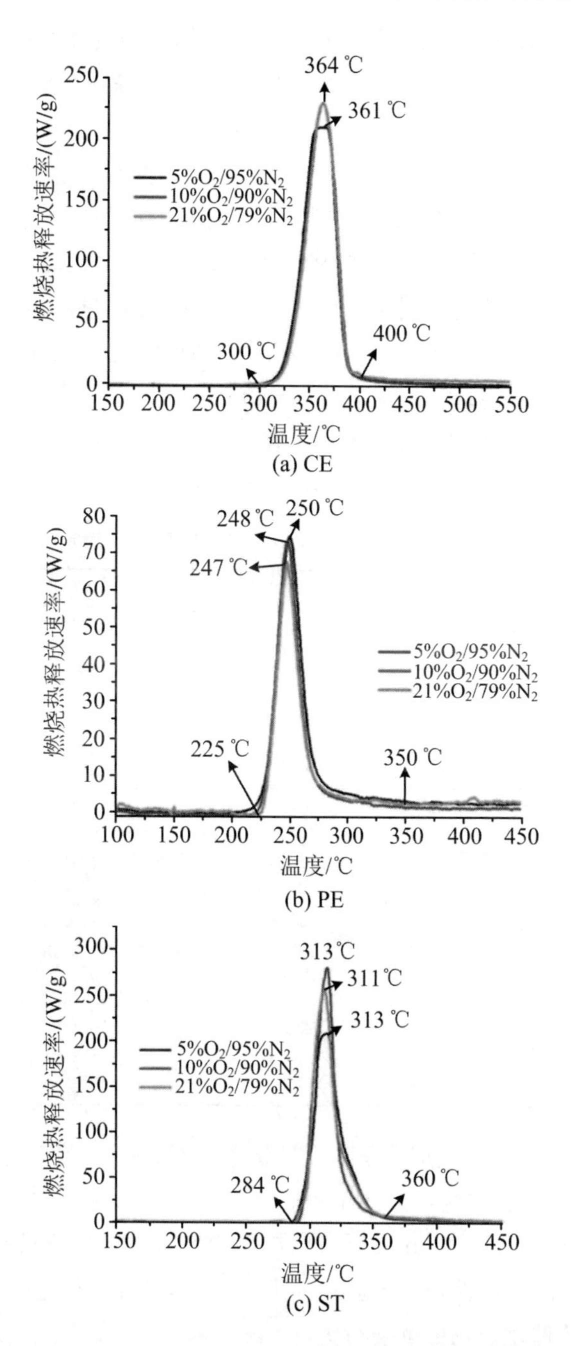

图 3.18　不同氧气浓度下纤维素、果胶和淀粉燃烧热释放速率变化曲线

根据图3.18和表3.7，对10％氧气燃烧气氛下MCC的测试结果进行分析可以发现，就纤维素而言，其热释放速率（HRR）从300 ℃开始不断升高，表明其开始热解释放可燃气体。HRR在364 ℃左右达到最大值230 W/g，说明可燃气体释放量达到最大值。400 ℃以后，HRR 逐渐趋于零，证明可燃气体的释放基本结束。果胶和淀粉的燃烧温度区间分别为 225～350 ℃和 284～360 ℃，它们分别在 250 ℃和 310 ℃达到各自热释放速率的峰值 73 W/g 和 281 W/g。根据最大热释放速率数值(PHRR)可以看出，淀粉和纤维素的 PHRR 明显大于果胶，这说明淀粉和纤维素具有更高的易燃性。此外，从总热释放量(THR)来看，纤维素、果胶和淀粉分别为 8.4 kJ/g、1.6 kJ/g 和6.0 kJ/g，这表明纤维素的燃烧性较优于淀粉，而果胶的燃烧性相对较差。由此可见，虽然纤维素、果胶和淀粉均属碳水化合物，但它们具有明显不同的燃烧特性，这可能主要源于其组成结构上的差异，导致了不同的热解特性。此外，如图 3.18 所示，燃烧气氛的改变对淀粉燃烧行为的影响要强于纤维素和果胶。例如，当燃烧室氧气浓度从 5%升至 10%时，淀粉的 PHRR 从 209 W/g 升至 281 W/g，纤维素的 PHRR 则从 210 W/g升至 230 W/g，而果胶的 PHRR 几乎没有变化。

表 3.7　纤维素、果胶和淀粉在不同燃烧气氛下 MCC 测试结果(固定升温速率为 60 ℃/min)

样品	氧气浓度/%	最大热释放速率/(W/g)	总热释放/(kJ/g)	点燃温度/ ℃
纤维素	5	210	8.0	361
	10	230	8.4	364
	21	230	8.9	364
果胶	5	75	1.9	251
	10	73	1.6	248
	21	67	1.4	247
淀粉	5	209	5.8	311
	10	281	6.0	313
	21	256	5.9	313

图 3.19 给出了不同升温速率条件下纤维素、果胶和淀粉燃烧热释放速率变化曲线，PHRR、THR 和点燃温度数据列于表 3.8。由图 3.19 和表 3.8 可以看出，当升温速率从 60 ℃/min 降至 30 ℃/min 时，纤维素、果胶和淀粉的 PHRR、THR 和点燃温度数值均有不同程度的降低，特别是以 PHRR 降低最为强烈，这说明升温速率的改变极大地影响了这几种化合物的燃烧行为。

表 3.8　纤维素、果胶和淀粉在 30 ℃/min 的 MCC 测试结果(燃烧气氛固定为 10 %O_2)

样品	最大热释放速率/(W/g)	总热释放/(kJ/g)	点燃温度/℃
纤维素	121	8.3	342
果胶	26	1.0	234
淀粉	120	4.4	297

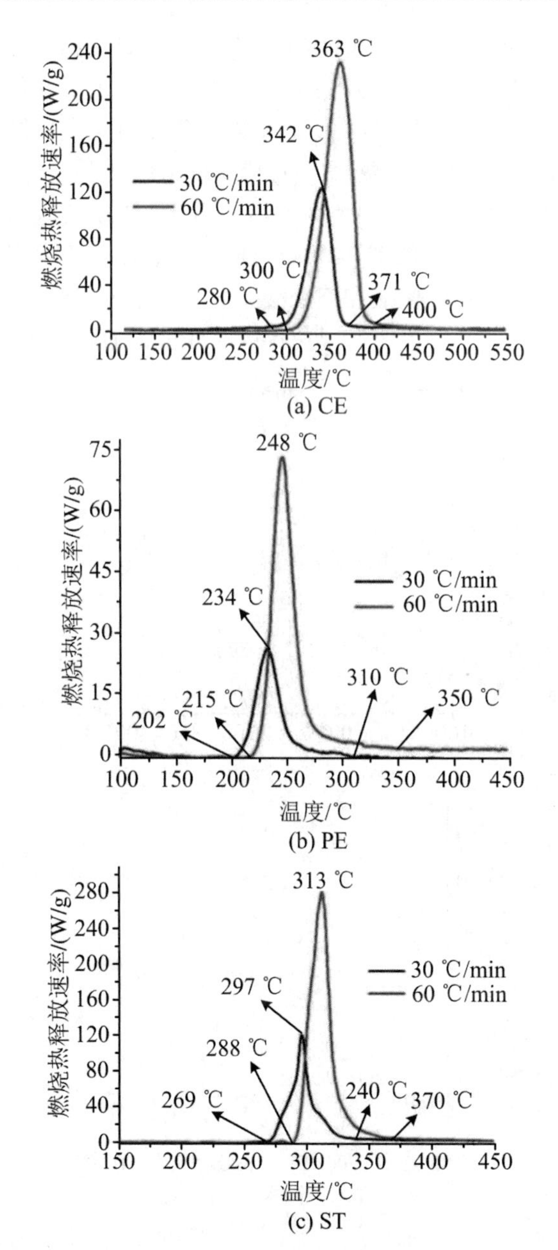

图 3.19　不同升温速率条件下纤维素、果胶和淀粉燃烧热释放速率变化曲线

3.2.4.3 柠檬酸和苹果酸燃烧特性研究

图 3.20 给出了柠檬酸(CI)和苹果酸(MA)在不同升温速率条件下燃烧热释放速率变化(HRR)曲线,相关测试数据详见表 3.9。根据图 3.20 中的 HRR 曲线可以看出,当升温速率固定为 60 ℃/min 时,柠檬酸和苹果酸的 HRR 从 200 ℃左右开始逐渐升高,表明其热解可燃气体开始形成。比较而言,柠檬酸的 HRR 在 249 ℃时达到其最大值 262 W/g,而苹果酸的 HRR 则在 270 ℃时达到其最大值 232 W/g。柠檬酸和苹果酸的 HHR 均在 310 ℃左右逐渐降低为零,说明其热解可燃气体已经释放完毕。就最大热释放速率(PHRR)和总热释放量(THR)来说,柠檬酸的 PHRR 值大于苹果酸,而其 THR 值小于苹果酸,表明柠檬酸的易燃性要优于苹果酸,但燃烧性要稍差于苹果酸。此外,由图 3.20 和表 3.9 可以看出,当升温速率从 60 ℃/min 降至 30 ℃/min时,柠檬酸和苹果酸的 PHRR、THR 和点燃温度数值均有明显的降低,特别是 PHRR 降低最为强烈,柠檬酸和苹果酸的 PHRR 值分别从 262 W/g 和 232 W/g 降至 110 W/g 和 104 W/g,这说明升温速率的改变极大地影响了其燃烧行为。

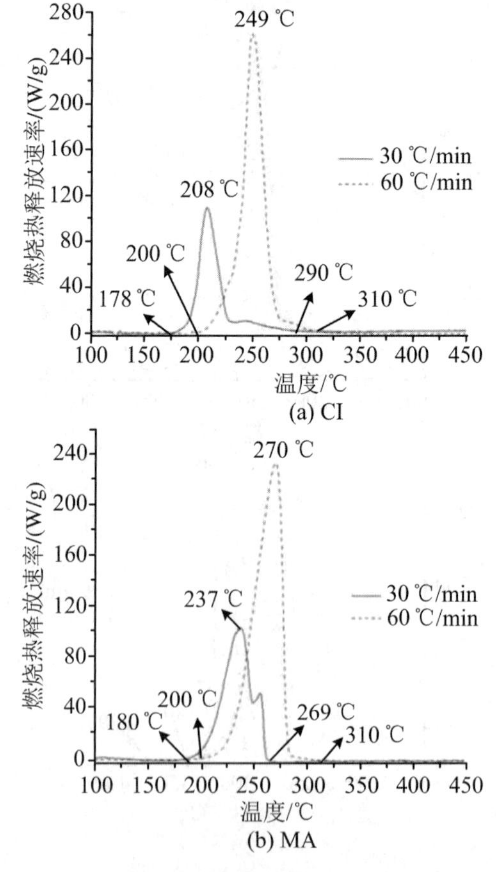

图 3.20 不同升温速率条件下柠檬酸和苹果酸的燃烧热释放速率变化曲线

表 3.9　柠檬酸和苹果酸在不同升温速率下的 MCC 测试结果

样品	升温速率/(℃/min)	最大热释放速率/(W/g)	总热释放/(kJ/g)	点燃温度/℃
柠檬酸	30	110	5.4	208
	60	262	6.6	249
苹果酸	30	104	6.8	237
	60	232	7.4	270

3.2.4.4　再造烟叶燃烧特性研究

图 3.21 给出了不同物理参数纸基(纸基物理参数参见表 3.3)微燃烧量热曲线，相关测试数据详见表 3.10。根据图 3.21 和表 3.10 可以看出，PB-1、PB-2、PB-3 和 PB-4 纸基分别从 227 ℃、231 ℃、236 ℃和 256 ℃开始热解释放可燃气体，并分别在 331 ℃、333 ℃、331 ℃和 338 ℃达到最大值，之后又分别在 423 ℃、413 ℃、412 ℃和 410 ℃时可燃气体释放完毕。结合 DTG 曲线可以发现，整个燃烧温度区间主要集中在纸基的第 2 个和第 3 个热降解阶段，这说明纸基可燃气体的释放主要是由于纤维素、果胶和淀粉等碳水化合物热解引起的。需要说明的是，最大热失重温度和点燃温度非常接近但并不一致，这主要是由于纸基在最大热失重时产生的可燃气体所占的比重并未达到极值。

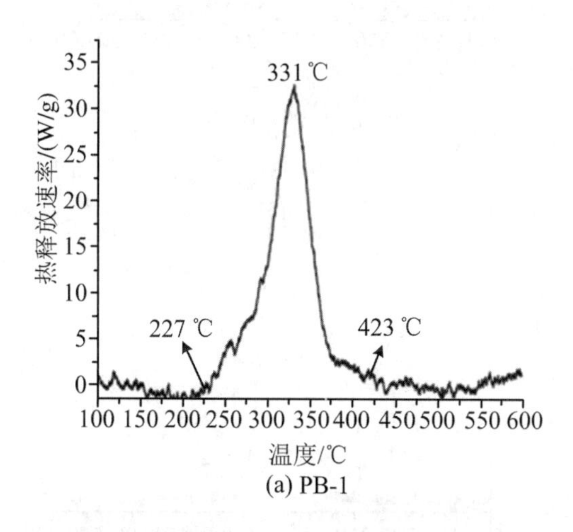

图 3.21　不同物理参数纸基微燃烧量热曲线

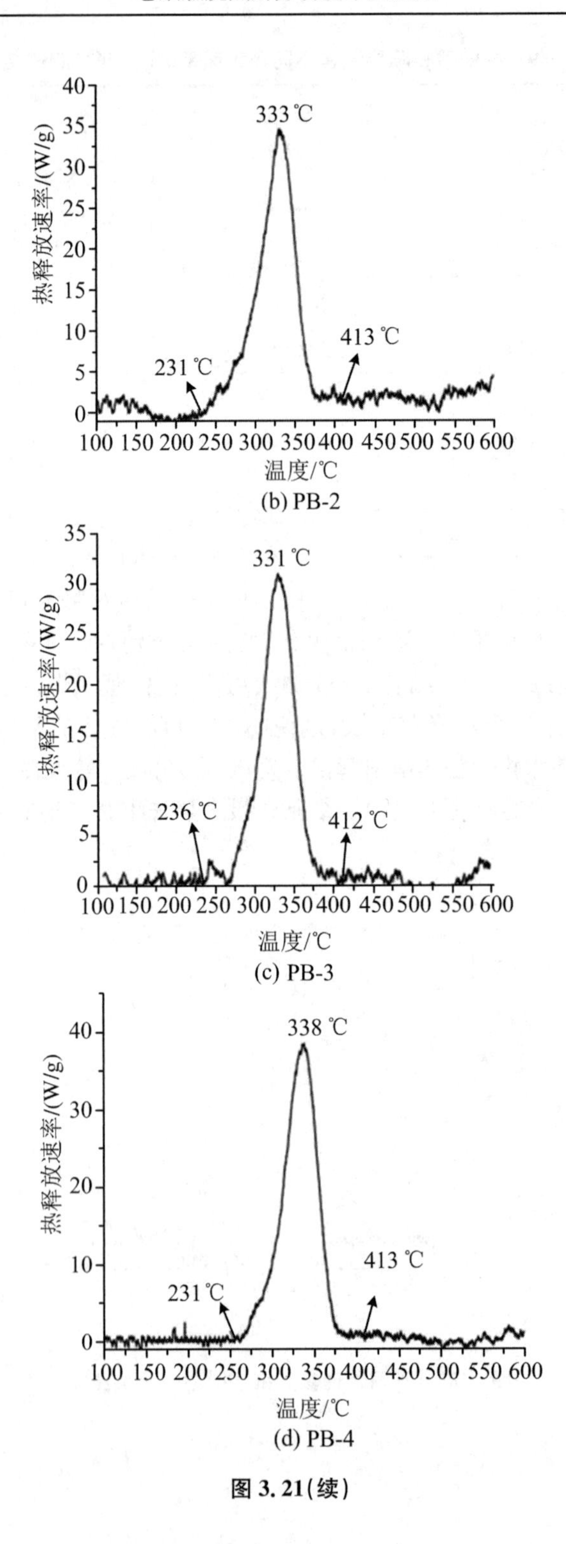

(b) PB-2

(c) PB-3

(d) PB-4

图 3.21(续)

表 3.10　不同物理参数纸基 MCC 测试结果

样品名称	热释放量/(J/(g·K))	最大热释放速率/(W/g)	点燃温度/℃
PB-1	68	33.2	331
PB-2	70	34.3	333
PB-3	65	32.3	332
PB-4	80	39.4	338

根据表 3.10 所示，纸基 PB-4 的热释放量、最大热释放速率和点燃温度均较其他纸基高，这说明其具有较好的易燃性和燃烧性。可能的原因是：一方面，纸基 PB-4 具有更高的定量，从而具有更多的燃烧基质；此外，其所含的较高的木浆纤维比重也使其具有更好的易燃性。比较 PB-1 和 PB-3 的 PHRR 值发现，在定量相同的情况下，透气度的降低能够轻微减弱纸基的易燃性和燃烧性。值得注意的是，PB-2 的透气度虽远小于 PB-1，但其 PHRR 值和 HRC 值均稍大于 PB-1，这主要是 PB-2 具有更高的定量所致。

图 3.22 所示的是常规再造烟叶（RTS）和多聚磷酸铵改性再造烟叶（ARTS）在 MCC 测试中燃烧热释放速率（HRR）随温度变化曲线。由图 3.22 可知，RTS 和 ARTS 的热释放峰值（PHRR）、总热释放（THR）、点燃温度（IT）分别为 32.9 W/g 和 34.4 W/g，4.9 kJ/g 和 4.0 kJ/g，334 ℃和 340 ℃。RTS 的热释放过程主要由 3 个阶段组成：前 2 个阶段是由于 RTS 裂解产物的燃烧。HRR 值在 334 ℃（定义为点燃温度）达到最大值（32.9 W/g）。随着温度的进一步增加，HRR 曲线在 478 ℃时出现了第 3 个峰，这显然是由炭层的热分解所导致的。ARTS 的 HRR 曲线趋势与 RTS 类似。但在 336～443 ℃范围内其 HRR 值高于 RTS，说明在该温度区间内 ARTS 释放了更多的可燃气体。当温度高于 450 ℃时，RTS 的 HRR 值高于 ARTS，结合图 3.22 分析可知，这可能是 ARTS 热解气相产物中不可燃气体 NH_3 释放量较大所致。此外，ARTS 的 THR 值低于 RTS，说明添加 APP 降低了 RTS 的可燃性。

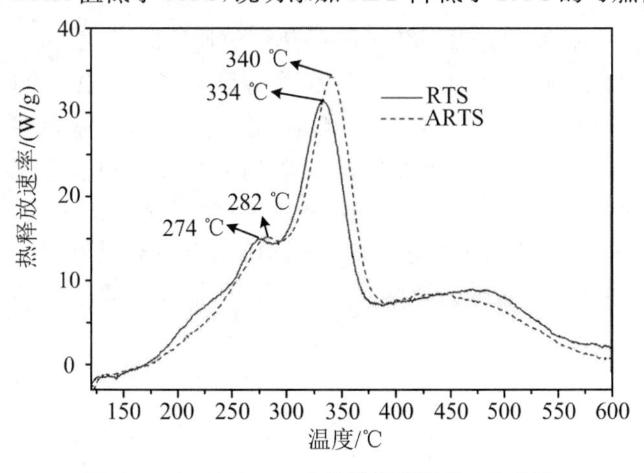

图 3.22　RTS 和 ARTS 的燃烧热释放速率曲线

3.2.4.5　卷烟纸燃烧热解特性研究

图 3.23 给出了卷烟纸在不同升温速率条件下的热释放速率曲线，最大热释放速率、总热释放和起燃温度数据列于表 3.11。根据卷烟纸的热释放速率曲线，可以看出，当升温速率为 0.5 ℃/s 时，卷烟纸从 256 ℃开始发生热解并产生可燃性气体，在 320 ℃时达到最大值 33.5 W/g，在 360 ℃时，卷烟纸热解可燃性气体释放过程结束。此外，随着升温速率的增加，PHRR、THR 和 IT 的数值都在不断增大。

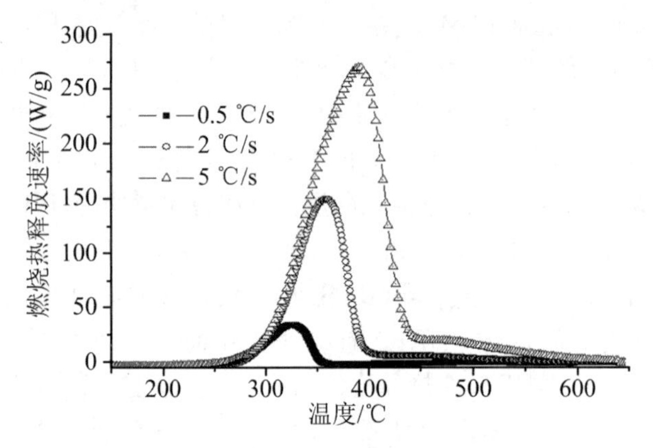

图 3.23　卷烟纸在不同升温速率条件下的 HRR 曲线

表 3.11　卷烟纸的 MCC 测试结果

升温速率/(℃/s)	PHRR/(W/g)	THR /(kJ/g)	IT/℃
0.5	33.5	3.1	320.5
2	150.2	4.6	359.3
5	271.2	5.1	392.1

普通卷烟纸(OA)和 LIP 卷烟纸(CB)的热释放速率曲线如图 3.24 所示。OA 的热释放发生在 200～360 ℃和 360～530 ℃两个温度范围内。第一个阶段归结于纤维素热解生成可燃气体(如羰基化合物、醇、醛基化合物、CO、烷基化化物等)的燃烧释热，第二个阶段则可归结于炭渣热解生成可燃气体(甲烷、CO 和烷基化化物)燃烧释热。相比而言，在 270 ℃以下，由于 CB 表面成膜材料热解生成可燃气体，CB 比 OA 释放了更多的热量，但在 270 ℃以上，CB 却比 OA 释放的热量更少，这显然是由于 CB 此阶段释放的可燃气体量偏低的缘故。

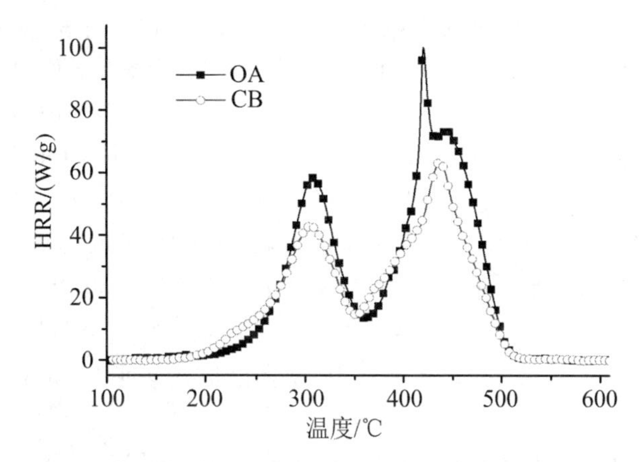

图 3.24　普通卷烟纸(OA)和 LIP 卷烟纸(CB)MCC 测试结果

3.3　卷烟燃烧热释放检测分析技术

3.3.1　技术背景

卷烟燃烧热释放不仅与烟气形成有密切的联系，而且还决定其引燃能力(图 3.25)。有很多重大火灾仅仅是由于点燃的卷烟掉在床上或者软垫家具上引起的。点燃的卷烟加热家具材料，并开始阴燃，随后就会转化为明火燃烧，从而发生火灾。吸剩的烟头一般能继续燃着 1～4 min，在这个时间内，有许多易燃性物品能被点燃。有时烟头扔在棉被、刨花、木屑中，能阴燃几十分钟，且不容易被人注意，危险性更大。为了减少火灾，美国最先开始了卷烟阻燃性的研究[21-25]。

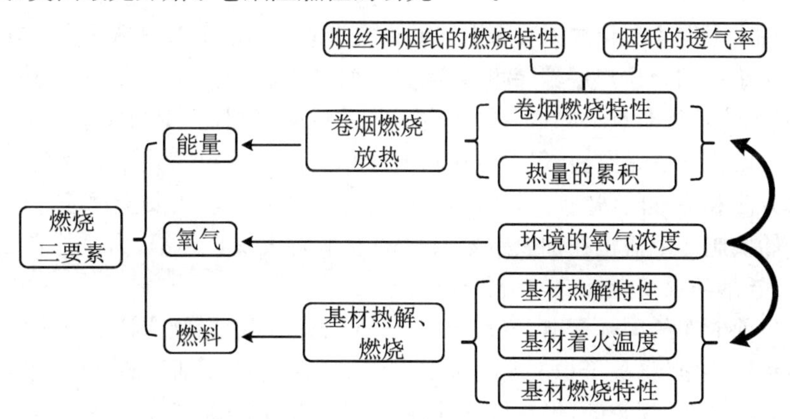

图 3.25　卷烟燃烧和引发火灾的机制及其影响因素

进入21世纪，国际社会对低引燃倾向(Low Ignition Propensity，简称LIP)卷烟的研究日益深入[26-29]。2002年，美国材料与测试协会(简称ASTM)发布了用于测定卷烟引燃倾向的方法的标准ASTM E2187。2003年，美国纽约州率先通过法令，成为世界上第一个强制施行降低卷烟引燃性标准的地区。2004年CORESTA成立了LIP工作组；2005年10月，加拿大成为全世界第一个要求在其境内制造的或进口的卷烟必须符合ASTM E2187规定的国家；2008年ISO组织根据美国国家标准化组织ASNI的申请，成立低引燃倾向测试方法工作组，开始制定低引燃倾向测试方法的国际标准。此外，欧盟、澳大利亚、南非等国家及国际组织也陆续对LIP卷烟的生产、销售进行了立法(图3.26)。可见，LIP卷烟已成为现阶段国际烟草界的一个研究热点。

目前，国际上对于LIP卷烟的测试方法主要采用ASTM E2187标准，国际标准化组织已经通过了基于ASTM E2187的国际标准ISO 12863。我国是烟草生产消费大国，占世界三分之一市场，但对于LIP卷烟的研究尚处于起步阶段，如果采用了该标准，将会对我国卷烟纸的生产、卷烟口味等带来的巨大影响。如果使用国外的LIP卷烟纸，在卷烟生产成本上会比目前使用普通卷烟纸高出5～10倍。

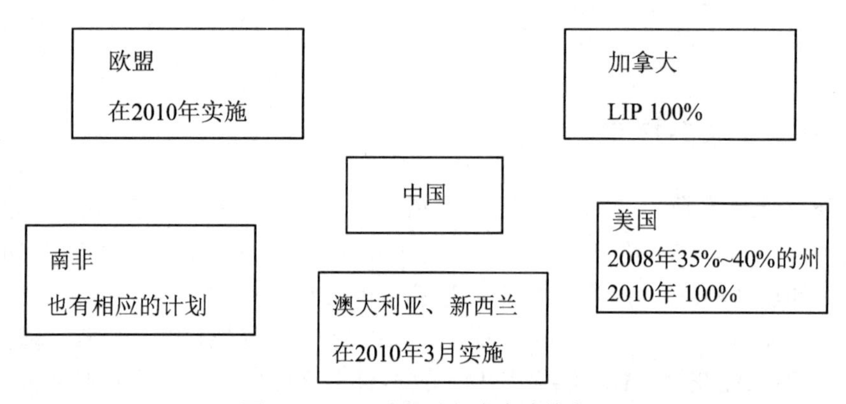

图3.26　LIP卷烟法规在全球的发展

中国每年都发生大量的因吸烟引起的火灾事故。虽然通过制造防火的软家具(软垫家具和床垫)，结合住户烟雾探测器，减少了卷烟引起的火灾损失，但要获得进一步的发展，必须依赖于对点火源本身的研究。与发达国家相比，中国关于卷烟防火安全标准方法的研究几乎是空白，仅停留在对国外相关研究的跟踪关注上，没有开展对自己的测试方法和标准的研究。目前，美国已有自己的卷烟防火安全标准，并在其国内部分州开始实施。欧盟也在加紧制定自己的卷烟防火安全标准，力争能在ISO组织建立关于"卷烟防火安全标准方法"时取得主动。

由于目前颁布的国际标准ISO 12863—2010《卷烟引燃倾向评价方法标准》存在一些不足和较多争议，故ISO 12863特别工作组WG 15"卷烟引燃倾向"组在该国际标准出版后，未按常规解散，仍在持续进行国际标准ISO 12863的完善和修订工作，目前的重点是对基质材料的研究以及对标准样品卷烟的研制。此外，卷烟引燃倾向测试国际标准测试方法存在技术垄断，国外低引燃倾向卷烟的设计也存在诸多专利，已经形成专利保护池，在防火安全法律、标准测试方法及低引燃倾向卷烟设计方面已自成体系，国内很难突破；且低引燃倾向卷烟在国外的推广并未达到降低火灾的预期效果。

热释放量是评价燃烧与火灾的一种手段，已在火灾科学研究领域中广泛使用，氧消耗法也是测定热释放量的一种较为科学的手段。国家烟草质检中心、中国科学技术大学、中科院安徽光机所和安徽中烟等机构[30-32]，在总结多种卷烟引燃性能测试方法的基础上，提出了基于氧消耗原理的卷烟热释放量评价方法，研制了相应的测试系统和测试设备，并开展了准确性实验、重复性实验以及与 ISO 12863 测试方法的对比等实验，确定了该方法的基本原理。

3.3.2 测试原理

国家烟草质检中心在承担质检公益性行业 2011 年度科研专项“卷烟防火安全与引燃倾向测试方法的研究”期间，根据耗氧原理，提出了一种卷烟热释放量评价方法。该方法的测试原理如图 3.27 所示。

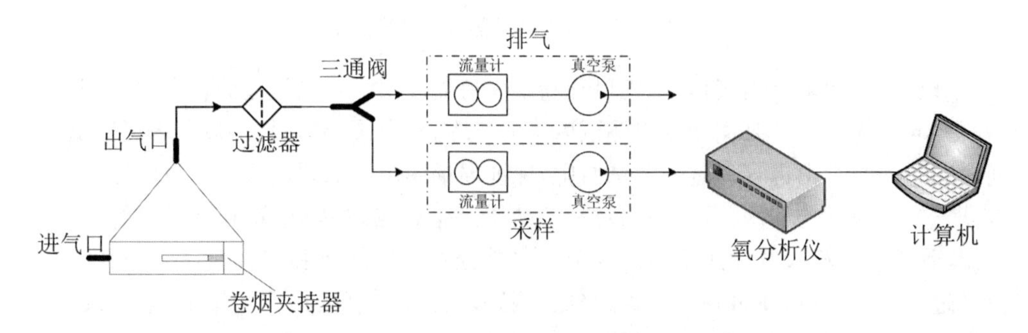

图 3.27 氧消耗法卷烟热释放量测试原理图

当点燃的卷烟放入测试瓶后，系统开始抽吸并计时。气体的初始浓度为 C_0，即为大气中氧气的浓度，实时采集的氧气浓度为 $C(t)$。当卷烟熄灭且气体浓度变为 C_0 时，停止测试，计测试时间为 t_n。设进气口氧气浓度和出气口氧气浓度分别为 $C_{进}$ 和 $C_{出}$，气体抽吸流量为 Q，氧气密度为 ρ，则通过以下公式可以算得总耗氧量和热释放量：

$$耗氧量 = \int_0^{t_n} (C_{进} - C_{出})\mathrm{d}t \times Q \times \rho = \int_0^{t_n} [C_0 - C(t)]\mathrm{d}t \times Q \times \rho \quad (3.25)$$

$$热释放量 = 耗氧量 \times 13.1\ \mathrm{kJ/g} \quad (3.26)$$

3.3.3 系统搭建及设备研制

1. 结构设计

该系统由玻璃测试瓶、过滤装置、流量计、排气泵、采样泵、氧分析仪、计算机等组成，如图 3.28 所示。

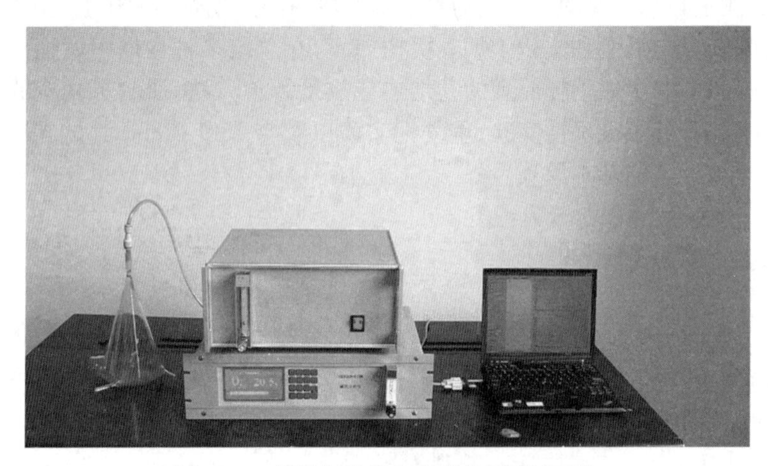

图 3.28 氧消耗法卷烟热释放量测试系统

玻璃测试瓶配有进气口、出气口和卷烟夹持器。出气口经过过滤器及三通阀与两台真空泵相连。真空泵用于排出测试瓶中的气体，真空泵抽吸时，测试瓶内形成负压，使大气中的空气由进气口进入测试瓶中，保证卷烟阴燃所需要的氧气。过滤器用于滤除烟气中的粒相物和水分，避免其对测试结果产生影响，并防止氧分析仪中的传感器受损，延长氧分析仪的使用寿命。两个真空泵分别为排气泵和采样泵，测试瓶中的气体经过过滤装置后，通过一个三通阀分成两路。排气泵直接将烟气排出，采样泵抽出的烟气作为测试样本进入氧分析仪。

测试时，将点燃的卷烟置入测试瓶内，开启排气泵和采样泵，实时测试氧气浓度。氧分析仪与计算机通过串口相连，使用 Microsoft Visual C++ 2008 编写了数据采集分析软件，用以实时采集氧分析仪数据，显示卷烟热释放速率曲线，并计算热释放量。考虑到卷烟个体的差异性，每次测试 10 支卷烟，将 10 支卷烟的热释放量的平均值作为一个有效数据，用以评价卷烟的引燃倾向。

2. 抽吸流量的确定

在火灾隐患中，卷烟坠落的地方基本上为开放的环境，这种环境中卷烟的阴燃可以得到充分的氧气供给。在 ISO 方法的测试过程中，卷烟即处于开放空间中，测试柜主要起避免气流对卷烟燃烧产生干扰的作用。

在新方法中，卷烟的燃烧处于一个相对封闭的玻璃瓶中。通过气泵的抽吸使大气中的空气由进气口进入，而燃烧反应产生的烟气通过排气口排出，以此达到气体交换的目的，保证足够的氧气浓度维持卷烟的阴燃。气体的交换速率与气泵的抽吸流量相关，抽吸流量越大，气体交换速度越快，卷烟的燃烧速率也越快；而抽吸流量较小时，氧气不能充分供给，将导致卷烟熄灭。

实验表明，当抽吸流量为 2.5 L/min 时，卷烟在玻璃瓶中的燃烧速率与其在 ISO 测试柜中的燃烧速率相同，此时可较为准确地测试卷烟在开放环境中阴燃的耗氧量，达到最佳的测试效果。因此，将排气泵的流量调节为 2 L/min，采样泵的流量调节为 0.5 L/min。

3. 系统标定

使用无水乙醇燃烧的耗氧量对测试设备进行标定。根据下列乙醇完全燃烧和不完全燃烧时与氧气反应的化学方程式，可以计算出单位质量的乙醇消耗氧的体积：

$$C_2H_5OH + 3O_2 = 2CO_2 + 3H_2O$$

$$2C_2H_5OH + 5O_2 = 2CO_2 + 2CO + 6H_2O$$

根据上述化学方程式，计算得出，完全燃烧时，每克乙醇消耗氧气 1.46 L；不完全燃烧时，每克乙醇消耗氧气 1.217 L。

使用 0.5 g 的乙醇对设备进行标定，当测得耗氧量在 0.609～0.73 L 范围内时，即热释放量 11.391～13.675 kJ 范围内时，认为设备是准确的。否则，需要检查测试瓶、气泵的抽吸流量及氧分析仪。

3.3.4　实验研究

1. 准确性测试

使用上述研制的卷烟引燃测试设备，在同一实验室条件下，对 0.1～0.5 g 无水乙醇进行测试，测试结果如表 3.12 所示。

表 3.12　无水乙醇热释放量的测试结果(单位:kJ)

组数	0.1 g 乙醇	0.2 g 乙醇	0.3 g 乙醇	0.4 g 乙醇	0.5 g 乙醇
1	2.574	5.371	7.930	10.337	12.934
2	2.510	5.159	8.012	10.446	12.863
3	2.561	5.296	7.984	10.719	13.022
4	2.537	5.393	8.153	10.689	13.426
5	2.694	5.296	8.007	10.513	13.532
6	2.707	5.090	7.975	10.813	13.655

续表

组数	0.1 g 乙醇	0.2 g 乙醇	0.3 g 乙醇	0.4 g 乙醇	0.5 g 乙醇
7	2.332	5.303	7.993	10.723	13.549
8	2.406	5.410	7.645	10.695	11.508
9	2.372	5.243	7.838	10.760	11.983
10	2.450	5.474	7.771	10.801	12.846
平均值	2.514	5.304	7.931	10.650	12.932
标准偏差	0.127	0.117	0.144	0.161	0.704
变异系数	5.05%	2.20%	1.81%	1.51%	5.44%

图 3.29 所示的是一定含量的乙醇对应的热释放曲线,其中"最低参考值(MIN)"是不完全燃烧时的乙醇对应的热释放的理论曲线;"最高参考值(MAX)"是完全燃烧时的乙醇对应的热释放的理论曲线;"实测值"是根据表 3.12 的测量值绘制的曲线。从图中可以看出实际测量的乙醇热释放量在理论参考值范围内,且热释放量与乙醇质量呈线性关系。此外,从表 3.12 可以看出测量数据的变异系数在 5%左右,该设备的稳定性较好。

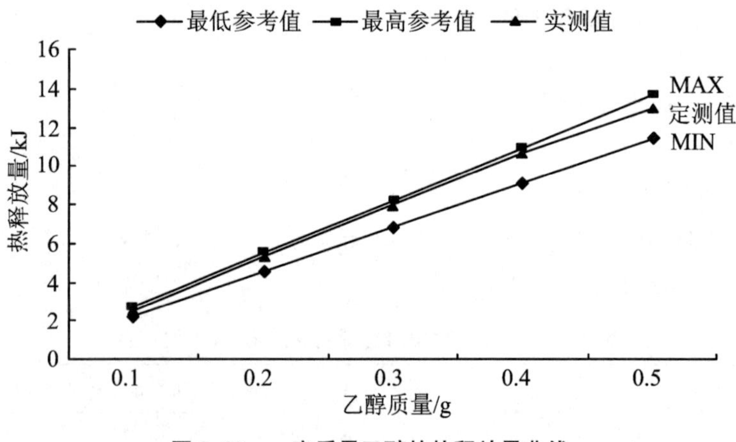

图 3.29 一定质量乙醇的热释放量曲线

2. 卷烟样品测试

使用上述研制的设备测试卷烟样品的热释放量,以 10 支卷烟热释放量的平均值作为一个有效数据,共测试 10 组,结果如表 3.13 所示。

表 3.13　样品卷烟的热释放量测试结果(单位:kJ)

组数＼序号	1	2	3	4	5	6	7	8	9	10	平均值
1	6.931	6.632	6.011	7.364	6.675	6.930	7.094	6.886	6.754	6.633	6.791
2	6.950	6.400	6.535	6.584	6.771	7.413	7.558	7.193	6.793	7.803	7.000
3	6.930	7.243	7.093	7.077	7.607	7.466	6.801	6.755	7.274	6.914	7.116
4	7.228	7.429	7.349	7.452	7.147	6.997	6.665	6.848	6.492	6.343	6.995
5	7.310	7.600	6.865	6.687	6.569	6.831	6.784	6.888	6.287	6.424	6.825
6	6.213	6.778	7.239	6.091	6.597	6.185	6.468	6.774	6.518	6.464	6.533
7	6.055	6.621	6.694	7.234	7.317	6.179	6.889	7.110	7.095	6.991	6.819
8	6.130	6.507	6.986	6.643	6.862	6.400	6.303	5.906	6.143	5.900	6.378
9	6.437	7.397	6.711	6.500	6.576	6.749	6.697	6.182	6.120	5.958	6.533
10	6.455	7.042	6.428	6.129	5.993	6.197	6.270	6.340	6.424	6.354	6.363
总平均值											6.735
标准偏差											0.268
变异系数											3.98%

从表 3.13 可以看出,该样品热释放量测试结果的变异系数小于 4%,表明该设备具有较好的稳定性,能够准确测量卷烟的热释放量。

3. 氧消耗法与 ISO 方法的测试结果对比

实验样品为本项目研制的 5 种 LIP 卷烟及其常规对照卷烟,用氧消耗法重复测试每种卷烟样品各 10 次,取热释放量的平均值,测量结果见表 3.14。按 ISO 12863 测试得到的全长燃烧比例也可见表 3.14。

表 3.14　热释放量和全长燃烧比例测试结果

样品	全长燃烧比例/%	热释放量/kJ
A	7.50	5.50
B	91.50	7.46
C	2.75	4.19
D	91.50	6.66
E	5.00	6.80
F	92.00	7.23
G	0.50	3.95
H	80.42	6.88
I	11.00	6.73
J	100.00	7.80

根据 ISO 12863 和氧消耗法测试 LIP 卷烟和常规卷烟的全长燃烧比例(PFLB)和热释放量的散点图可见图 3.30。从图中可以看出,不同卷烟的热释放量各不相同,LIP 卷烟燃烧过程中的热释放量低于常规卷烟,使用热释放量评价卷烟的引燃倾向的区分度好于 ISO 方法。

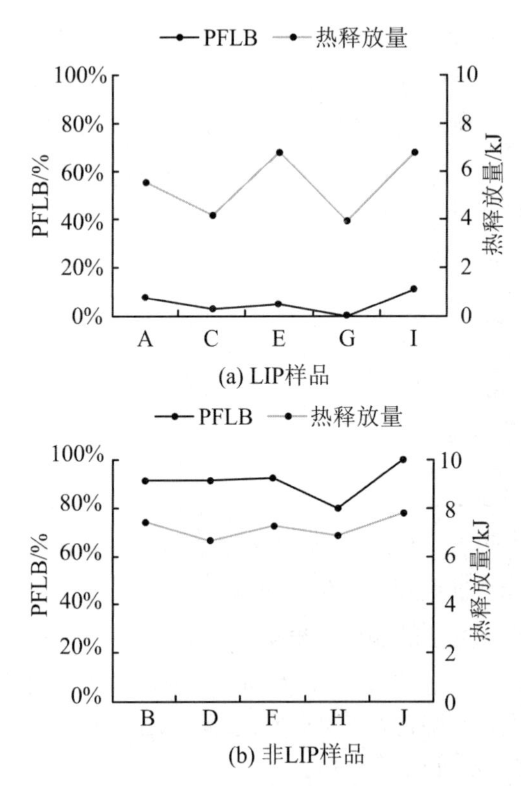

图 3.30 LIP 卷烟和非 LIP 卷烟的全长燃烧比例(PFLB)与热释放量

本方法主要优点体现在:从燃烧理论的角度,研究了卷烟阴燃过程中的热失重、热释放速率等燃烧特性,提出了以热释放量评价卷烟引燃倾向的新方法,并设计了相应的测试系统。比较现有的引燃倾向测试方法,新方法依据经典的燃烧理论,分析了卷烟的热释放与引起火灾之间的关系,具有较高的科学性;可以有效地区分各类卷烟的引燃倾向;简化了测试步骤;避免了滤纸基质的使用,大大降低了测试费用;每组测试 10 支卷烟构成一组有效数据,通过优化测试装置,大大提高了测试效率。综上所述,该方法基于耗氧原理,使用热释放量来评价卷烟的引燃倾向是科学有效的,克服了现有方法的诸多不足,是一种适合我国国情的卷烟引燃倾向测试新方法。

3.4　基于可控等值比法和氧消耗原理实时分析烟草燃烧热释放

燃烧热是烟草和烟草制品燃烧特性的重要参数之一，直接影响着卷烟引燃倾向，如冯茜等人通过对卷烟侧流烟气中氧气含量的分析，计算出卷烟阴燃耗氧量，从而依据氧消耗原理（即材料燃烧每消耗 1 g 氧气，释放出 13.1 kJ 的热量，偏差为±5%）得出卷烟阴燃热释放，以此评价卷烟的引燃倾向[30-32]。然而他们的设计是针对成品卷烟的，无法评价烟草的燃烧热。目前，用于测试材料燃烧热的主要是基于氧消耗原理的锥形量热仪和微燃烧量热仪，且其已在烟草燃烧热的评价中有所应用[10,33-37]。但由于卷烟燃烧环境处于贫氧富氢的阴燃状态[38-41]，而锥型量热仪是用于测试特定规则试样在氧气充足的敞开体系内剧烈燃烧情况下的热释放的，微燃烧量热仪则反映的是微观尺度下物质的热解和燃烧行为。很明显，两者都无法模拟卷烟的贫氧燃烧环境，难以准确测量烟草的燃烧热。

标准 ISO 19700《可控等值比法测定火灾燃烧流出物有害成分》中提出了等值比（φ）的概念，具体是指实验设置的燃料供给速率（$(V_{燃料})_{实际}$）与空气供给速率（$(V_{空气})_{实际}$）之比除以理论燃料供给速率（$(V_{燃料})_{理论}$）与空气供给速率（$(V_{空气})_{理论}$）之比[42,43]，公式如下：

$$\varphi=\frac{\left(\dfrac{V_{燃料}}{V_{空气}}\right)_{实际}}{\left(\dfrac{V_{燃料}}{V_{空气}}\right)_{理论}} \tag{3.27}$$

基于等值比原理设计构建的稳态燃烧装置（SSTF），可通过调控等值比 φ 以及温度，模拟不同的燃烧环境[44-48]。因此，设计构建了烟草稳态燃烧装置和氧分析仪联用测试系统（SSTF-POA），建立了烟草在燃烧状态下热释放实时定量分析方法，考察了温度和等值比对热释放量的影响规律，以为烟草燃烧特性的分析和评价提供参考。

3.4.1　装置构造

稳态燃烧装置和氧分析仪联用测试系统（图 3.31），主要由一级进气、二级进气、石英舟、步进电机、石英管、加热炉、稀释混合箱、过滤器、顺磁性氧气分析仪、计算机等组成；其中顺磁性氧气分析仪采集数据的频率为一秒一个。

3.4.2　实验方法

烤烟烟草样品：2011 年，云南普洱，云 87，C_2F 级。先于 40 ℃烘箱中干燥 8 h，然后用粉碎机磨成粉末，过 100 目筛备用。烟草粉末在实验前于(22±1) ℃和(60±2)%相对湿度下平衡 48 h。将 20 g 烟草粉末均匀铺在 80 cm 石英舟上，一级进气和二级进气的流量总和为 50 L/min，石英舟推进速率设为 6 cm/min。为考察温度和等值比的影响，共设计了两套实验方案。

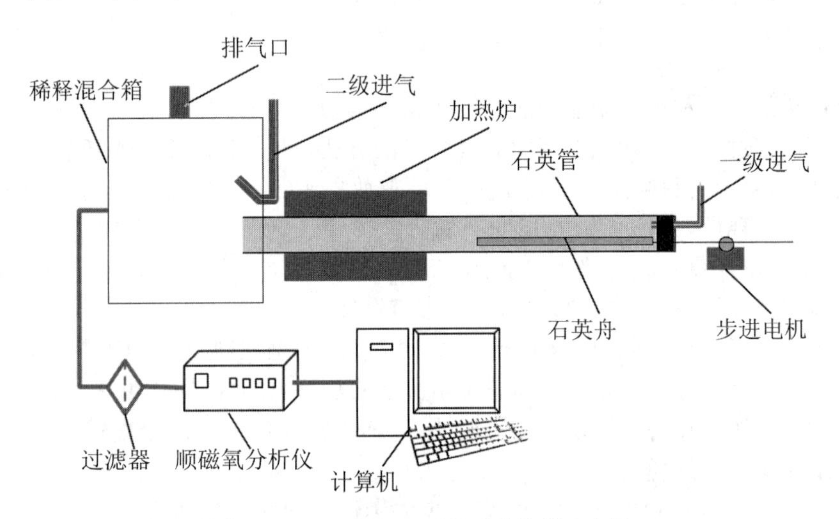

图 3.31　SSTF-POA 测试系统结构示意图

实验方案一：固定等值比 φ 为 1.5，将烟草粉末在 700 ℃、750 ℃、800 ℃、850 ℃、900 ℃下分别进行稳态燃烧实验。

实验方案二：固定燃烧温度为 800 ℃，将烟草粉末在等值比 φ 为 0.5，1，1.5，2，2.5，3 下分别进行稳态燃烧实验。

每个实验重复 3 次，最终数据为 3 次实验结果的平均值。

3.4.3　烟草稳态燃烧实验条件的确定

元素分析结果表明，烟草中 C、H、O、N 和 S 的质量分数分别为 43.24%、3.29%、42.98%、1.93%和 0.77%。设定这 5 种元素所组成的化合物通式为$C_xH_yO_zS_pN_q$，结合元素分析结果，可简化为$C_{360}H_{629}O_{269}N_{14}S_2$，其在氧气中充分燃烧热解的化学式如下[17,18]：

$$C_{360}H_{629}O_{269}N_{14}S_2 + 398.75O_2 \rightarrow 360\,CO_2 + 314.5H_2O + 2\,SO_2 + 14\,NO_2$$

则在给定的温度(T=25 ℃)和压力(P=1 atm)下，1 g 烟草样品中元素 C、H、O、N 和 S 充分燃烧热解时所需氧气的体积如式(3.28)所示：

$$\begin{aligned}(V_{\text{氧气}})_{\text{理论}} &= \frac{n_{\text{氧气}}RT}{P} = 398.75 \times \frac{1 \times 0.95\,207}{9\,520.7} \times \frac{8.314 \times 298.15}{101\,300} \\ &= 0.976(\text{L})\end{aligned} \tag{3.28}$$

由于 C、H、O、N 和 S 的百分含量总和高达 95.21%，其充分燃烧理论耗氧量基本上可

以代表烟草的充分燃烧理论耗氧量，因此 1 g 该烟草恰好充分燃烧的理论空气消耗量为

$$(V_{空气})_{理论} = \frac{(V_{氧气})_{理论}}{0.21} = 4.65\ (\mathrm{L}) \tag{3.29}$$

此时，如果烟草的供给速率为 1 g/min，则空气的供给速率应为 4.65 L/min，因而有

$$\left(\frac{V_{烟草}}{V_{空气}}\right)_{理论} = \frac{1}{4.65} = 0.215\ (\mathrm{g/L}) \tag{3.30}$$

选取 $\varphi=\varphi_0$，则可得

$$\left(\frac{V_{烟草}}{V_{空气}}\right)_{实际} = \varphi_0\left(\frac{V_{烟草}}{V_{空气}}\right)_{理论} = 0.215\varphi_0\,(\mathrm{g/L}) \tag{3.31}$$

当将 20 g 烟粉均匀铺在 80 cm 的石英舟上时，石英舟推进速度为 6 cm/min，则烟草供给速率为

$$(V_{烟草})_{实际} = \frac{20}{80}\times 6 = 1.5\ (\mathrm{g/\,min}) \tag{3.32}$$

则空气实际流量为

$$(V_{空气})_{实际} = \frac{(V_{烟草})_{实际}}{\varphi_0\left(\frac{V_{烟草}}{V_{空气}}\right)_{理论}} = \frac{1.5}{0.215\varphi_0} = \frac{6.98}{\varphi_0}\ (\mathrm{L/\,min}) \tag{3.33}$$

基于以上方法计算出不同等值比 φ 条件下的稳态燃烧实验参数，结果如表 3.15 所示。

表 3.15　不同等值比下稳态燃烧实验参数

实验编号	等值比	$(V_{烟草})_{实际}$/(g/min)	$(V_{空气})_{实际}$/(L/min)
A	0.5	1.5	13.96
B	1	1.5	6.98
C	1.5	1.5	4.65
D	2	1.5	3.49
E	2.5	1.5	2.79
F	3	1.5	2.33

3.4.4　烟草燃烧热释放的计算方法

图 3.32 所示的是在 800 ℃、等值比 φ 为 1 时烟草燃烧 O_2 体积百分比(f_{O_2})随时间变化关系的 3 次测试结果。可以看出，烟草燃烧 f_{O_2} 呈现如下趋势：

在初始 100 s 左右 f_{O_2} 基本维持在 21%，原因是石英舟前端离加热炉尚有一段距

离。在石英舟前端面进入加热炉前，通过石英管的一级进气中的氧气浓度不会发生变化。

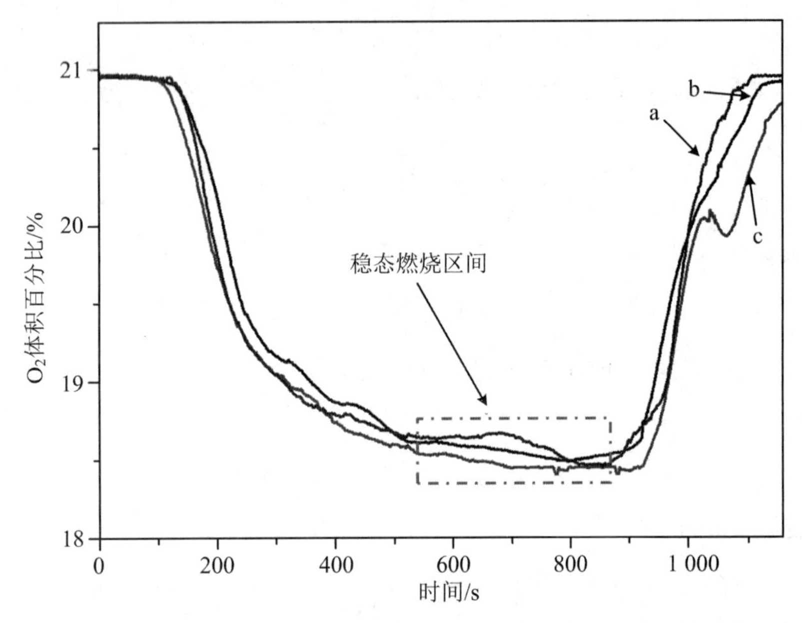

图 3.32　烟草在 800 ℃、等值比为 1 燃烧时氧气体积百分比随时间变化的三次测试结果

自石英舟进入加热炉始，烟草开始燃烧耗氧，导致f_{O_2}快速降低，直至烟草供应、一级进气、二级进气以及烟草燃烧相平衡，f_{O_2}达到平稳，这个阶段可视为烟草稳态燃烧阶段(具体如图 3.32 中标注所示)。

在燃烧后期，烟草已经基本燃烧完毕，流经石英管的一级进气中氧气不再被消耗，f_{O_2}则开始恢复初始浓度。

从以上分析可以看出，在烟草的稳态燃烧阶段，f_{O_2}波动较小，求取此阶段 O_2平均体积百分比($\overline{f_{O_2}}$)作为烟草稳态燃烧时的 O_2体积百分比具有合理性和可行性。如图 3.32 所示，烟草稳态燃烧区间在 550～850 s，在此区间内$\overline{f_{O_2}}$为曲线 a、b、c 各自稳态区间内 O_2体积百分数 3 者加和的平均，公式如下：

$$\overline{f_{O_2}}=\frac{\dfrac{\left[\sum\limits_{i=550}^{850}(f_{O_2})_i\right]_a}{850-550+1}+\dfrac{\left[\sum\limits_{i=550}^{850}(f_{O_2})_i\right]_b}{850-550+1}+\dfrac{\left[\sum\limits_{i=550}^{850}(f_{O_2})_i\right]_c}{850-550+1}}{3}=18.556\% \quad (3.34)$$

在烟草燃烧过程中，用于燃烧烟草的一级进气流量 V_1 为 6.98 L/min；用于燃烧产物冷却稀释的二级进气流量 V_2 为 43.12 L/min。由于一级进气中的氧气含量只有 21%，而且其体积数的降低在一定程度上抵消了烟草燃烧生成的气体。假设烟草充分燃烧，则在环境温度下，燃烧前后气体摩尔数的变化率为

$$\frac{3.9875-3.76}{3.9875}\times 100\%=-5.7\%$$

一级进气的体积变化率为

$$\frac{V_1 \times 0.21 \times (-5.7\%)}{V_1} = -1.2\%$$

则双级进气的体积变化率为

$$-1.2\% \times \frac{V_1}{V_1 + V_2} = -0.17\%$$

因而烟草燃烧导致的一级进气体积变化对双级进气体积的影响是可以忽略的，也就是说，最终气体总量仍可视为

$$V_1 + V_2 = 50\ (\mathrm{L/min})$$

因此 1 min 内消耗的氧气的体积为

$$\Delta V_{O_2} = 50 \times (0.21 - \overline{f_{O_2}}) = 50 \times (0.21 - 0.18566) = 1.217\ (\mathrm{L/min})$$

燃烧实验的环境温度为 25 ℃，则 1 min 内消耗氧气质量为

$$V_{O_2} = \rho_{O_2} \Delta V_{O_2} \times \frac{T_0}{T} = 1.429 \times 1.217 \times \frac{273.15}{298.15} = 1.593\ (\mathrm{g/min})$$

结合氧消耗原理，1 min 内烟草燃烧释放热量为

$$H_R = 13.1 \times V_{O_2} = 13.1 \times 1.593 = 20.868\ (\mathrm{kJ/min})$$

所以 1 g 该烟叶在 800 ℃、等值比 $\varphi=1.0$ 时的燃烧热释放为

$$H = \frac{H_R}{(V_{烟叶})_{实际}} = \frac{20.868}{1.5} = 13.91\ (\mathrm{kJ/g}) \tag{3.35}$$

3.4.5　烟草燃烧热释放的影响因素

根据 3.4.4 节中所述方法分别计算出烟草在各个条件下的燃烧热，并对温度和等值比分别作图(图 3.33)。其中图 3.33(a)所示的是等值比为 1.5 时，燃烧热释放随温度的变化关系；图 3.33(b)所示的是温度为 800 ℃时，燃烧热释放随等值比的变化关系。从图 3.33(a)中可以看出当温度从 700 ℃升至 900 ℃时，烟草燃烧热释放呈现出升高趋势。此阶段烟草燃烧热由两部分贡献：处于凝聚相中烟草氧化放热和烟草裂解的气相产物氧化放热。由于气相产物与凝聚相中烟草相比更能充分接触空气，其氧化放热相对更为彻底。而随温度升高，烟草裂解的气相产物更多，从而使其燃烧热释放更大。

从图 3.33(b)中可以看出，随着等值比的提高，烟草燃烧热释放则逐渐降低。根据文献[44,45]，等值比 φ 小于、等于以及大于 1，分别代表材料在空气充足、化学当量比以及贫氧环境下稳态燃烧，通常来说，等值比越大，材料稳态燃烧环境的贫氧程度越高。因此，图 3.33(b)中曲线的趋势表明贫氧程度越高，烟草燃烧热释放越低。这明显是由于较低的氧气含量致使氧化放热反应不充分造成的。

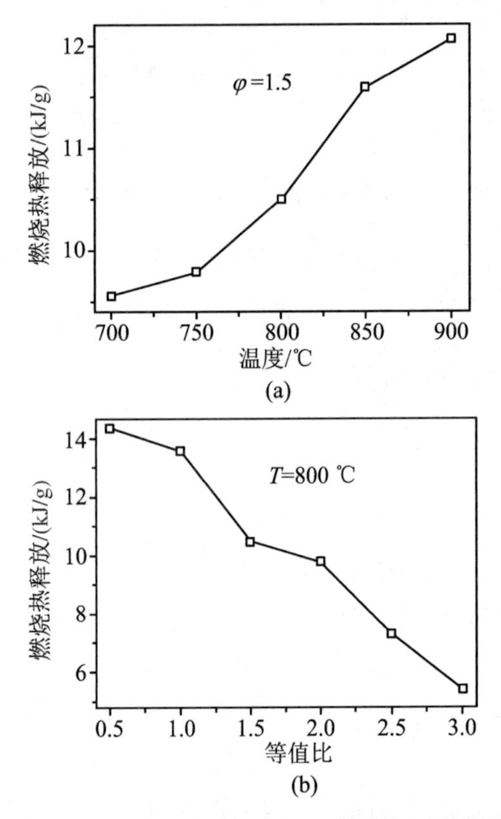

图 3.33 烟草燃烧热释放随温度(a)和等值比(b)的变化曲线

参 考 文 献

[1] THORNTON W. The relation of oxygen to the heat of combustion of organic compounds[J]. Philosophical Magazine and Journal of Science, 1917, 33 (196):28 - 37.

[2] CLAYTON HUGGETT. Estimation of rate of heat release by means of oxygen consumption measurements[J]. Fire and Materials, 1980, 4(2):61 - 65.

[3] 张军,等. 聚合物燃烧与阻燃技术[M]. 北京:化学工业出版社,2005.

[4] ISO 5660. Fire test, reaction to fire, rate of heat release from building products[S]. ISO, Geneva, 1993.

[5] GB/T 16172 — 1996. 中国国家标准汇编(219)[S]. 北京:中国标准出版

社,1997.

[6] USER'S GUIDE FOR THE CONE CALORIMETER. U. K.:fire testing technology limited[S]. 2000.

[7] 王程辉,周顺,徐迎波,等. 再造烟叶丝、膨胀丝和膨胀梗丝的燃烧特性[J]. 烟草科技,2013(1):5-9.

[8] TSAI K C, DRYSDALE D. Using cone calorimeter data for the prediction of fire hazard[J]. Fire Safety J, 2002, 37:697-706.

[9] PETRELLA R V. The assessment of full-scale fire hazards from cone calorimeter data[J]. J Fire Sci,1994, 12(1):14-43.

[10] 付丽华,张瑞芳,石龙. 基于锥形量热仪实验的卷烟及其包装材料燃烧特性研究[J]. 火灾科学,2009(18):20-25.

[11] 王正洲,袁宏永,范维澄,等. 烟叶的燃烧和着火特性的研究[J]. 火灾科学,2000(9):44-48.

[12] RICHARD E L, RICHARD N W. Pyrolysis combustion flow calorimetry[J]. J Anal Appl Pyrolysis, 2004, 71:27-46.

[13] 汤银才. R语言与统计分析[M]. 北京:高等教育出版社,2012:229-271.

[14] 王斌会. 多元统计分析及R语言建模[M]. 广州:暨南大学出版社,2011:57-99.

[15] 郭东锋,姚忠达,舒俊生. 烤烟淀粉含量与卷烟主流烟气常规指标关系分析[R]. 2013, 19:29-32.

[16] 夏鸣,李金广,乔国宝,等. 烤烟的燃烧特性及动力学分析[J]. 烟草科技,2012,304:38-41.

[17] 袁龙,郑丰,谢映松,等. 不同类型烟草样品的热分析研究[J]. 安徽农业科学,2010,38:16842-16843.

[18] 辜小波. 烟草硫素的研究进展[EB/OL]. http://www.tobaccochina.com/tobaccoleaf/tutorial/other/201212/2012112993927_544495.shtml.

[19] 陈晓波. 钾素在烟草中的作用及提钾途径探索(上)[EB/OL]. http://www.tobaccochina.com/tobaccoleaf/tutorial/farming/200712/2007122618923_283296.shtml.

[20] 胡源,宋磊,尤飞,等. 火灾化学导论[M]. 北京:化学工业出版社,2007.

[21] SPEARS A W, RHYNE A L, NORMAN V. 卷烟对软家具引燃倾向实验中考虑因素[J]. J Fire Sci, 1995:59-83.

[22] DWYER R W, FOURNIER L G, LEWIS L S, et al. 家具装饰材料性能对阴燃卷烟引燃性的影响Ⅱ[J]. J Fire Sci,1994:268-283.

[23] LEWIS L S, MORTON, M J, NORMAN V. 家具装饰材料性能对阴燃卷烟引燃性的影响 II[J]. J Fire Sci,1995:445-471.

[24] HIRSCHLER M M. 卷烟引燃家具装饰物与引燃粗棉布的性能对比(500 种材料研究)[J]. J Fire Sci, 1997:123 - 141.

[25] EBERHARDT K R, LEVENSON M S,和 GANN R G. 测试卷烟引燃性物质[J]. J Fire Sci, 1997:259 - 264.

[26] GANN R G, LEVENSON M S,EBERHARDT K R. 测试卷烟引燃性物质 II:300 种材料研究[R]. 2000.

[27] OHLEMILLER T J, VILLA K M, BRAUN E, et al. 量化卷烟引燃软家具倾向的测试方法[S]. 盖士堡:国家标准与技术研究所, 1993.

[28] GANN R G, STECKLER K D, RUITBERG S, et al. 测试市场卷烟相对引燃性[S]. 盖士堡:国家标准与技术研究所,2001.

[29] KRAKER. The effect of tobacco blend and density on print banded lip cigarettes[S]. CORESTA,2004.

[30] 中国烟草总公司郑州烟草研究院. 一种评价卷烟阴燃倾向测试方法[P]. 201310475479,X.

[31] 中国烟草总公司郑州烟草研究院. 基于耗氧原理的卷烟阴燃倾向测试装置[P]. 201310475518,6.

[32] 胡源,袁必和,宋磊,等. 一种卷烟燃烧热的测量装置及测量方法[P]. 2013103229484.

[33] 付丽华, 张瑞芳, 石龙. 基于锥形量热仪实验的卷烟及其包装材料燃烧特性研究[J]. 火灾科学, 2009, 18:20 - 25.

[34] 周顺,王程辉,徐迎波, 等. 烤烟、白肋烟和香料烟的燃烧行为和热解气相产物比较[J]. 烟草科技, 2011(2):35 - 38.

[35] 周顺, 徐迎波, 王程辉, 等. 柠檬酸在卷烟阴燃状态下的热解特性[J]. 烟草科技, 2011(9):45 - 49.

[36] 周顺, 徐迎波, 王程辉, 等. 比较研究纤维素、果胶和淀粉的燃烧行为和机理[J]. 中国烟草学报, 2011, 17:1 - 9.

[37] ZHOU S, XU Y B, WANG C H, et al. Pyrolysis behavior of pectin under the conditions that simulate cigarette smoking[J]. J Anal Appl pyrolysis, 2011, 91:232 - 240.

[38] BAKER R R. Smoke chemistry[M]. Oxford:Blackwell Science Ltd, 1999:398 - 439.

[39] BAKER R R, KILBURN K D. The distribution of gases within the combustion coal of a cigarette[J]. Beitr Tabakforsch, 1973(7):79 - 87.

[40] BAKER R R. Temperature distribution inside a burning cigarette [J]. Nature, 1974, 247:405 - 406.

[41] BAKER R R. Gas velocities inside a burning cigarette[J]. Nature, 1976,

264:167－169.

[42] ISO/TS 19700. Controlled equivalence ratio method for the determination of hazardous components of fire effluents[S]. 2006.

[43] 唐刚. 聚乳酸/次磷酸盐复合材料的制备、阻燃机理以及烟气毒性研究[D]. 合肥:中国科学技术大学,2013.

[44] HULL T R, STEC A A, LEBEK K, et al. Factors affecting the combustion toxicity of polymeric materials[J]. Polym Degrad Stab, 2007, 92: 2239－2246.

[45] STEC A A, HULL T R, LEBEK K. Characterisation of the steady state tube furnace (ISO TS 19700) for fire toxicity assessment[J]. Polym Degrad Stab, 2008, 93:2058－2065.

[46] WILKIE C A, MORGAN A. Fire retardancy of polymeric materials[M]. 2nd. CRC Press Boco Raton. 2009, 17:453－477.

[47] HULL T R, STEC A A, LEBEK K, et al. Factors affecting the combustion toxicity of polymeric materials[J]. Polym Degrad Stab, 2007, 92: 2239－2246.

[48] YANG Z X, ZHANG S H, LIU L, et al. Combustion behaviours of tobacco stem in a thermogravimetric analyser and a pilot-scale fluidized bed reactor [J]. Bioresour Technol, 2012, 110:595－602.

第4章　卷烟燃烧热解数值模拟技术

目前计算机数值模拟技术已发展成为重要的研究手段，它能弥补实验手段的不足，减少实验量，是对现有研究手段的重要拓展与补充。在卷烟燃吸过程研究领域，通过数值模拟可以对卷烟燃烧过程和机理进行深入分析，解决实验方法不能测定或者难以准确测定的物理过程和相关参数变化后的燃吸过程的规律性，比如研究卷烟燃烧过程中有害成分的形成过程以及各种变量（包括烟草成分、抽吸参数、烟支结构、卷烟材料、添加剂和加工措施等）对烟气组分分布的影响，进而用数学和物理方法去分析卷烟的燃烧过程。建立数学模型，可以解决实验方法不能测定或者难以准确测定的物理过程和相关参数变化后的烟气组分分布规律，从而有针对地改良卷烟质量及提高吸食安全性，对卷烟生产有一定的指导意义。

4.1　卷烟燃烧数值模拟研究现状

卷烟燃烧模型始建于20世纪60年代，发展至今，按照卷烟燃烧模式的不同，可分为阴燃模型和吸燃模型。卷烟燃烧循环中阴燃和吸燃的概念框架已经提出[1]，但在这个概念框架中，对于卷烟吸燃的分析能力有限，因为此过程的气体流速快速增加，而且在燃烧区后端的烟草将出现预热现象。对于卷烟阴燃而言气体的流速是确定的，所以此过程发生的反应在化学计量学和动力学的应用范围内，因此针对卷烟阴燃的模型较多。

卷烟的燃烧过程可以看成是一个小型的化学反应系统，其中包含烟草的热解和燃烧反应以及卷烟内部质量、能量和动量的传递。因此，要建立卷烟的阴燃和吸燃模型，首先要建立烟草的热解和燃烧模型，为后续卷烟燃烧模型的建立提供可靠的化学反应动力学数据，其中包括反应的活化能，指前因子和反应级数等等，之后再加入质量、能量和动量传递方程以及其他相关的变量方程。

4.1.1　烟草热解反应动力学模型

虽然在卷烟燃烧内部主要可分为两个区域：燃烧放热区和热解蒸馏吸热区，但是除了 CO 和 CO_2 之外，大部分的烟气组分来自热解蒸馏区，因此目前文献中所报道的主要是烟草热解反应动力学模型。

针对焦油生成的烟草热解反应动力学模型已有文献报道。研究表明当烟草在一个无氧的气氛下进行非等温加热时，气流速度的变化对气态产物生成速率的影响很小。在烟草表面和气态物质之间的质量传递是十分迅速的，产物的生成速率主要受化学反应动力学控制，在其控制范围内所收集的动力学参数则被用于模拟卷烟的阴燃过程。在这些烟草热解反应动力学模型中，有些模型是一维的[2,3]，有些模型是二维的[4,5]，而大部分的模拟数据则来源于热重实验。TGA 技术已经被广泛应用于研究生物质的热解反应研究，它也是研究烟草热解反应的有利工具，其可在温和的升温速率条件下提供准确的热解反应实验数据。模型模拟中所使用的升温速率范围很广，然而大部分的升温速率都要比实际卷烟在阴燃和吸燃条件下的升温速率慢很多。Muller 等[6]得到在空气条件下，升温速率在 5～300 ℃/min 范围内的动力学参数，此模型所有的反应均假设为一级反应，并利用阿伦尼乌斯公式对实验数据进行拟合，确定了反应的活化能和指前因子。Encinar[7]根据气体的生成情况建立了低升温速率条件下的热解反应动力学模型。

烟草中大多数的有机物具有各种各样的热解产物，甚至相同的化学物质由于其所在的环境不同，也会发生不同的反应。各种反应的分布经常与活化能的高斯分布保持一致。自 1985 年来，活化能的高斯分布已经被用于研究生物质的热解反应动力学。Avni 等[8]应用活化能的高斯分布研究木质素热解过程中挥发性物质的形成，之后这种研究方法还被应用于许多的生物质热解反应，这其中就包括烟草的热解反应。Varhegyi 等[9]利用 TGA - MS 技术，以活化能的高斯分布理论建立了烟草热解反应动力学模型。

最具综合性的烟草热解反应动力学模型来自 Bassilaki[10]和 Wojtowicz[11]，他们利用计算流体力学(Computational Fluid Dynamics，简称 CFD)软件模拟了烤烟、白肋烟和香料烟热解过程中的物种生成情况(焦油、尼古丁、CO、CO_2 和 NH_3 等)。实验利用了热分析仪，升温速率为 1～100 ℃/min，气体产物通过傅里叶红外仪进行检测，获得烟草热解反应的实验数据。之后根据一级平行反应的假设以及活化能的高斯分布理论建立烟草热解反应动力学模型，通过试差法得到主要烟草成分在不同反应条件下所对应的指前因子 A、活化能 E 以及烟气成分的总生成量 v^*(表 4.1)。但是此模型并未考虑到质量、能量和动量传递以及卷烟纸的渗透率等因素，所以该模型对某些物种的生成情况模拟得较为合理，而对于另一些物种的生成情况则与文献报道值有很大的差别。

因此，在烟草热解反应动力学模型的基础上，加入质量、能量和动量传递方程以及其他相关的变量方程，是建立卷烟燃烧模型的必要条件，唯此方能达到模拟值与实验值吻合较好的理想状态。

表 4.1 烟草热解动力学模型[11]

动力学方程	各符号的定义
$$\frac{v^*-v}{v^*}=\frac{1}{\sigma(2\pi)^{1/2}}\int_{-\infty}^{\infty}\exp\left[-A\int_0^t\exp\left(-\frac{E}{RT}\right)\mathrm{d}t-\frac{(E-E_0)^2}{2\sigma^2}\right]\mathrm{d}E \quad (4.1)$$	v^*：烟气成分总生成量；v：烟气成分实时生成量；σ：高斯分布的宽度；A：指前因子；T：温度；E：活化能；E_0：平均活化能

4.1.2 国内外卷烟燃烧模型研究现状

对于卷烟的阴燃过程，有两个很重要的控制参数：燃烧区 O_2 的浓度以及热损失。Egerton[12]和 Guan[13]研究了在自然对流条件下的卷烟的阴燃过程，假设卷烟的燃烧受 O_2 扩散的影响，建立了一个二维的模型，并预测了燃烧锥温度的分布特征。Jenkins 等[14]测定了在阴燃过程中的密度变化以及对应的温度分布。根据实验所测得的温度和气体分布，Baker 等[15]利用简化的能量和质量传递方程，预测了稳态阴燃过程中化学产物的生成速率。Moussa 等[16]建立了圆柱形纤维质的阴燃机理，模型很好地解释了 O_2 的摩尔分率以及分压对阴燃速度和温度的影响。但此时的实验数据和理论研究还不能完全地定义阴燃的反应机理。

1973～1981 年，Muramatsu 等[17]全面研究了阴燃的性质，通过：① 测量烟草的有效传热系数和比热容。② 对烟草进行热分析。③ 测量 O_2 的浓度和放热量。④ 建立热解蒸馏区的模型，预测温度变化和密度变化。⑤ 建立一个卷烟阴燃的较全面的理论，同时考虑燃烧区和热解蒸馏区，从而预测了卷烟的阴燃速率和温度分布。Muramatsu 等假定在气固相间存在热平衡，模型中展示了烟草在蒸发热解区存在 4 个步骤，认为烟草由 4 种前体以及水分组成，它们在烟草热解过程中生成 4 种挥发性产物，并有焦油和灰炭形成。该模型预测的卷烟阴燃速率和温度分布和实验值吻合较好。

自 1980 年以来，大量的工作主要关注在多孔性物质燃烧模型的建立上，但却较少关注卷烟燃烧数学模型的建立。2003 年，Hajaligol 等[18]致力于用 Fluent 软件建立一个模型，其包括卷烟燃烧过程中的质量、能量和动量传递以及化学反应，该模型把燃烧过程中卷烟纸透气度以及卷烟长度的变化也考虑了进去。模型预测了卷烟阴燃过程中的温度变化特征、物种的浓度变化以及燃烧速率，其与实验值吻合较好。模型中最重要的参数是卷烟纸的透气度，即在卷烟边界 O_2 的质量传递以及表面的热传递系数。但此模型仍有改进的空间。2006 年，江威等[19]利用模型模拟了卷烟阴燃时的温度场分布，模拟结果与实验结果相符合。

目前，对于卷烟的吸燃模型研究较少。2004 年，Hajaligol 等[20]建立了可同时模拟卷烟阴燃和吸燃的三维模型，并用该模型模拟了主流烟气中 CO、CO_2 和 O_2 的产率以及 CO 递送量随抽吸口数的变化，计算结果基本与实验结果一致。2005 年，Yi 等[21]模拟了不同的卷烟类型(烤烟、白肋烟、香料烟)对某些烟气组分在阴燃和吸燃时产率的影响。但是该模型较为简化，未考虑温度和浓度梯度，某些预测结果与实验结果拟合较好，但是也有些预测结果与实验结果有很大的差距。这主要是由于该模型对于烟草的热物性研究较少，烟草结构的变化、二级热解反应、传质传热过程都未加入到模型中。几种模型详见表 4.2。

表 4.2　卷烟的阴燃和吸燃模型

模 型 内 容	相关文献
在自然对流条件下，假设卷烟的阴燃受 O_2 扩散的影响，建立了一个二维的模型，并预测了燃烧锥温度的分布特征	Egerton, et al, 1963[12]
根据实验所测得的温度和气体分布，利用简化的能量和质量传递方程，预测了稳态阴燃过程中化学产物的生成速率	Baker, 1977[15]
建立了圆柱形纤维质的阴燃机理，模型很好地解释了 O_2 的摩尔分率以及分压对阴燃速度、温度的影响	Moussa, et al, 1977[16]
全面研究阴燃的性质，建立模型用于预测燃烧速率、温度分布	Muramatsu, et al, 1979[17]
模型预测了卷烟阴燃过程中的温度变化特征、物种的浓度变化以及燃烧速率	Hajaligol, et al, 2003[18]
模拟卷烟阴燃时的温度场分布	江威，等，2006，[19]
建立可同时模拟卷烟阴燃和吸燃的三维模型，并用该模型模拟了主流烟气中 CO、CO_2 和 O_2 的产率	Hajaligol, et al, 2004[20]
模型模拟了不同的卷烟类型(烤烟、白肋烟、香料烟)对某些烟气组分在阴燃和吸燃时产率的影响	Yi, et al, 2005[21]

经过几十年的深入研究，技术人员已经对卷烟的燃烧过程有了较理性的认识，建立了几种卷烟燃烧的数学模型。但是目前的卷烟燃烧模型还都相对片面，仅能模拟卷烟燃烧的某个反应或者某个类型，并且还有一些模型并未将质量、能量和动量传递以及其他变量对卷烟燃烧的影响考虑进去，因而未能真正地模拟卷烟实际的燃烧过程。同时，这些模型所使用的数据大部分来自文献中报道的少数几篇文献，造成可用的实验数据与模拟未能紧密联系。随着数值计算技术的发展和对卷烟燃烧过程的深入研究，建立全面系统的卷烟燃烧模型，将为烟草的加工工艺以及低焦油卷烟的设计提供量化依据，可提高卷烟的设计、生产水平和产品质量。

4.2 基于计算流体力学软件的数值模拟技术

计算流体动力学(Computational Fluid Dynamics,简称 CFD)是流体力学的一个分支。CFD 是近代流体力学、数值数学和计算机科学结合的产物,是一门具有强大生命力的边缘科学。它以电子计算机为工具,应用各种离散化的数学方法,对流体力学的各类问题进行数值实验、计算机模拟和分析研究,以解决各种实际问题。

4.2.1 CFD 软件总体介绍[22-27]

计算流体力学和相关的计算传热学、计算燃烧学的原理是用数值方法求解非线性联立的质量、能量、组分、动量和自定义的标量的微分方程组,求解结果能预报流动、传热、传质、燃烧等过程的细节,并成为过程装置优化和放大定量设计的有力工具。计算流体力学的基本特征是数值模拟和计算机实验,它从基本物理定理出发,在很大程度上替代了耗资巨大的流体动力学实验设备,在科学研究和工程技术中产生了巨大的影响,是目前国际上一个强有力的研究领域,是进行传热、传质、动量传递及燃烧、多相流和化学反应研究的核心和重要技术,广泛应用于航天设计、汽车设计、生物医学工业、化工处理工业、涡轮机设计、半导体设计、HVAC&R 等诸多工程领域。板翅式换热器设计是 CFD 技术应用的重要领域之一。

CFD 在最近 20 年中得到了飞速发展,除了计算机硬件工业的发展给它提供了坚实的物质基础外,还主要因为无论分析的方法或实验的方法都有较大的局限。例如,由于问题的复杂性,既无法作分析解,也因费用昂贵而无力进行实验确定,而 CFD 的方法正具有成本低和能较理想地模拟较复杂的过程等优点。经过一定检验的 CFD 软件可以拓宽实验研究的范围,减少昂贵成本的实验工作量。在给定的参数下用计算机对现象进行一次数值模拟相当于进行了一次数值实验,历史上也曾有过首先由 CFD 数值模拟发现新现象而后由实验予以证实的例子。CFD 软件一般能推出多种优化的物理模型,如定常和非定常流动、层流、紊流、不可压缩和可压缩流动、传热、化学反应等等。对每一种物理问题的流动特点,都有合适的数值解法,用户可对显式或隐式差分格式进行选择,以期在计算速度、稳定性和精度等方面达到最佳。CFD 软件之间可以方便地进行数据交换,并采用统一的前/后处理工具,这就省去了科研工作者在计算机方法、编程、前/后处理等方面投入的重复、低效的劳动,而可以将主要精力和智慧用于对物理问题本身的探索上。

CFD 软件的一般结构由前处理、求解器、后处理 3 部分组成。前处理、求解器及后处理 3 大模块,各有其独特的作用,如表 4.3 所示。

表 4.3　CFD 软件的一般结构及作用

	前处理	求解器	后处理
作用	① 几何模型； ② 划分网格	① 确定 CFD 方法的控制方程； ② 选择离散方法进行离散； ③ 选用数值计算方法； ④ 输入相关参数	速度场、温度场、压力场及其他参数的计算机可视化及动画处理

目前比较好的 CFD 软件有：CFX、FLUENT、Phoenics、Star-CD、CFdesign 以及 6SigmaDC，除了 FLUENT、CFdesign 是美国公司的软件外，其他几个都是英国公司的产品。不同软件具有不同的特色和功能，应用领域也不相同。本节重点介绍两款在卷烟燃烧热解数值模拟领域常用的 CFD 软件，即 FLUENT 和 OpenFOAM 软件。

4.2.2　FLUENT 软件[28-30]

FLUENT 是由美国 FLUENT 公司于 1983 年推出的 CFD 软件，在美国的市场占有率达到 60%，可解算涉及流体、热传递以及化学反应等的工程问题。由于采用了多种求解方法和多重网格加速收敛技术，因而 FLUENT 能达到最佳的收敛速度和求解精度。灵活的非结构化网格和基于解的自适应网格技术及成熟的物理模型，使 FLUENT 在转捩与湍流、传热与相变、化学反应与燃烧、多相流、旋转机械、动/变形网格、噪声、材料加工和燃料电池等方面得到广泛应用，例如，井下分析、喷射控制、环境分析、油气消散/聚积、多相流和管道流动等。

在工程应用上，FLUENT 主要可以用在以下几个方面：

- 过程和过程装备。
- 油/气能量的产生和环境。
- 航天和涡轮机械。
- 汽车工业。
- 热交换。
- 电子/HVAC。
- 材料处理。
- 建筑设计和火灾研究。

简而言之，FLUENT 适用于各种复杂外形的可压和不可压流动计算。对于不同的流动领域和模型，FLUENT 公司还提供了其他几种解算器，其中包括 NEKTON、FIDAP、POLYFLOW、IcePak 以及 MixSim。

4.2.2.1　FLUENT 系列软件介绍

相比于其他专业化的 CFD 分析软件，FLUENT 的专业化和功能性最强，其系列软件皆采用 FLUENT 公司自行研发的 Gambit 前处理软件来建立几何形状及生成网格,是具有超强组合建构模型能力的前处理器。另外,TGrid 和 Filters(Translators)是独立于 FLUENT 的前处理器,其中 TGrid 用于从现有的边界网络生成体网络,Fliters 可以转换由其他软件生成的网络从而用于 FLUENT 计算。

1. GAMBIT:专用的 CFD 前置处理器(几何/网格生成)

GAMBIT 目前是 CFD 分析中最好的前置处理器,它包括先进的几何建模和网格划分方法。借助功能灵活、完全集成和易于操作的界面,GAMBIT 可以显著减少 CFD 应用中的前置处理时间。复杂的模型可直接采用 GAMBIT 固有的几何模块生成,或由 CAD/CAE 构型系统输入。高度自动化的网格生成工具保证了最佳的网格生成效率,如结构化、非结构化、多块或混合网格。

2. FLUENT:基于非结构化网格的通用 CFD 求解器

FLUENT 采用可选的多种求解方法,从压力修正的 Simple 法到隐式和显式的时间推进方法并加入了当地时间步长、隐式残差光滑、多重网格加速收敛。可供选择的湍流模型从单方程、双方程直到雷诺应力和大涡模拟。应用的范围包括高超音流动、跨音流动、传热传质、剪切分离流动、涡轮机、燃烧、化学反应、多相流、非定常流和搅拌混合等。FLUENT 14.5 是基于完全并行平台的计算工具,既可应用在超级并行计算机上,又可实现高速网络的分布式并行计算,大大增强了计算能力,具有广阔的应用前景。

3. FIDAP:基于有限元方法的通用 CFD 求解器

FIDAP 是一流的流固耦合分析软件,其将有限元方法应用于 CFD 领域。其主要应用于聚合体处理、薄膜涂层、生物医学、半导体结晶生长、冶金和玻璃处理等领域。

4. POLYFLOW:针对黏弹性流动的专用 CFD 求解器

POLYFLOW 是基于有限元的 CFD 求解器,其特点是拥有强大的黏弹性计算模块。主要应用于聚合物处理领域,如挤型模设计、吹塑和光纤抽丝等问题。

5. MIXSIM:针对搅拌混合问题的专用 CFD 软件

MIXSIM 内置了专用前处理器,可迅速建立搅拌器和混合器的网格及计算模型。

6. ICEPAK:专用的热控分析 CFD 软件

ICEPAK 是一个完全交互式、面向电子冷却领域工程师的热分析软件。借助 ICEPAK 的设计环境可以减少设计成本、缩短高性能电子系统的上市时间。ICEPAK 软件提供了丰富的物理模型,如可以模拟自然对流、强迫对流和混合对流、热传导、热辐射、流-固的耦合换热、层流、湍流、稳态、非稳态等流动现象。另外,ICEPAK 还提供了其他分析软件所不具备的许多功能,如模型真实的几何、真实的风机曲线、真实的物性参数等。ICEPAK 提供了其他分析软件包不具备的能力,包括精确地模拟非矩形设备、接触阻力、各向异性热传导率、非线形风扇曲线、散热设备、外部热交换器以及在辐射传热中 View factor 的自动计算。

最基本的流体数值模拟可以通过以上的软件合作完成，如图 4.1 和图 4.2 所示。

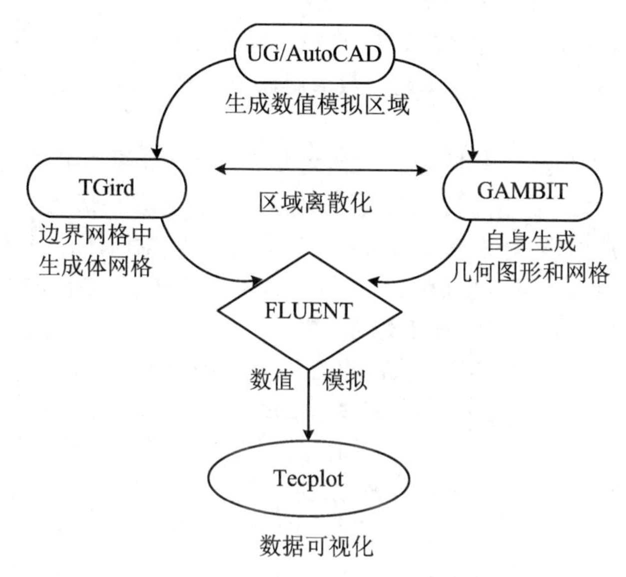

图 4.1　各软件之间的关系图

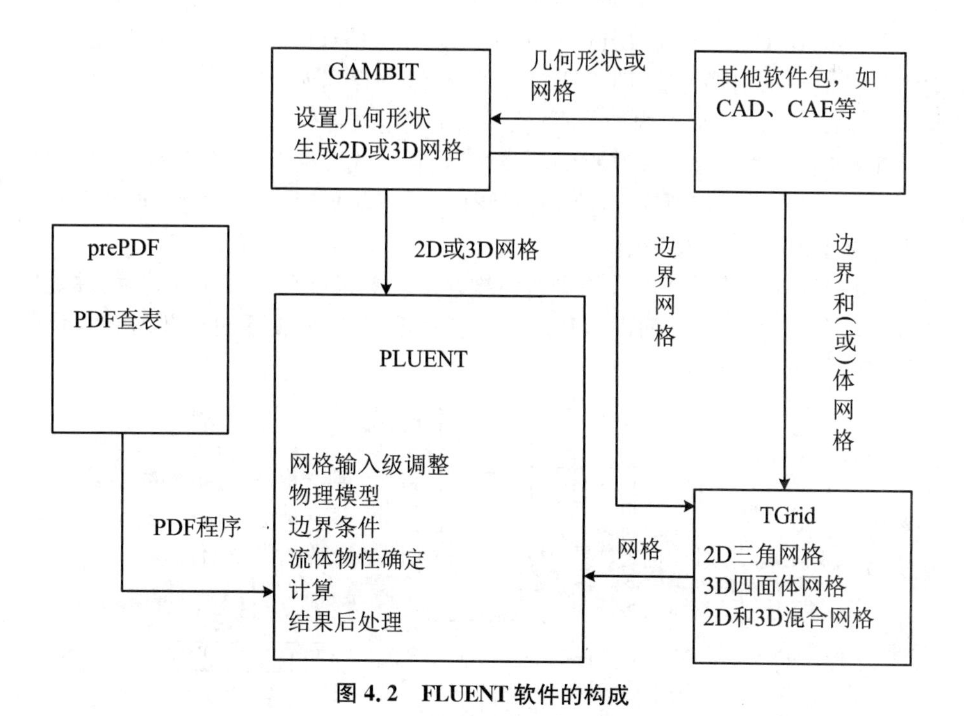

图 4.2　FLUENT 软件的构成

4.2.2.2　FLUENT软件的功能及特点

1. FLUENT软件的基本结构

FLUENT软件设计是建立在CFD计算机软件群的概念的基础上，针对每一种流动的物理问题的特点，采用适合于它的数值解法以在计算速度、稳定性和精度等方面达到最优。

FLUENT软件的结构由前处理、求解器及后处理3大模块组成。FLUENT软件中采用GAMBIT作为专用的前处理软件，使网格可以有多种形状。对二维流动可以生成三角形和矩形网格；对于三维流动可以生成四面体、六面体、三角柱和四棱锥体等网格；结合具体计算，还可以生成混合网格。其自适应功能，能对网格进行细分或粗化，或生成不连续网格、可变网格和滑动网格。

FLUENT软件采用的二阶上风格式是T. J. Barth与D. C. Jespersen针对非结构网格提出的多维梯度重构法，后来进一步发展，采用最小二乘法估算梯度，能较好地处理畸变网格的计算。FLUENT率先采用了非结构网格使其在技术上处于领先地位。

FLUENT软件的核心部分是纳维-斯托克斯方程组的求解模块。用压力校正法作为低速不可压流动的计算方法，包括SIMPLE、SIMPLER、SIMPLEC和PISO等。采用有限体积法离散方程，其计算精度和稳定性都优于传统编程中使用的有限差分法。离散格式为对流项二阶迎风插值格式——QUICK格式(Quadratic Upwind Interpolation for Convection Kinetics scheme)，其数值耗散较低，精度高且构造简单。而对可压缩流动采用耦合法，即连续性方程、动量方程和能量方程联立求解。湍流模型是包括FLUENT软件在内的CFD软件的主要组成部分。

FLUENT软件配有各种层次的湍流模型，包括代数模型、一方程模型、二方程模型、湍应力模型和大涡模拟等。应用最广泛的二方程模型是k2ε模型，软件中收录有标准k2ε模型及其几种修正模型。

FLUENT软件的后处理模块具有三维显示功能来展现各种流动特性，并能以动画功能演示非定常过程，从而以直观的形式展示模拟效果，便于进一步分析。该软件的使用步骤如图4.3所示。

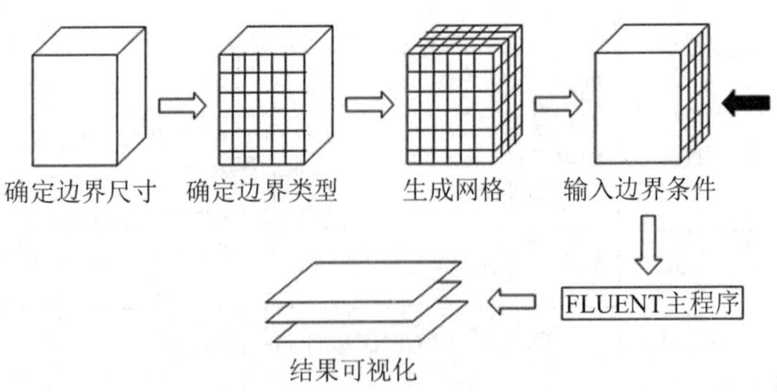

图4.3　FLUENT软件应用程序

FLUENT 软件程序模拟能力如下：

• 适用于无黏流、层流和湍流模型。

• 适用于牛顿流体和非牛顿流体。

• 适用于强制/自然/混合对流的热传导、固体/流体的热传导、辐射。

• 适用于化学组分的混合/反应。

• 适用于自由表面流模型、欧拉多相流模型、混合多相流模型、颗粒相模型、空穴两相流模型和湿蒸汽模型。

• 适用于融化、熔化/凝固。

• 适用于蒸发/冷凝相变模型。

• 适用于离散相的拉格朗日跟踪计算。

• 适用于非均质渗透性、惯性阻抗、固体热传导和多孔介质模型（考虑多孔介质压力突变）。

• 适用于风扇、散热器和以热交换器为对象的集中参数模型。

• 适用于基于精细流场解算的预测流体噪声的声学模型。

• 适用于质量、动量、热和化学组分的体积源项。

• 适用于复杂表面形状下的自由面流动。

• 适用于磁流体模块主要模拟电磁场和导电流体之间的相互作用问题。

• 适用于连续纤维模块主要模拟纤维和气体流动之间的动量、质量以及热的交换问题等。

2. FLUENT 软件的特点

提供了非常灵活的网络特性，比如，三角形、四边形、四面体、六面体、四棱锥体网格，如图 4.4 所示。

FLUENT 使用 GAMBIT 作为前处理软件，来读取多种 CAD 软件的三维几何模型以及多种 CAE 软件的网格模型。FLUENT 可用于二维平面、二维轴对称和三维流动分析，可完成多种参考体系下流场模拟、定常和非定常流动分析、不可压流和可压流计算、层流和湍流模拟、传热和热混合分析、化学组分混合和反应分析、多相流分析、固体与流体耦合传热分析和多孔介质分析等。它的湍流模型包括 k-ε 模型、Reynolds 应力模型、LES 模型、标准壁面函数和双层近壁模型等。

FLUENT 可以自定义多种边界条件，例如，流动入口以及出口边界条件、壁面边界条件等，可采用多种局部的笛卡儿和圆柱坐标系的分量输入，所有边界条件均可随空间和时间而变化，包括轴对称和周期变化等。FLUENT 提供的用户自定义子程序功能，可让用户自行设定连续方程、动量方程、能量方程或组分输运方程中的体积源项，自定义边界条件、初始条件、流动的物性、添加新的标量方程和多孔介质模型等。

FLUENT 是用 C 语言写的，可实现动态内存分配及高效的并行数据结构，具有很大的灵活性与很强的处理能力。此外，FLUENT 使用客户端/服务器结构，允许同时在用户桌面工作站和强有力的服务器上独立地运行程序。

FLUENT 解的计算与显示可以通过交互式的用户界面来完成。用户界面是用 Scheme 语言写成的。高级用户可以通过写菜单宏及菜单函数自定义及优化界面，还可以使用基于 C 语言的用户自定义函数功能对 FLUENT 进行扩展。

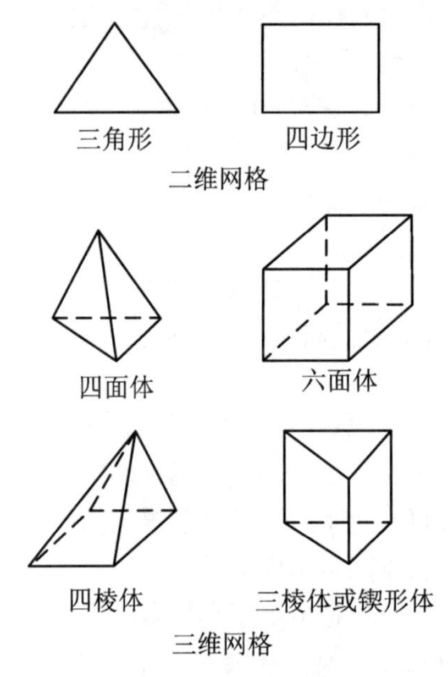

图 4.4 FLUENT 的基本控制体形状

此外，FLUENT 14.5 还具有其独有的特点：

① 可以方便地设置惯性或非惯性坐标系、复数基准坐标系、滑移网格以及动静翼互相作用模型化后的连续界面。

② 内部集成丰富的物性参数数据库，含有大量的材料可供选用，用户可以方便地自定义材料。

③ 具有高效率的并行计算功能，提供多种自动/手动分区算法；内置 MPI 并行计算机制可大幅度提高并行效率。

④ 拥有良好的用户界面，提供了二次开发接口(UDF)。

⑤ 具有后处理和数据输出功能，可以对计算结果进行处理，生成可视化图形以及相应的曲线、报表等。

4.2.3 OpenFOAM 软件[31-36]

OpenFOAM 英文全称为 Open Field Operation And Manipulation。FOAM 首先由伦敦帝国大学的 Hrvoje Jasak 等人于 1995 年开始编写。几年后 FOAM 作为商业代码出售给 Nabla 公司。2004 年 FOAM 被重新命名为 OpenFOAM 在 GPL(General Public License)下作为开源代码进行发布。目前，OpenFOAM 的官方标准版本由

OpenCFD 公司维护并发布。

OpenFOAM 是一套采用 C^{++} 编写的面向对象的计算连续介质力学的开源代码。它的核心代码使用基于多面体网格单元有限体积法(Finite Volume Method, FVM)。该软件主要用于求解偏微分方程系统,其流体求解器的开发致力于构造一个鲁棒性的、隐式、压强一速度迭代求解器框架。目前,OpenFOAM 已发展为一套完全的计算连续介质力学的求解器,主要算法包括 FVM、FEM(Finite Element Method, 有限单元法)与 FAM(Finite Area Method,有限面积法)。

OpenFOAM 的计算流程如图 4.5 所示。

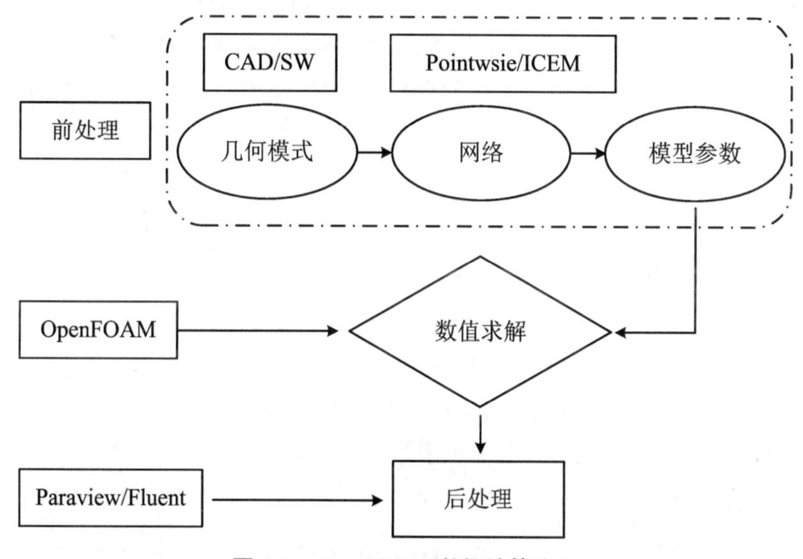

图 4.5　OpenFOAM 数据计算流程

OpenFOAM 的一个突出特点在于其开放的、完全面向对象的程序设计和完善的分层框架构建,相对于标准的 FORTRAN 代码,用户只需花费较少的时间便可开发新的模型和求解器。OpenFOAM 快速发展的真正动力在于许多优秀的使用者基于自由共享的思想,对代码进行开发、研究并进行共享。

4.2.3.1　OpenFOAM 的特点

1. 分层次的代码设计

分层开发代码设计鼓励代码重用,力求开发共享工具包。功能性组件的开发与测试是孤立进行的,这能减少调试过程出现 bug。OpenFOAM 按数值建模的观点组织主要的类,如计算域类、场代数类、矩阵与求解类及数值方法类等,进行分层设计,这使用户能很容易地对模型进行扩展。用户可以自定义离散格式、边界条件、线性求解器与物理模型等。

2. 便利的模型交互能力

在 OpenFOAM 中对不同物理模型按其功能进行分类,如材料属性、黏性模型、湍流模型等构造不同的模型类。每个模型的具体实现与其他模型是相互独立的,并通过该模型类的公共接口(虚基类)与其他模型进行交互。用户可以对任意模型类进行扩展,新添的模型不会扰乱已有的模型。通过动态绑定,具体模型没有“固化”在求解器中,而是通过实时选择表针对具体问题进行选择。

3. 对场的整体处理

如同 OpenFOAM 的英文名称所示,OpenFOAM 处理问题基于某个场而非单个的单元或节点。OpenFOAM 中每个物理量,如 ρ、u 和 T 都对应一个场,每一个物理量,无论其秩或尺寸多大,都由一个单独的对象来描述,处理为一个场。物理量的离散与矩阵运算总是与整个网格相关联作为一个场进行的。

4.2.3.2 OpenFOAM 的功能

1. 灵活多样的网格处理

OpenFOAM 的自然网格引擎能处理任意多面体网格单元。这为具有复杂几何外形的建模提供了更大的自由度,可以形象地称之为多面体镶嵌网格。相比于四面体网格,对相同的几何外形建模,多面体网格只需要较少的单元数,单元之间的连接性也更好,能以较小的计算成本提供相同的精度。

2. 先进的动网格方法

OpenFOAM 支持动网格技术,使用自动化网格运动求解器解决运动边界问题。在给定边界运动条件下,通过求解 Laplace(或 Pseudo-Solid)方程,确定内部节点的位置,网格密度或等级(grading)通过扩散率来控制。但对于网格运动的极端例子(边界变形非常大的情况),调整内部网格位置不足以协调边界运动并保持网格质量,为此,OpenFOAM 定义了拓扑变化库,能在计算过程中,对点、面和单元进行增加/修改/移除等操作,同时 OpenFOAM 会自动进行数据映射。

3. 稳定的迭代求解器

Krylov 空间法是一种基于 Krylov 空间正交投影的参数依赖、非静态迭代方法,其思想是在 Krylov 子空间遍历搜寻解。Krylov 空间法包括 CG(Conjugate Gradient,共轭梯度法)、BiCG(Bi-Conjugate Gradient, 半共轭梯度法)及 GMRES(Generalised Minimum Residual, 通用最小残差法)等,当 Krylov 空间维数很大时,单独使用 Krylov 子空间法效率较低,需要进行预处理。

AMG(Algebra Multigrid Method,代数多重网格法)是加速线性代数方程迭代收敛的有效方法,近年来,在 CFD 中得到广泛应用。其基本思想是在不同层次的网格上循环迭代,以滤掉不同波长的误差分量,由于各种频率的误差分量都可以得到比较均匀的衰减,因而可以加快迭代的收敛速度。

以上两种是求解线性代数方程常用的迭代方法。OpenFOAM 对于线性代数方程的求解体现了独特的思路:

① 瞬态与稳态问题都采用时间步进法求解,通过选取合适的时间步长保证矩阵对角占优。

② OpenFOAM 除了能分别采用上述两种方法外,还能结合二者加速求解。结合 AMG 与 Krylov 空间法并进行光滑处理能极大的提高计算效率。

4. 大规模并行计算

OpenFOAM 采用域分解的模式进行并行计算。计算域自动分解成一系列子域,每一部分在单独的处理器上求解,处理器之间的通信采用 MPI(Message Passing Interface,消息传递接口)协议。OpenFOAM 在集群 Cray T3E 的 256 个处理器上运行包含了一千万网格单元的模型,表现出优秀的性能。

4.2.4 CFD 在烟草工程研究中的应用

于国峰等[37]总结了 CFD 软件在国内外烟草工业包括烟草加工设备、车间与贮藏空间设计等方面的应用研究现状。

4.2.4.1 在烟草加工车间、仓库暖通空调设计与环境控制中的应用

CFD 在烟草行业大空间研究中的应用主要集中在车间、仓库及烤房,其特点是可以用其对烟草大空间的空调组织通风进行优化设计,尤其是对温度、湿度和流场组织方面进行详细分析。贺孟春等[38]利用 CFD 软件 FLUENT 6.3 对不同风量、送风参数条件下高架立体仓库内的温湿度场进行了模拟研究。结果显示,对于需要保持均匀温湿度场的高架立体仓库,带有静压箱和送风孔板的上送下回气流组织方式是可行的;夏季送风量的变化对高架库内温度场的影响较小,送风温差的改变则对库内温度场影响较大。据此对该高架库的空调系统进行改造:气流组织方式由原来的侧送、侧回改为顶部送风、底部回风。改造后水平方向温湿度场的均匀性提高,垂直方向的温度场存在分层现象,但温湿度场基本分布在要求范围内。李莹等[39]运用 CFD 对几家卷烟厂绿色工房的建筑环境,包括建筑能耗、室外新风利用、非空调状态下室内温湿度、室外风环境、自然通风、日照和室内采光进行模拟。模拟结果既可用于指导绿色工房实践,又可用于完善和改进原建筑设计和设备系统设计。张小芬等[40]利用 CFD 软件 AirPak 2.0 对某卷烟厂的卷接包车间置换通风进行了模拟分析,并与常用的上送上回通风系统进行了比较。结果显示,置换通风较上送上回通风具有更明显的温度分层,在满足车间环境参数的前提下,上送上回能量利用系数为 1.1,而置换通风可达到 1.5,节能性较好。李青等[41]、邵征宇等[42]使用 CFD 模拟软件对卷烟厂制丝车间大空间空调送风风口进行了模拟分析与建模,计算了不同送风状态下的速度场,模拟分析

了径向可调旋流风口结合局部区域喷射风口在计算工况下的温度场和速度场，并用实验数据对计算结果进行了验证。吴锐等[43]利用CFD软件FLUENT 6.0.12对具有高发热量烟机的4～5 m高的大容积空调厂房进行了流场、温度场的数值模拟，并对不同送、回风口布置方式对厂房内的温度分布的影响进行了比较。结果发现，高大卷烟厂房内温度沿高度分层明显，而中等高度的厂房下送风和上回风可以有效地利用温度分层，不仅在工作区保持较均匀的工作温度，而且节省能源。

此外，汪火良[44]还对烤房模型内的速度场、压力场、温度场和浓度场进行了CFD数值模拟研究，得到了各个场沿烤房高度方向的分布云图，并对数值模拟结果进行了分析。结果表明，在该烘烤条件下叶间隙风速较为均匀，温度均匀一致，同步干燥效果较好。同一工况下数值仿真得到的温度值与实测所得温度值基本吻合，其误差小于6%，表明所选模型的数值模拟能力和模拟结果的可靠。

4.2.4.2 在烟草加工设备优化设计中的应用

CFD在烟草加工设备优化设计中的应用主要集中在干燥设备、烟丝气力输送管道、加料加香设备及异物剔除设备等，其优点是能根据模拟数据和实测数据对设备进行参数优化实验，得到较好的性能参数和设计数据，从而解决了设备节能和提高效率的问题。新设备的研发和设计应用CFD，可缩短研发周期，节约设计成本。

1. 干燥设备

冯志斌等[45]及江威等[46]将实验线现场设备实测数据和流体力学计算方法相结合，数值模拟烟丝滚筒干燥和气流干燥过程。结果表明，CFD模拟与实测数据符合性好，可以为企业特色工艺研究和技术改造提供理论指导。Geng Fan等[47,48]利用CFD三维模拟了烟草物料在流化床干燥器中的分布情况和特性。结果表明，烟草颗粒结团通常集中在近壁区，并在喂料管处有一个最大的颗粒浓度。粒子群是烟丝干燥过程中存在的一个关键问题。将流化床的矩形截面改为圆角截面等结构可以较好地实现均匀性和较低的颗粒浓度，这就为解决此类问题提供了一种参考方法。

张俊荣[49]结合柳州卷烟厂和红河卷烟厂燃油(气)管道式烘丝机设计和运行实验，建立了管道式烘丝机数学模型，并运用ANSYS软件中的FLOTRAN CFD单元进行了有限元分析计算，得出整个三维模型流场温度、速度、压力及气固两相的分布、集中结构形式的管道模型这个比较理想的结构方案。庄江婷等[50]利用CFD FLUENT商业软件模拟，找出了烟草烘箱内影响干燥均匀度的因素并进行了如下改造：在传输带上方与风机的水平距离为350 mm处安装高度为180 mm的垂直挡板，改造后的烘箱流场和压力场实测值与模拟结果分布趋势比较吻合。

2. 膨胀设备

沈选举[51]根据2 400 kg/h的高温管道式膨胀设备的模型，应用ANSYS/FLOTRAN软件和相似理论建立了6 400 kg/h的高温管道式膨胀设备的数学模型，并利用反复试算分析得到的高温气体和烟丝混合气体两种介质的物性参数，对高温管式膨胀系统的内流场进行了数值模拟与分析，得出内流场的温度、速度、压力及气固两相的分布，还提出了多种结构形式的高温管式膨胀设备的几何模型，并与2 400 kg/h的高温管道式膨胀设备的模拟结果比较，得到较为理想的结构。管锋等[52]利用ANSYS/FLOTRAN CFD单元中的“小滑移”模型对通过改变文丘里供料器形状、位置和旋风分离器入口管段形状提出的4种6 400 kg/h高温管道式膨胀设备优化模型进行数值模拟，得出了整个模型流场的温度及气固两相的分布及较好的模型结构选项。韩金民[53]借助流体计算软件(FLUENT)分别对“S”形、“Z”形干冰烟丝膨胀塔的3D实体造型内部物流的流线、速度场、物料运输进行模拟，并对模拟结果进行了对比分析和实物验证。结果表明，“S”形膨胀塔内风速矢量比“Z”形膨胀塔分布均匀、涡流小；烟丝与“S”形膨胀塔内壁碰撞次数比“Z”形膨胀塔少，干冰膨胀烟丝的填充值和整丝率高。

3. 气流输送设备

周晖等[54]用有限元分析软件ANSYS/FLOTRAN的CFD单元对卷烟厂气力输送烟丝的状况进行模拟分析，得出不同输送风速下输送管道中的气流的流动状态和管道压力的分布规律，从中优选出最好的输送速度，为卷烟厂提供了改进和优化气力输送参数的理论依据。吴磊等[55,56]采用一种基于离散相模型的Lagrangian粒子跟踪多相流CFD法，对烟丝气力输送过程进行了数值仿真，数值模型中考虑了黏性、重力、粒子直径分布、粒子形函数以及粒子质量分布等参数的影响。在圆锥管和“Z”形风道内烟丝流动结构及烟丝起浮临界气流速度等方面，数值模拟与实验结果吻合良好。

4. 加料加香设备

在新型烟草加香加料设备研制过程中，为解决多管送风导致孔板布风不均的问题，王栋梁等[57,58]用Solidworks建立结构实体模型，设定相应的边界条件，选取双欧拉计算模型，采用CFD FLUENT软件对原设计结构中的流场进行了仿真研究。结果表明，布风室内气流合流产生的漩涡和筒内不良气泡特性的产生是导致布风不均的主要原因，由此提出了加装隔板分割布风室、各布风室独立送风的改进措施。实验表明，改进后布风室两侧进风管道的风速差阻止了布风室内涡流和加香加料筒内不良气泡的产生，改善了筒内气固两相混合的均匀性和规律性。

5. 其他流体作用设备

唐向阳等[59,60]采用CFD分析了烟草异物剔除器的简化几何模型和流场有限元分析模型4种工况下流场的速度和压力分布情况，得出风压系统中的压风和托风都是必需的；并对压风口和托风口的宽度及风速变化对流场的影响进行了分析评价，得到的压风和托风的最佳参数组合能很好地辅助烟叶平稳运动，有利于检测区域的摄像检测及对后续异物的准确剔除。

4.2.4.3　应用前景

CFD技术对研究较为复杂的腔体、管道的流体特性，尤其是传热、湍流等复杂问

题有很好的适用性。因此,CFD 技术还有望应用于如下领域:

(1) 流体均匀流动研究

如 HXD、RCC、白肋烟烘焙机等烟草干燥、加料加香、打叶复烤、膨胀设备等的工艺流体流场均可应用 CFD 技术帮助调整设备参数和结构,优化设备性能。

(2) 温湿度场均匀分布研究

利用 CFD 技术还可研究卷接包车间及复烤车间等的工艺环境指标,原料库、成品库和工艺过程库等适宜的环境及流场特性,尤其是关键工艺控制点的环境情况以及作业位置环境舒适度等。

(3) 加工过程中物料温度和含水率变化研究

结合传热传质理论应用 CFD 技术可以辅助研究加工过程中复烤机、滚筒回潮设备、滚筒烘干设备、气流干燥设备内烟草温度和含水率变化之间的关系,为工艺参数的确定和控制提供指导。

4.3 卷烟燃烧数值模拟应用研究——FLUENT 法

卷烟的燃烧过程可以看成是一个小型的化学反应系统,其中包含烟草的热解和燃烧反应以及卷烟内部质量、能量和动量的传递等等。建立卷烟燃烧数学模型,对卷烟燃烧过程深入分析,可以解决实验方法不能测定或者难以准确测定的物理过程和相关参数变化后的烟气组分分布规律,对卷烟的生产、加工与设计具有重要的指导意义。颜聪等[61]用 FLUENT 软件模拟了卷烟的阴燃过程,建立了一个相对全面的阴燃模型。该模型包含卷烟燃烧过程中发生的水分蒸发反应、烟草热解和氧化反应以及质量传递、能量传递和动量传递,模拟结果与实际卷烟阴燃规律符合很好,为今后模型的继续完善奠定基础。

4.3.1 实验部分

4.3.1.1 热重实验

将 6.5 mg 的品牌烟丝样品置于非等温热重分析仪 SDT-Q600 中,升温速率为 10 K/min。首先将样品在氮气气氛下升高至 873 K,这一过程主要发生热解反应。之后冷却至室温,得到残留的焦炭。然后再在氧气气氛下升高到 873 K,这一过程主要发生焦炭的氧化反应。用 TGA 软件记录质量和时间/温度的数据,产生失重(TG)和微分失重(DTG)曲线。

4.3.1.2　测温实验

用打火机烧掉约 5 cm 长的热电偶绝缘套，将正极（或负极）穿入针孔，然后把针分别穿入 1 cm、2 cm、3 cm、4 cm（距点燃端）处，将穿出来的正极（或负极）和没有穿入烟支的负极（或正极）打结，然后在结点处量 4 mm（烟支半径）标定，这样便可将结点拉回烟支中心，最后用喷胶枪在针孔处点上喷胶防止漏气。将烟支点燃，让其阴燃，并在线记录各位置点的实时温度（图 4.6）。实验中无漏烟气现象发生。

图 4.6　热电偶测量卷烟燃烧时内部温度的实验

4.3.2　数学模型

4.3.2.1　热重实验结果分析

图 4.7 展示了烟丝样品在 N_2 气氛下的 TG 和 DTG 曲线。用 Origin 软件将 DTG 曲线分成 5 个独立平行的反应。烟丝组成的复杂性会导致几种热解反应同时发生，所以每个峰（R_1、R_2、R_3、R_4 和 R_5）只代表烟丝主要成分的热解。第一个峰（R_1）代表水分的蒸发。第二个峰（R_2）包括糖类、尼古丁、果胶和一些其他挥发物种的热解。Vamvuka 等报道了半纤维素在 498～598 K 热解，纤维素在 598～648 K 热解，所以第三个峰（R_3）和第四个峰（R_4）可以分别归属于半纤维素和纤维素的热解。由于木质素通常在 523～773 K 逐步分解，所以第五个峰（R_5）代表了以木质素作为主要成分的热解。

假设烟丝先发生热解反应，再发生氧化反应。将在 N_2 气氛下热解完的残留烟丝放入空气气氛中进行热重实验。图 4.8 展示了残留烟丝在空气气氛下的 TG 和 DTG 曲线。用 Origin 软件将 DTG 曲线分成两个独立平行的反应。两个峰（R_1、R_2）分别代表了两类物种的氧化反应。

根据热重实验，烟丝首先发生水分蒸发和 4 种热解反应，然后发生 2 种氧化反应。通过热重数据可建立各反应的动力学模型，从而得到各反应的动力学参数，结果见

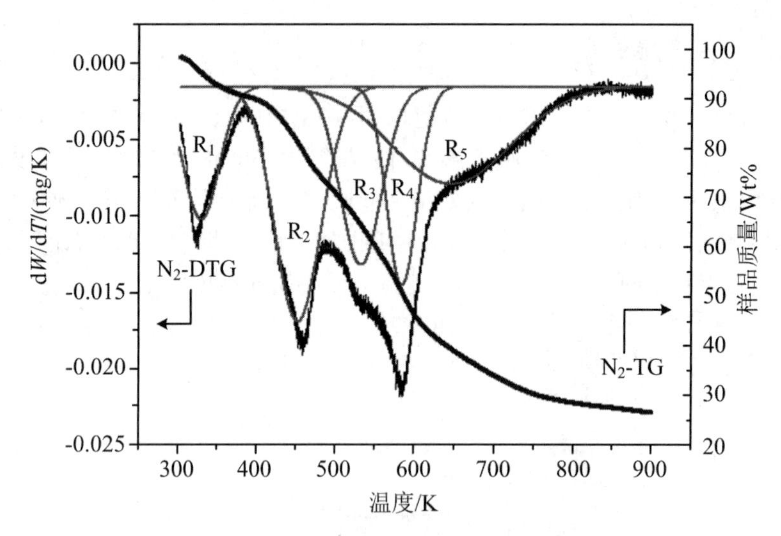

图 4.7 N_2气氛下烟丝 TG 和 DTG 曲线

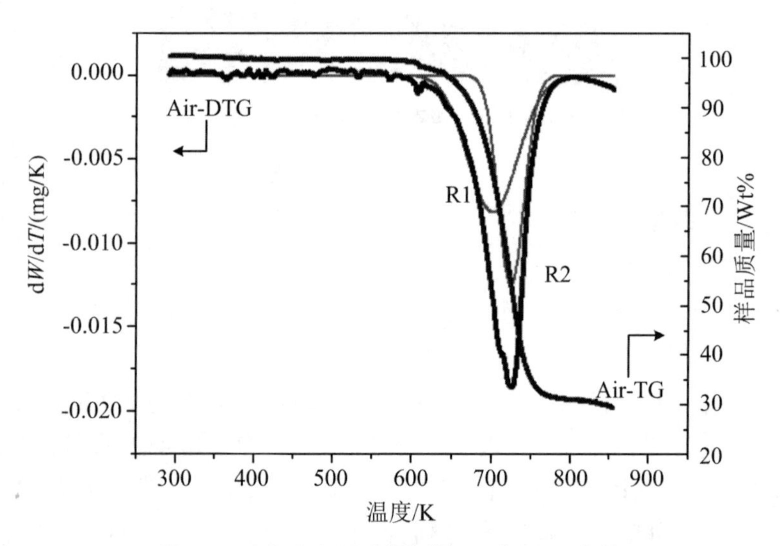

图 4.8 空气气氛下残留烟丝 TG 和 DTG 曲线

表 4.4。

表 4.4 水分蒸发反应、热解反应和氧化反应的动力学参数

水分蒸发	前驱体 1			
N	1.7			
E_w/(kJ/mol)	40.2			
Z_w/s^{-1}	9.68×10^5			
热解反应	前驱体 2	前驱体 3	前驱体 4	前驱体 5

续表

热解反应	前驱体2	前驱体3	前驱体4	前驱体5
N	1.6	1.6	1.7	1.4
E_{v_i}/(kJ/mol)	66.9	109.1	190.7	38.9
Z_{v_i}/s^{-1}	1.87×10^{7}	2.06×10^{10}	6.53×10^{16}	1.58×10^{2}
质量分数	0.28	0.33	0.11	0.28
氧化反应	物种1	物种2		
N	1.5	1.5		
E_{c_i}/(kJ/mol)	160.0	350.2		
Z_{c_i}/s^{-1}	1.86×10^{11}	5.20×10^{24}		
质量分数	0.55	0.45		

4.3.2.2　水分蒸发模型

将烟支初始温度设为300 K，首先发生水分的蒸发反应。反应速率按照阿伦尼乌斯公式求得

$$\frac{\partial\rho_w}{\partial t}=-Z_w\exp\left(\frac{-E_w}{RT_s}\right)\rho_w{}^N \tag{4.2}$$

式中，ρ_w是水的质量浓度，t是时间，Z_w是指前因子，E_w是活化能，R是理想气体常数，T_s是烟丝温度，N是反应级数。

但是，水蒸气会在后续的传递过程中发生冷凝，而最终传递到主流烟气中的水蒸气应该是蒸发和冷凝共同作用的结果，这也是影响卷烟口感的重要因素。目前文献中只建立了水分的蒸发模型，因此今后的卷烟燃烧模型需要对此部分进行完善。

4.3.2.3　热解模型

将烟丝假设为4种热解前驱体分别发生热解反应，每种前驱体分别由易挥发物质、纤维素、半纤维素和木质素组成，反应速率如下：

$$\frac{\partial\rho_{v_i}}{\partial t}=-Z_{v_i}\exp\left(\frac{-E_{v_i}}{RT_s}\right)\rho_{v_i}{}^{N_i} \tag{4.3}$$

$$\frac{\partial\rho_v}{\partial t}=\sum_{i=1}^{4}\frac{\partial\rho_{v_i}}{\partial t} \tag{4.4}$$

式中，ρ_{v_i}是第i种热解前驱体的质量浓度，ρ_v是热解前驱体的总质量浓度。

目前的热解模型尚未对热解产物进行详细的描述。虽然Wojtowicz等[8]建立了主要烟气成分的动力学数据，但是此数据是通过毫克级的烟丝在热分析仪内进行热解反应而得到的。此时的烟丝用量极少，会造成实验数据的重复性较差，并且某些烟气

成分的浓度不能达到仪器的检测要求。因此为了得到主要烟气成分生成的准确动力学数据，我们建立了适合大量烟草发生热解和燃烧反应的实验平台。在后续的卷烟燃烧模型中，将会加入烟气中主要成分生成的准确动力学数据，让模型能够预测主要烟气成分的生成情况。

4.3.2.4 燃烧模型

根据热重实验，将热解产生的焦炭分为两种，分别实验。焦炭质量浓度的变化分别由热解反应和氧化反应引起：

$$\frac{\partial \rho_{c_i}}{\partial t} = -n_c f \frac{\partial \rho v}{\partial t} - Z_{c_i} \exp\left(\frac{-E_{c_i}}{RT_s}\right) \rho_{O_2}^{1/2} \rho_{c_i} \tag{4.5}$$

$$\frac{\partial \rho_c}{\partial t} = \sum_{i=1}^{2} \frac{\partial \rho_{c_i}}{\partial t} \tag{4.6}$$

式中，ρ_{c_i}是第 i 种焦炭的质量浓度；n_c是热解反应中焦炭的化学计量系数，详见表 4.5；ρ_{O_2}是氧气的质量浓度；ρ_c是焦炭的总质量浓度。

焦炭燃烧生成烟灰，并假设是一级反应：

$$\frac{\partial \rho_{ash}}{\partial t} = -n_{ash} \frac{\partial \rho_c}{\partial t} \tag{4.7}$$

式中，ρ_{ash}是烟灰的质量浓度；n_{ash}是烟灰的化学计量系数，详见表 4.5。

4.3.2.5 质量传递方程

1. 扩散系数

氧气在气相中的扩散系数与温度有关：

$$D = D_0 \left(\frac{T}{273}\right)^{1.75} \tag{4.8}$$

式中，D_0是 273 K，1 atm 下多孔介质中扩散系数的参考值，其值和孔隙率有关：

$$D_0 = 0.677 D_g \Phi^{1.18} \tag{4.9}$$

式中，D_g是气体的无限制扩散系数，在氮气气氛下，氧气的扩散系数 $D_g = 2 \times 10^{-5}\ m^2/s$；假定孔隙率 $\Phi = 0.85$。

2. 氧化反应气体产物

假设焦炭氧化生成 CO 和 CO_2：

$$C + nO_2 \longrightarrow n_1 CO + n_2 CO_2$$

CO 和 CO_2的摩尔比是温度的函数：

$$R_{CO/CO_2} = \frac{n_1}{n_2} = A_{cc} \exp\left(\frac{E_{cc}}{RT}\right) \tag{4.10}$$

其中，两个参数分别为 $A_{cc} = 1.0$，$E_{cc} = 0.2$ kcal/mol，则

$$n_1 = \frac{R_{CO/CO_2}}{1 + R_{CO/CO_2}} \tag{4.11}$$

$$n_2 = \frac{1}{1 + R_{CO/CO_2}} \tag{4.12}$$

3. 质量传递方程源项

假定氧化反应发生在固相表面，氧气和气体产物进入气相。忽略气体从固相进入气相的边界层阻力。水蒸气、O_2、CO、CO_2的源项分别是

$$R_{vapor} = -\frac{d\rho_w}{dt} \tag{4.13}$$

$$R_{O_2} = -n_{O_2}\sum_{i=1}^{2} Z_{c_i}\exp\left(\frac{-E_{c_i}}{RT_s}\right)\rho_{O_2}^{1/2}\rho_{c_i} \tag{4.14}$$

$$R_{CO} = -n_1\sum_{i=1}^{2} Z_{c_i}\exp\left(\frac{-E_{c_i}}{RT_s}\right)\rho_{O_2}^{1/2}\rho_{c_i} \tag{4.15}$$

$$R_{CO_2} = -n_2\sum_{i=1}^{2} Z_{c_i}\exp\left(\frac{-E_{c_i}}{RT_s}\right)\rho_{O_2}^{1/2}\rho_{c_i} \tag{4.16}$$

式中，n_{O_2}是氧化反应中氧气的化学计量系数，详见表 4.5。

4.3.2.6　能量方程

1. 有效热导率

在烟丝燃烧过程中，当温度超过 1 000 K 时，辐射的影响很大。在固相中，辐射对温度方程的影响用 Rosseland 近似的方法模拟。在气相中，忽略辐射效应。多孔介质有效热导率为

$$k_{eff} = \varphi k_g + (1-\varphi)k_{s,eff} \tag{4.17}$$

式中，固相有效热导率为

$$k_{s,eff} = k_s + 4\varepsilon\sigma T_s^3 d_p \tag{4.18}$$

式中，φ 是孔隙率；ε 是烟丝辐射系数；d_p是孔径，见表 4.5；σ 是斯忒藩-玻尔兹曼常数，值为 5.67×10^{-8} W/($m^2\cdot K^4$)。

2. 能量方程源项

多孔介质能量方程源项如下：

$$S = \varphi\sum_i \frac{\partial\rho_i}{\partial t}\Delta H_i + (1-\varphi)\sum_j \frac{\partial\rho_j}{\partial t}\Delta H_j \tag{4.19}$$

式中，ρ 是反应物的质量浓度；ΔH_i 是气相中第 i 个反应的反应热；ΔH_j 是固相中第 j 个反应的反应热。本例中反应热包括燃烧反应热和水分蒸发反应热，详见表 4.5。假定热解反应热很小，可以忽略。

表 4.5 重要参数

参数	单位	值	定义
C_{p_g}	J/(kg·K)	1 004	气体比热容
C_{p_s}	J/(kg·K)	1 043	固体比热容
d_p	cm	0.0575	孔径
k_g	W/(m·K)	0.0242	气体导热系数
k_s	W/(m·K)	0.316	固体导热系数
K_u	m^2	5×10^{-10}	未燃烧烟丝渗透率
K_b	m^2	10^{-15}	已燃烧烟丝渗透率
n_{ash}		0.33	烟灰的化学计量系数
n_c		0.34	氧化反应中焦炭的化学计量系数
n_{O_2}		1.65	氧化反应中氧气的化学计量系数
ΔH_w	kJ/kg	−2 257.2	蒸发热
ΔH_c	kJ/kg	17 570	氧化热
ε		0.98	烟丝辐射系数
ρ_{c_0}	kg/m	0	初始焦炭质量浓度
ρ_{s_0}	kg/m	740	初始固体质量浓度
ρ_{v_0}	kg/m	596.8	初始热解前驱体质量浓度
ρ_{w_0}	kg/m	74	初始水分质量浓度
φ		0.65	孔隙率

4.3.2.7 动量方程

1. 动量方程源项

动量方程源项由黏性阻力和惯性阻力组成：

$$S_i = -\left(\frac{\mu v_i}{K} + \frac{1}{2}C\rho\,|v|\,v_i\right) \tag{4.20}$$

式中，μ 是流体黏度，v_i是 i 方向上的速度，K 是渗透率，C 是惯性项的经验常数；在这里我们忽略惯性项；假定多孔介质各向同性。

2. 烟丝渗透率

在烟丝燃烧的过程中，渗透率会发生变化。假定渗透率随未燃烧固体的质量浓度呈线性变化：

$$K = K_u(1-g) + K_b g \tag{4.21}$$

$$g = -\frac{\rho_s - \rho_{su}}{\rho_{su}} \tag{4.22}$$

式中，K_u是未燃烧烟丝渗透率；K_b是已燃烧烟丝渗透率，详见表 4.5；g 是一个插入因子；ρ_s是固体质量浓度，是指所有固体的总质量浓度，包括热解前驱体、水分、焦炭和烟灰，它是一个变量；ρ_{su}是未燃烧固体的初始质量浓度，即初始固体质量浓度。

4.3.3　数值求解

根据烟支的实际情况，在 GAMBIT 中建立 x 轴 0.058 m，y 轴 0.008 m 的几何体。将此几何体划分为 x 和 y 方向 200×80 的网格，并设置边界条件：代表卷烟纸的壁面，剪切条件设置为不滑动，壁面热力学条件设置为对流热交换；进口和出口分别设置为速度进口和压力出口。

该网格内的材料按照烟丝的物理化学性质进行设置，包括了烟丝的比热容、孔径、孔隙率、未燃烧烟丝的渗透率、已燃烧烟丝的渗透率、烟丝中水分的蒸发热和烟丝燃烧释放的氧化热；同时还设定了烟丝中各物质的初始质量浓度，比如初始烟丝的质量浓度、烟丝中初始水分的质量浓度及初始热解前驱体的质量浓度。对卷烟烟气的物理的性质进行设置，包括烟气的比热容、导热系数等。烟气密度按容重混合法则计算，黏度按理想气体混合法则计算。初始氧气质量分数设为 0.23，烟气中 CO、CO_2 和水蒸气初始质量分数均设为 0。

UDF（即用户自定义函数）是用户自编的程序，可以对 FLUENT 进行个性化设置。FLUENT 求解器可以动态地加载 UDF。点燃过程使用 UDF 实现：将点烟端 5 mm区域设为 1 000 K，点燃 8 s（阴燃条件下，点燃时间太短烟支会逐渐熄灭）。壁面黏性阻力和质量扩散、混合气体质量扩散、热导率、扩散系数等，即均使用 UDF 来辅助求解。通过有限体积法对控制方程进行离散，使用分离求解器求解，并选用隐式模式对控制方程进行线化和求解。用一阶迎风格式将控制方程中所有的项进行离散化操作。将 SIMPLE 算法用于压力-速度耦合。收敛性判据设定为 10^{-3}。迭代间隔时间为 0.001 s。

4.3.4　结果与讨论

图 4.9 展示了不同时刻（70 s、200 s、330 s 和 460 s）卷烟阴燃过程的温度等值线图。图中温度单位均为 K。从图中可以看出，70 s 时已经形成燃烧中心，随着燃烧的进行，燃烧中心形状慢慢呈现为锥形。同时，燃烧中心温度最高，向外逐渐降低。最高温度为 900～1 000 K。随着时间的推移，燃烧锥慢慢向后移动，说明阴燃持续进行。根据计算，阴燃的线燃烧速度 LBR 为 0.45 cm/min。实验测得的线燃烧速度 LBR 为 0.4 cm/min。

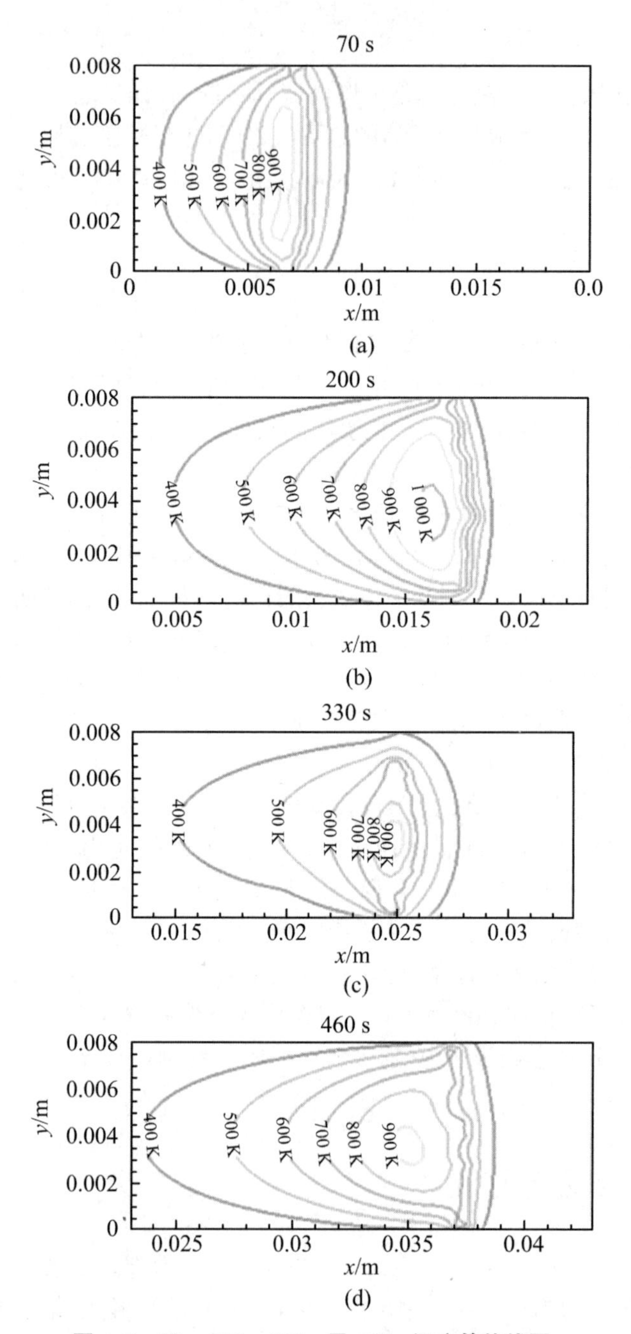

图 4.9　70 s、200 s、330 s 及 460 s 温度等值线图

图 4.10 展示了 330 s 时烟气中 O_2、CO、CO_2 和水蒸气的质量分数等值线图。O_2、CO 和 CO_2 的燃烧中心都在 0.025 m 附近，且燃烧中心氧气浓度最低，约为 0.02，向外慢慢升高。CO 和 CO_2 的浓度在燃烧中心处最高，说明燃烧中心属于缺氧区，主要

发生不完全燃烧反应。这样的模拟结果与卷烟燃烧的实际情况符合得较好。由于先发生水分蒸发反应，所以水蒸气中心先于燃烧中心。在燃烧中心处于 0.025 m 附近时，水蒸气中心已经向后移动至 0.029 m 处，水蒸气质量分数最大约为 0.1。

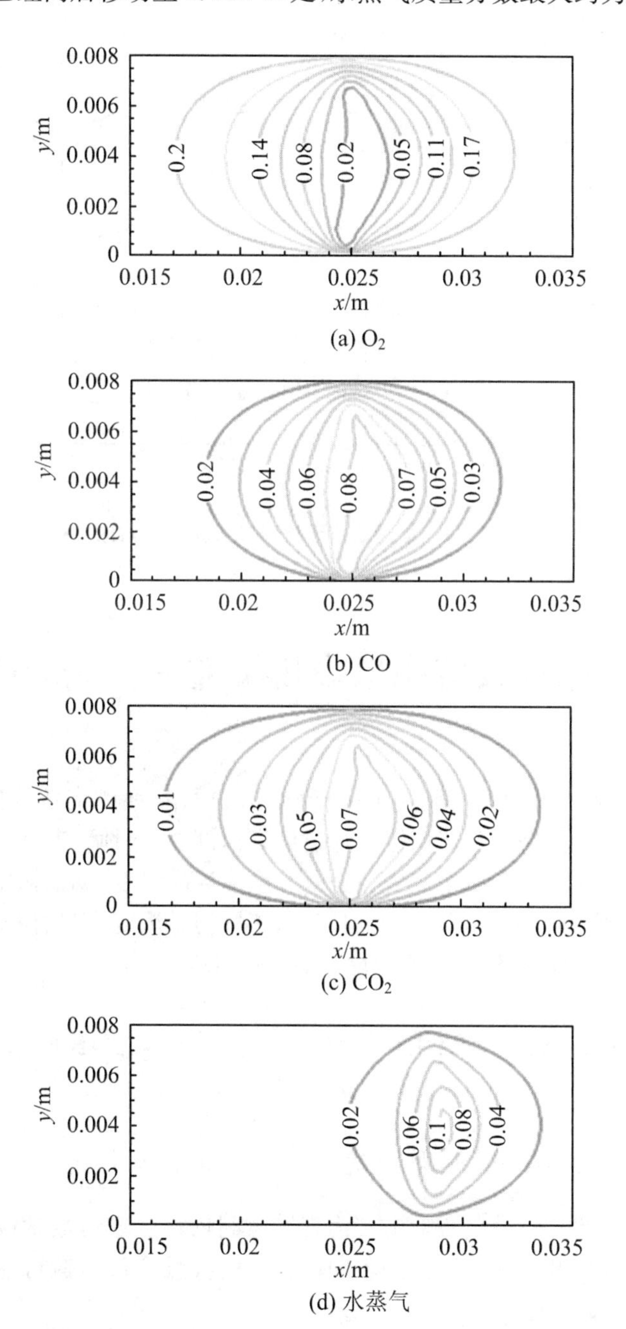

图 4.10　330 s 时 O_2、CO、CO_2 和水蒸气的质量分数等值线图

图 4.11 所示的是最高温度的实验值和理论值的对比图。实验值为 3 次实验求平均的结果。从图中可以看出，理论值与实验值吻合较好，最高温度均在 1 000 K 左右。

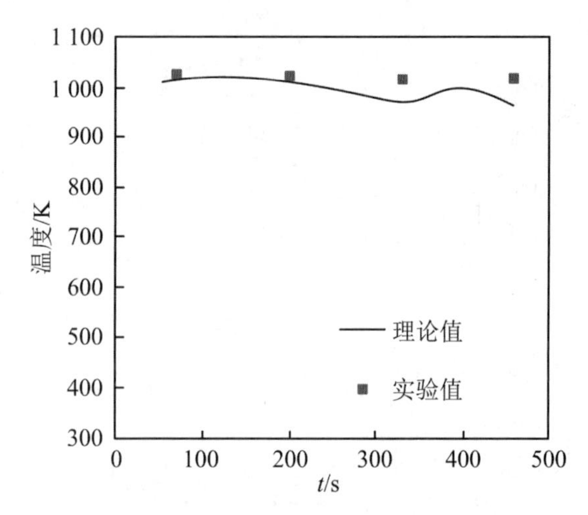

图 4.11 最高温度理论值和实验值的对比

4.4 卷烟燃烧数值模拟应用研究——OpenFOAM 法

目前国内外尚未见到关于利用 OpenFOAM 进行卷烟燃烧数值模拟研究的文献报道，笔者在该领域开展了初步研究。通过假定给烟加热时间、温度、加热后点烟端温度、点燃端和出口端初始条件下氧气、氮气浓度、出口端温度、烟纸初始温度、烟纸外空气温度、固相烟丝初始浓度、烟丝初始温度、水蒸气初始浓度、气相初始温度等参数，应用 OpenFOAM 模拟软件模拟预测了烟支的燃烧过程。

4.4.1 OpenFOAM 应用模拟计算的关键指标

4.4.1.1 OpenFOAM 应用模拟计算的控制方程

OpenFOAM 模拟计算的控制方程为三维时间依赖热守恒数学模型，是基于守恒定律的，适用于固体和气体。固体是各向同性或者异性介质。执行卷烟热解-燃烧行为模拟时还可以设定其他假设：

① 在当前的执行条件下，介质的移动不予考虑。

② 水分是嵌入在介质中的。水分从固体中会迅速蒸发出来。

③ 气体的流动遵守达西定律。

④ 从计算域到固体表面的热辐射传递是可能的。

⑤ 化学反应和热过程可以导致热不平衡。

⑥ 空比率 γ 被用于定义整个空间时，计算公式如下：

$$\gamma = \frac{V - V^s}{V} \tag{4.23}$$

式中，$\gamma=0$ 时只有固体，而 $\gamma=1$ 时没有固体。

⑦ 介质的质量损失是通过同质和异质反应产生的。

控制气相反应的方程如下：动量方程、连续性方程、种类守恒、能量守恒。种类系列包括水蒸气、CO、CO_2、O_2、N_2以及 CH_4。所有的方程都是在一个计算域中计算的。然后，在卷烟多孔介质空间是零，那么这个固相的参量如密度和热导就是零。

4.4.1.2　OpenFOAM 应用模拟计算的热过程设定

Kaviany 报道了在化学反应和热传递发生的过程中，热平衡会在发生气固之间的反应时失效。分析卷烟这类简单的一个木质单元的反应，在其热传导过程中，气体和固体并不能满足热平衡条件，因此在应用 OpenFOAM 模拟计算的热过程设定中需要分离固体和气体的能量方程。

在当前的过程中，需要假设在热传导的过程中，卷烟固体基质代表了卷烟多孔介质的温度，其中气体代表了卷烟内部孔内的温度。因此，对于发生在固体中的反应，能量需要用来加热或者冷却生成物，以将其温度变成气体温度，这种过程独立于前述的相间的能量交换。

卷烟热解-燃烧行为中水分蒸发、介质的热解和气化燃烧的热过程发生在固体相中。质量和能量从固态向气态传递或者是相反的过程。涉及卷烟热解气化燃烧等热传递的过程为：首先，嵌入水从介质中蒸发；然后，挥发介质通过热解从固态中释放。在整个过程中，卷烟必须被加热，并且产物没有多余的成分。热解后的卷烟多孔骨架比原来的卷烟有着更多的空域。焦炭继而在气化气体 CO 或者蒸汽的存在下气化，或者在 O_2存在的条件下燃烧。最后的剩余物只有一小部分的灰质。在当前的求解器反应的实现下，比率系数 k 可考虑用下述方程来进行模拟：

$$y = \begin{cases} A\exp\left(-\dfrac{T_a}{T}\right) & (T > T_c) \\ 0 & (T \leqslant T_c) \end{cases} \tag{4.24}$$

式中，A、T_a、T_c 分别是指数因数、反应活跃温度以及反应截止温度。

4.4.1.3　OpenFOAM 应用模拟计算的动态孔隙度场

嵌入在标准 OpenFOAM 中的用来对热解（fireFOAM）和化学反应（reactingFOAM）或气化的流化床（coalChemistryFOAM）进行建模的求解器不适用于与卷

烟热解-燃烧行为物理模型相近的固定床的生物质气化模拟。目前可用的方法并没有考虑到反应的相互影响、流量和气化内多孔固体材料和容积间的反应。在第一个求解器(fireFOAM)中,热解介质被连接到主计算域,其中气流被计算,并且仅通过域边界条件与气体相交互换。在这个方法中,对烟气流过所述卷烟固相骨架的再现并不自然。在 fireFOAM 中,热解的实现只是局限在表面上的过程,而不是体积内,这就限制了它的使用。第二解算器(reactingFOAM)被允许用于容积反应,但仅在气相中进行。

为了允许实现热过程的体积中的运算模拟,模拟中考虑引入内部卷烟多孔介质主计算域作为一个容积多孔域。然而,在目前的方法中,内外的多孔介质中的方程相同,并且边界自身没有额外的动力学特点。卷烟多孔材料的边界就是卷烟多孔材料的表面,其中应用在这些方程中的物理参数是不连续的。例如,在动量方程和 Navier-Stokes 方程中,达西项和牛顿流体的一般黏性项出现在表面两侧,但相关系数却有突变。代表生物质的多孔介质是由两个域定义的:标量(孔隙率)和张量(黏性阻力位)。由于多孔材料的边界没有内在的动力学,就没有必要跟踪其精确形状。这样的话,例如,可用弹性边界或表面张力,其中局部曲率是极其重要的。数值模拟因此可以得到简化,每个网格单元都可以被假定为完全位于多孔介质的里面或外面。如果需要,在计算过程中确定多孔介质(非零孔隙度和黏性阻力的体积域)的域应当是可访问和容易修改的。必须强调的是,典型的方法是在 CFD 程序中引入多孔介质作为一个单独的计算域本身的区域,而不是这个领域里面的域。因此定义这种多孔领域,预处理阶段不能在不改变整个域的情况下轻易地被修改。

在新的库集合中需要实现并引进热、化学和辐射特性,定义多孔场,并确定通过卷烟介质内外的气流与多孔场之间的相互作用关系。从本质上讲,该库把生物介质当作一个标量和矢量场的域来进行分析,即分析卷烟的质量分数和热导率。对热动力学的多孔域的介绍允许将热过程视为发生在体积相中的过程,即发生在整个卷烟多孔介质空间中的体积相依赖于其所处位置的条件。把气化过程当成一个体积反应,使模拟在介质内的反应成为可能,也使得计算介质中的化学反应和热过程成为可能,这也包括了气体和固体之间的交换情况。笔者相信,这个程序可以处理当前的模拟热解气化燃烧过程,而且它有潜力模拟任何涉及卷烟多孔介质反应的物理过程。

4.4.1.4　OpenFOAM 应用模拟计算的材料性质

必须用合适的材料和气体性质定义来完善数学模型。尽管关于气体燃烧的研究已经可以很好地定义气体相的热物理性质,但是固体的性质还很难被量化定义。

首先,必须定义最初的卷烟多孔介质的孔性。为了包含生物质的非同质性,去定义一个非统一的空隙分布是可能的。同空隙一样,也要定义黏性阻力的张量分布。传统的数值设计工具 setPoroty 被用来定义复杂的初始多孔域。在载重情况下,可以引入各向同性和各向异性。为了将来执行程序,准备好能够在反应过程中改变各向异性的特点。

下一个基础参数是绝对密度。最终的绝对密度是固体成分的绝对密度的平均:包含嵌入水分、纤维素、半纤维素等成分。基于绝对的密度和空隙的比例,总体的密度可以用下面的方程来模拟:材料的热性质包括热导率和热容。这些本质参量可以被定义在固态成分上。在整个热转换过程中,纤维素的成分量减少,而焦炭的含量增加。结果是,材料参数伴随着热过程的发展而改变,这种改变被包含在了模型之中。

4.4.2 卷烟燃烧数值模拟应用实现

根据上节分析,OpenFOAM 数值模拟软件适用于模拟卷烟热解-燃烧过程,其能够较好地模拟该过程的各阶段状态。模拟卷烟热解-燃烧过程需根据其过程描述形成物理模型并抽象化成计算模型,随后才可以利用 OpenFOAM 模拟其过程。本部分将介绍模型的建立过程、软件的实现过程以及最终利用 OpenFOAM 软件进行模拟的结果。

4.4.2.1 卷烟热解-燃烧过程模型

对卷烟热解-燃烧过程进行模拟首先需要清晰其热解-燃烧过程的物理模型,通过对物理模型的抽象化构建数学模型,而卷烟属于典型的多孔介质,这也是与其他介质热解-燃烧过程的典型区别。所以模型中的主要构建点即为其多孔特性的模化方式,而后结合模型计算方程、介质间反应过程等形成过程模拟模型。

1. 卷烟多孔介质的设定

对于卷烟多孔介质的定义沿袭了热解模型中的定义方式。卷烟多孔介质用porosityF参量来定义其固体成分的比例,其大小衡量的是固态物质的总体积占整个空间的比例。比如,实验中装满纸屑的纸箱,某一小范围内的 porosityF 定义为该范围内的纸屑的质量与该范围体积同纸张密度积的比:

$$porosityF = \frac{\Delta m}{\rho \Delta V}$$

在 OpenFOAM 中,可以通过 setFields 工具对计算域内的卷烟多孔介质性质参量 porosityF 进行细致的更改,可以设定在同一个计算域中不同范围的 porosityF 的不同值,这样更符合实际问题中卷烟多孔介质孔隙率分布不均的情况。由于在实验中,卷烟多孔介质的质量会随着热解燃烧的过程而逐渐减少,所以 porosityF 的量也会逐渐减小。因而在每一个程序循环中都要对 porosityF 值进行更新。而 porosityF 作为内部标量场,也可以通过初始设定,对每一个计算单元设定一个初始值。这样,就把固体量如同气体一样,通过初始场量设定、反应过程变化更新,有机地结合在一起,共同描述整个燃烧过程。可将同一个计算单元中的卷烟多孔介质视为一系列平行的管状晶体的有序排列(图 4.12),在不同计算单元之间,平行管状晶体方向是随机的。在 CFD 中虽然也可以对卷烟多孔介质性质进行设定,但是引入的卷烟多孔介质是作为一个单独的计算域本身而不是计算域中的部分存在的。因此定义这种多孔介质域，在预处理阶段不能随意更改，所以利用 OpenFOAM 定义多孔介质的性质更为方便和有效。

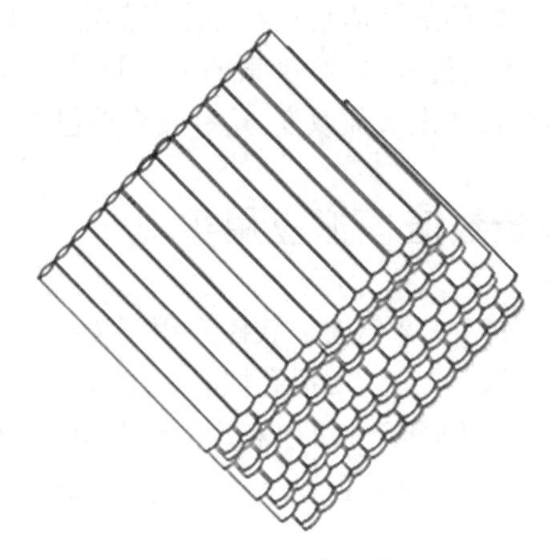

图 4.12 多孔介质模型

2. 卷烟热解-燃烧过程模型的基本方程

(1) 纳维-斯托克斯方程

纳维-斯托克斯方程是一般的连续系方程的特殊情况，它可以从质量、能量、动量守恒中推导出来。

(2) 控制方程

根据前述原理分析，卷烟热解-燃烧过程的数值模拟须假设气相和固相处于非热平衡态，所以需要对两相单独列出守恒方程，即纳维-斯托克斯方程。对方程的建立先提出几点假设：

① 固体在空间位置上不会移动，所以气态物质有动量方程、连续性方程、能量守恒方程、质量守恒方程，而固体只需要写出质量守恒方程和能量守恒方程对应的纳维-斯托克斯方程即可。

② 气体在计算域中满足达西定律。

③ porosityF 为 0 时，该计算单元内的多孔介质只有气相。

3. 卷烟热解-燃烧过程模型中物质之间化学反应

(1) 化学反应过程分析

卷烟固体通过蒸发、热解、气化生成气体的过程借鉴了热解模型中的处理方式，而气体的燃烧反应是使用了 OpenFOAM 程序文件中 reactingFOAM 的处理方式。综合来看，卷烟固体生成热解气体和热解气体燃烧的过程如下：

(a) 蒸发过程：

$$\text{木质} \xrightarrow{\text{蒸发(evap)}} \text{干木质} + H_2O$$

(b) 热解过程：

$$干木质\xrightarrow{热解(pyro)}炭+可燃气体\uparrow$$

(c) 气化过程：

$$碳+CO_2\xrightarrow{气化(gasif)}灰质+CO$$

(d) 固体燃烧过程：

$$碳\xrightarrow{燃烧(comb)}灰质+CO_2\uparrow$$

(e) 气体燃烧过程：

$$可燃气体\xrightarrow{燃烧(comb)}H_2O+CO_2$$

(a)～(d)表示的是卷烟固体反应生成热解气体的过程；(e)表示卷烟固体生成的可燃性热解气体燃烧的过程。

(2) 阿伦尼乌斯公式

在引入反应概念之前，首先要介绍阿伦尼乌斯公式。在实际问题中，从反应物到生成物的反应过程往往不是一步反应，可能涉及很多中间过程。比如，在CHMKIN文件中，一个完整的CH_4燃烧的反应涉及53种物质，325种反应。为了满足工程需要，可以对反应机理进行模拟假定。在许多应用中，甚至可以不考虑详细的反应机理，只用一个总体反应代替。而在多孔介质燃烧的实际计算中，我们并不关心各中间产物的数量，而只关心反应物和生成物的质量关系以及反应的热效应，所以用一个热效应相同的总反应来代表整个过程是可以接受的，也是实际计算中的做法。

(3) 固体物质反应生成气体

本书继续沿用卷烟多孔介质热解模型中的处理方法，利用其中各种固体物质热解、气化、蒸发成各种气体的定量关系，进行模拟计算。

(4) 气体燃烧反应

由卷烟固体生成的热解可燃性气体，当温度达到燃点以后，在氧气环境中可能被点燃。为了得到更精确的燃烧结果，有时我们需要使用更复杂的反应机理。比如使用CH_4的四步反应机理来代替一步总反应。

4. 热辐射问题

多孔介质内部的热辐射问题，由于假设管状晶体结构，内部是没有固体介质的，所以符合OpenFOAM中的P1辐射模型。

5. 热传导问题

热传递问题是基于温度差的，由于多孔介质的引入，我们不假设固相和气相处于连续的热平衡状态，因此固相和气相之间也会存在热传递过程。

4.4.2.2 卷烟热解-燃烧过程模拟软件程序结构及输入、输出设计

1. OpenFOAM 模拟软件主程序结构

卷烟多孔介质 biomass 的主要程序(main program)包括两个部分:一个部分是可编译执行的求解器(biomass GasificationFOAM);另外一个是描述多孔介质性质的 C^{++} 库(biomass Gasification Media)。

对于求解器部分,主程序文件 biomassGasification. C 定义了整个求解过程。而 createFields. H 定义了在程序中需要读取和写入的物理量,比如,稳定的热源边界条件 Q01;比如,多孔性质参量 porosityF,只有在这里定义了参量以后,才能够被正确地读取、参与反应和流动、写入输出文件。其下方的头文件分别对应处理不同的具体问题:rhoEqn. H、hsEqn. H 是代表着各种方程的求解文件,它们是流体方程按照 OpenFOAM 的写法写入对应文件中的,在程序执行时会被加载在主程序中,用于求解连续性方程、能量方程等。

在第 1 章中提到了固态的 2 种方程和气体的 4 种方程,这些方程的左边表示的是固体中气体的流动或者是能量传递,方程的右边表示的是各种源相,如反应过程中产生的物质、动量和能量。在对上述方程进行求解时,程序会通过化学反应求解确定方程右边的源相。而 Ueqn. H 是一种内含求解纳维-斯托克斯方程的算法中被称为 PISO 算法的文件。PISO 算法相对于 SIMPLE 算法,没有松弛因子的应用,并且会进行不止一次的动量矫正。

描述卷烟多孔介质的 C^{++} 库部分,分别描述了卷烟多孔介质性质、卷烟多孔介质通过热解等向气体转化的性质以及卷烟多孔介质的热物理性质模型。

而相对于主要程序部分,还有一些小工具,这些工具是用来进行问题的前处理或者后处理。setQ 可以定义部分区域内有稳定的热源作为边界条件,而 setFields 可以用来定义局部边界条件,按照格式写入具体范围和具体参量与其对应的特定值,则可以实现在同一个面上对不同区域定义同一种参量的不同特定值。这些工具有些是 OpenFOAM 文件中包含的,比如 setFields;有些是用户社区中提供的,比如 snappyHexMesh;有些是用户自己开发的,比如 setQ。

程序进入执行过程,先是将库文件根据需要添加入主程序中,然后进行编译得到可执行程序。可以用小工具对输入文件进行处理、划分网格、设定边界条件,得到 OpenFOAM 可以读取的输入文件格式文件。最后执行程序,读取输入文件,对反应求解,再对方程求解。其中的数值计算流程如图 4.13 所示。

主程序包括两个循环,主循环用于计算每一个 deltT 内的化学反应过程、流体场内各物理量,然后经过 porosityF 更新以后进入下一个计算循环。PISO 循环是用来求解纳维-斯托克斯方程,可以使各个方程得到更稳定的解。

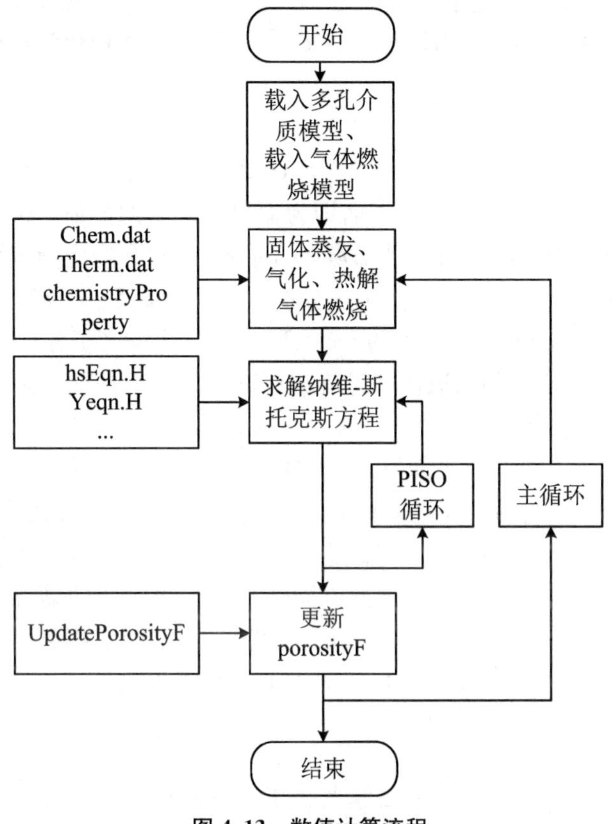

图 4.13　数值计算流程

2. OpenFOAM 输入、输出文件

(1) OpenFOAM 程序输入

由于 OpenFOAM 并没有可视化界面，程序需要读取的内容全部以文件形式输入。一般可执行求解器程序的输入文件包括 4 类：

第一类是初始物理量参数文件(0)，包含了计算域内部(internalField)和计算域边界(boundaryField)的物理量的初始参数值。

第二类是系统文件(system)。系统文件中包括了对于程序本身运行条件的设定。在文件 controlDict 中设定了程序的开始时间(startAt)、结束时间(stopAt)、时间步长(deltT)、输出时间步长以及输出数字精度等。

第三类是常量文件(constant)。里面有对燃烧性质、流动性质等进行总体定义的文件、有控制网格划分的文件和物理常量文件。chemistryProperties 包含了热解、气化反应方程以及热解反应涉及的物质的焓值，用于计算热解反应速率和热量转化。

第四类是气相化学反应文件(chemkin)。其中 chem. inp 文件中写入了气相化学反应式，并按照格式写入了阿伦尼乌斯公式中的 3 个参数，通过读取这个文件，主程序可以计算得到各气体反应速率和生成速率。therm. dat 文件是所有参与物质的焓参数,通过调取这个文件,再结合 chem. inp 文件,可以得到气相化学反应过程中的热转化量。

(2) OpenFOAM 程序输出

输出文件正如前述,由 system 中的 controlDict 文件控制,按照规定程序计算时间间隔,输出计算结果,输出的文件夹名即为输出时间点的数值。输出文件每个文件夹中包含了所有的物理参量,按照计算域内(internalField)对应参量数值和计算域边界(boundaryField)数值写入。计算域边界的数值不会随程序计算更新。在主程序 biomassGasificationFoam 文件夹下的 createFields. H 中定义了各种物理量,如果该物理量性质中有 autowrite,那么该物理量将会在输出文件中按照上述方式被写入以该物理量命名的文件中。

OpenFOAM 没有可视化界面,可视化数据处理需要通过第三方软件,比较常用的是 ParaView。计算完后的算例中有很多以时间点命名的输出文件夹,如 0、10、20、30 等,在这级目录下直接键入 ParaFOAM 即可调用输出数据,并自动生成可视化结构。通过选择不同的物理量,可以观察不同物理量随着时间的动态变化。ParaView 可以并行对大量数据实现可视化,还可以对物理量实现叠加,得到新的物理量。同时 ParaView 中含有多种滤片(filter),可以对数据进行图表化处理,是处理 OpenFOAM 程序输出文件的重要后处理工具之一。

4.4.2.3 卷烟热解-燃烧过程的数值模拟分析

根据上两节构建的模型以及 OpenFOAM 软件程序结构的设计,通过本部分设定的边界条件以及初始条件模拟卷烟热解-燃烧过程。

1. 边界条件和初始条件的设定

(1) 点烟端和烟气出口端的边界条件和初始条件

给烟加热的时间为 8 s,温度为 1 200 K,设定初始 8 s,点烟端温度为 1 200 K,8 s 后,点烟端回到室温 300 K。另一顶端进行周期性抽气,模拟人抽烟的抽吸过程。点燃端和出口端初始条件下氧气设定为 0.21,氮气设定为 0.79;出口端温度设定为 300 K。

(2) 烟纸的边界条件和初始条件

烟纸的初始温度设定为 300 K,烟纸外的空气温度设定为 300 K,将烟支的透气度换算成质量流量作为边界条件。

(3) 卷烟域的初始条件

卷烟内部的固相和气相的初始条件为:固相烟丝的初始浓度为 1,烟丝初始温度为 300 K;气相氧气的初始浓度为 0.21,氮气初始浓度为 0.79,水蒸气的初始浓度为 0,气相的初始温度设为 300 K。

(4) 物质、动量、能量方程数值解法

烟支的形状是一个圆柱体，为了简化计算，取圆柱的1/72，即计算模型是一个扁平的楔形，将其划分成432个网格，采用有限体积法，将物质、动量、能量方程在网格上离散化，为保证计算精度取时间步长为0.25 s，采用流体力学商业软件OpenFOAM进行求解。

2. 基于OpenFOAM平台的典型卷烟配方燃吸行为模拟分析

(1) 不同时刻的卷烟中燃烧温度分布

图4.14所示的是不同时刻的卷烟中燃烧的温度分布。从计算结果可以看出，点烟端经过8 s的加热，卷烟在10 s时已经开始燃烧，靠近卷烟边缘的地方的温度较高，可以达到1 900 K。越靠近卷烟的中心，温度越低，为1 000 K左右，这主要是靠近边缘的地方氧气浓度比较大，燃烧比较充分，卷烟的中心氧气浓度比较小，燃烧不充分，温度比较低。卷烟的未燃区，温度在1 000 K左右，这主要是燃烧区对未燃区的加热

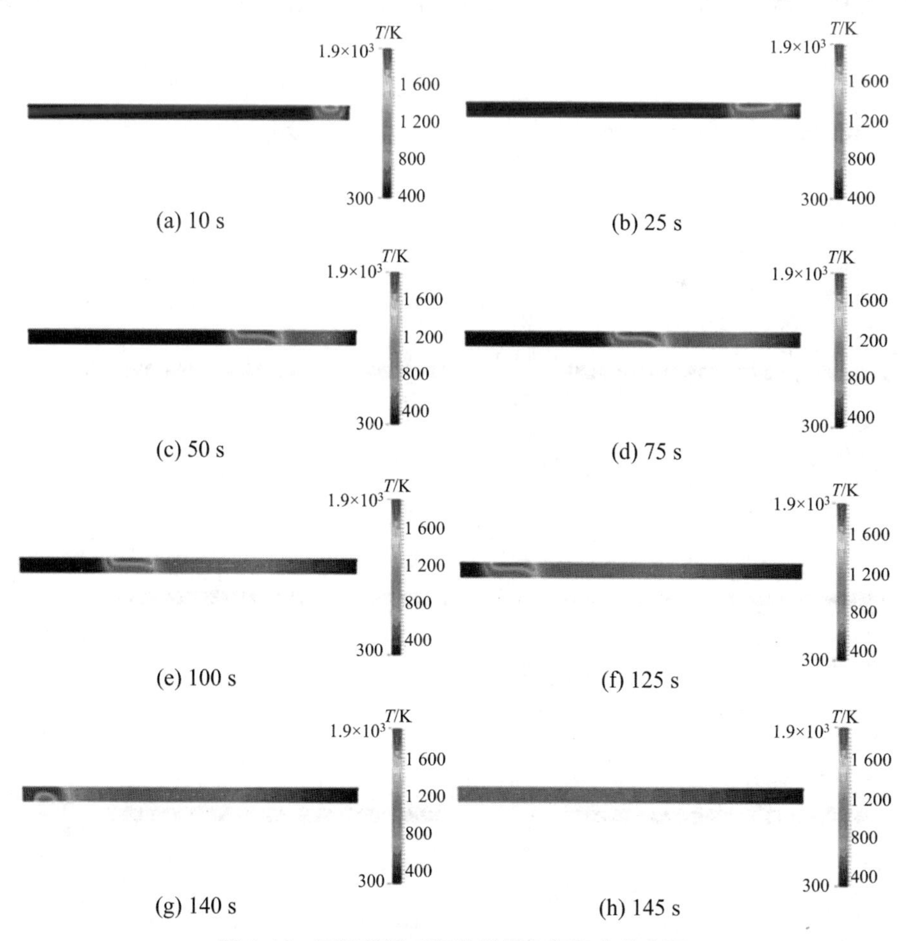

图4.14　不同燃烧时间的燃烧气相温度分布图

使其温度升高。从 50～125 s,卷烟中燃烧区和其相邻区域的温度分布几乎一致,说明此时燃烧已经非常稳定。140 s 时在卷烟的末端有一个较大的高温区,此时燃烧接近结束,145 s 时燃烧已经结束。

(2) 不同时刻的卷烟中 porosityF 分布

$$porosityF = 1 - 孔隙率$$

该式表示单位空间内固体体积的比值,其大小衡量的是固态物质的总体积占整个空间的比例。比如,实验中装满纸屑的纸箱,某一小范围内的 porosityF 定义为该范围内的纸屑的质量与该范围体积同该种纸张密度积的比。多孔介质的质量会随着热解燃烧的过程而逐渐减少,所以 porosityF 的量也会逐渐减少,所以在每一个程序循环中要对 porosityF 的大小进行更新。而 porosityF 作为内部标量场,也可以通过初始设定,将每一个计算单元设定一个初始值。这样,就如同气体一样,通过初始场量的设定、反应过程变化的更新,把固体量有机地结合在一起,一同描述整个燃烧的过程。图 4.15 所示是不同时刻的卷烟中 porosityF 分布,可以看到随着时间的变化卷烟中的

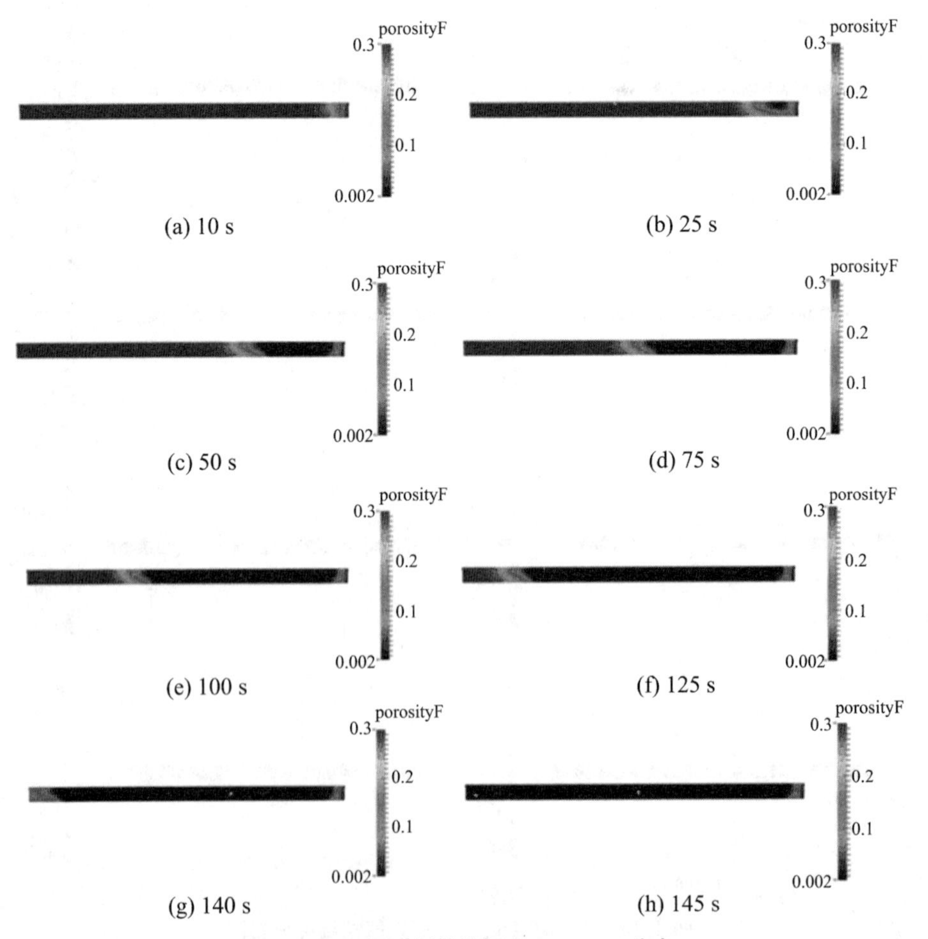

图 4.15 不同时刻的卷烟中 porosityF 分布

porosityF 的值也随之变化，变化从点烟端的一侧向另一侧发展。通过 porosityF 的值的变化，也可以看到燃烧的速度变化，最终随着燃烧的进行，整支卷烟都被燃烧殆尽。

（3）不同时刻的卷烟中 O_2 浓度分布

图 4.16 所示的是不同时刻的卷烟中 O_2 浓度分布图，从图中可以发现，越靠近卷烟的中心，烟气浓度越低，这主要是燃烧消耗了氧气，导致烟气浓度降低；靠近卷烟边缘的地方，氧气浓度相对较大，这也与实际情况和实验结果相符合。10 s 的时候，卷烟刚开始燃烧；25 s 的时候氧气浓度较低的区域扩大，随着燃烧的进行，向未燃区域移动，说明此时燃烧在稳步进行；140 s 的时候，已经接近卷烟的另一端，燃烧几乎结束。

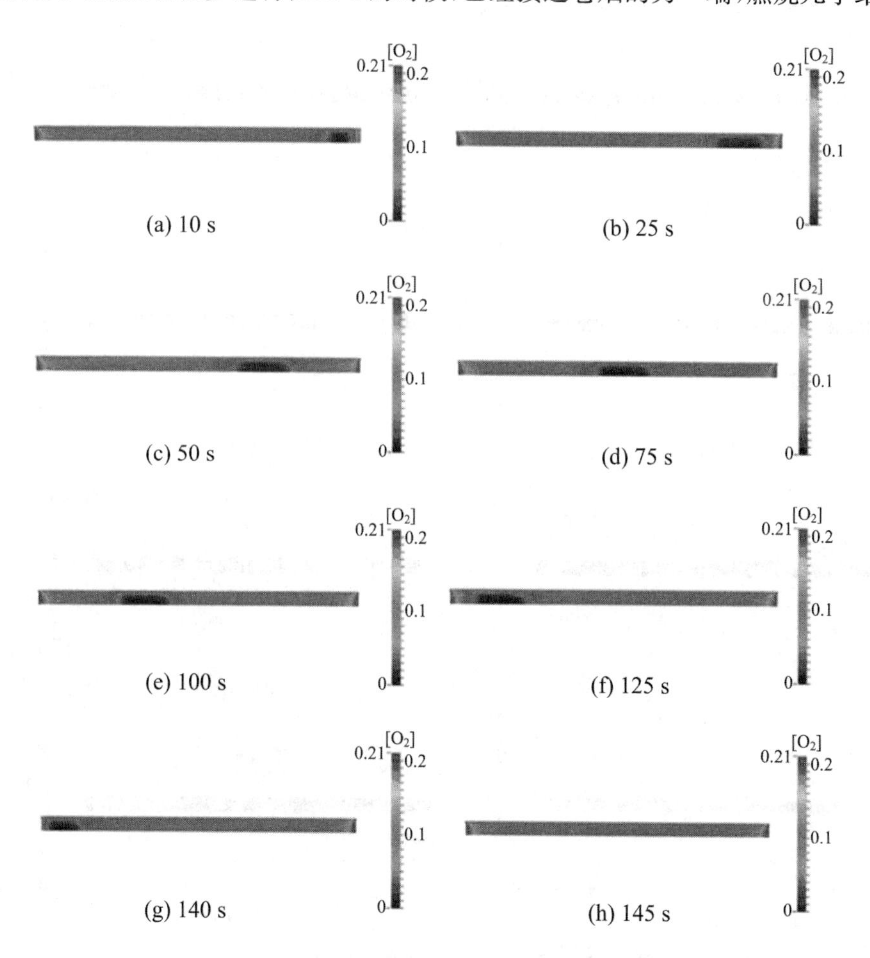

图 4.16　不同时刻的卷烟中 O_2 浓度分布图

（4）不同时刻的卷烟中 CH_4 浓度分布

对于一般的纸质材料，可以认为其中的主要的固体成分为木质素(lignin)、纤维素(cellulose)和半纤维素(hemicellulose)。这些物质在受热情况下，会发生水分的蒸发、固体物质热解和气化反应生成 H_2O、CO、CO_2、H_2、CH_4 等。由固体生成的可燃性气体，在温度达到燃点以后，在氧气环境中可能被点燃。其中的CH_4浓度反应了燃烧的进程。

图 4.17 所示的是不同时刻的卷烟中CH_4浓度分布图，从图中可以发现，卷烟中CH_4的最高浓度为 0.06，越靠近卷烟的中心，CH_4的浓度越大，并且从卷烟的中心到边缘，CH_4的浓度逐渐减小，这主要是卷烟的中心区域，燃烧不充分，产生了好多可燃气体，而靠近卷烟边缘的部分接触的氧气浓度比较大，燃烧比较充分，CH_4的浓度比较小。

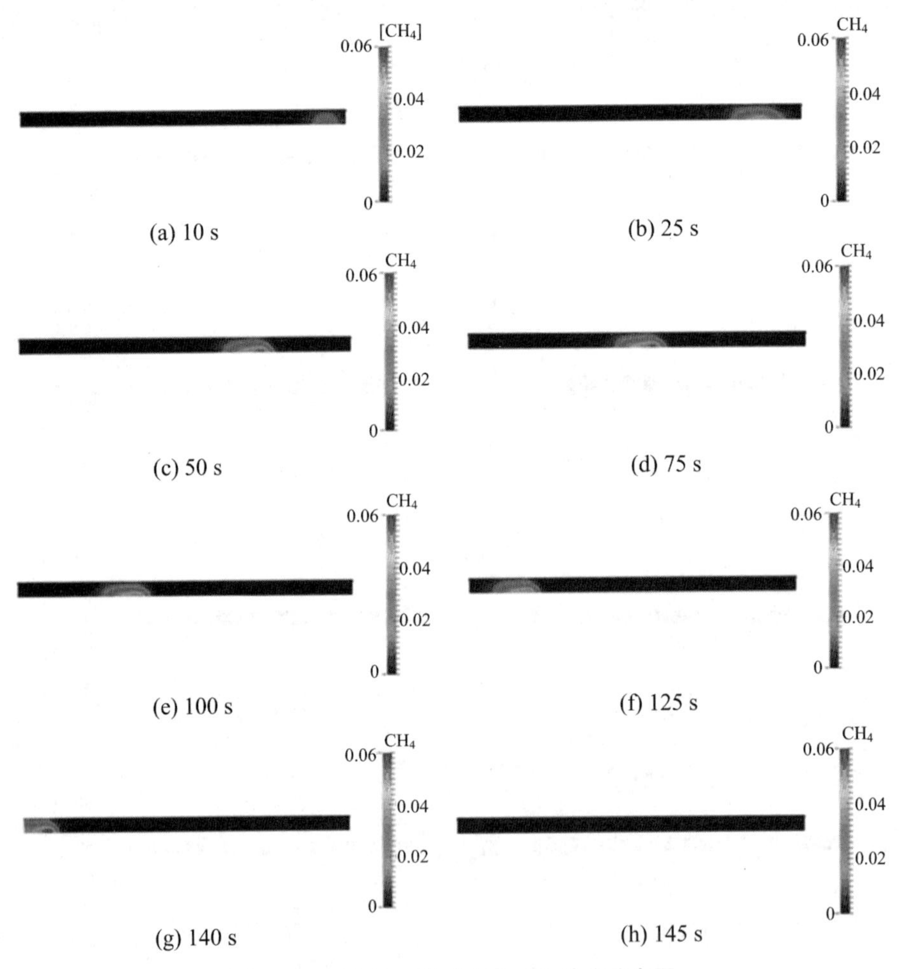

(a) 10 s (b) 25 s

(c) 50 s (d) 75 s

(e) 100 s (f) 125 s

(g) 140 s (h) 145 s

图 4.17 不同时刻的卷烟中CH_4浓度分布图

(5) 不同时刻的卷烟中产热量分布

图 4.18 所示的是不同时刻的卷烟中产热量的分布图。从图中可以发现，生成热量 dQ 的最高值是 0.04；产热量最高的部位在靠近卷烟的边缘处而不是卷烟的中心部位，这个分布和CH_4的分布情况正好相反，这和氧气浓度的分布有关，靠近边缘的部位，氧气浓度比较大，燃烧比较充分，产热量较多。10 s 的时候，外部的加热刚刚移除，

燃烧刚刚开始，产热量比较小。随着燃烧的进行，到 25 s 的时候，靠近卷烟边缘的部位已经达到了最大的产热量。

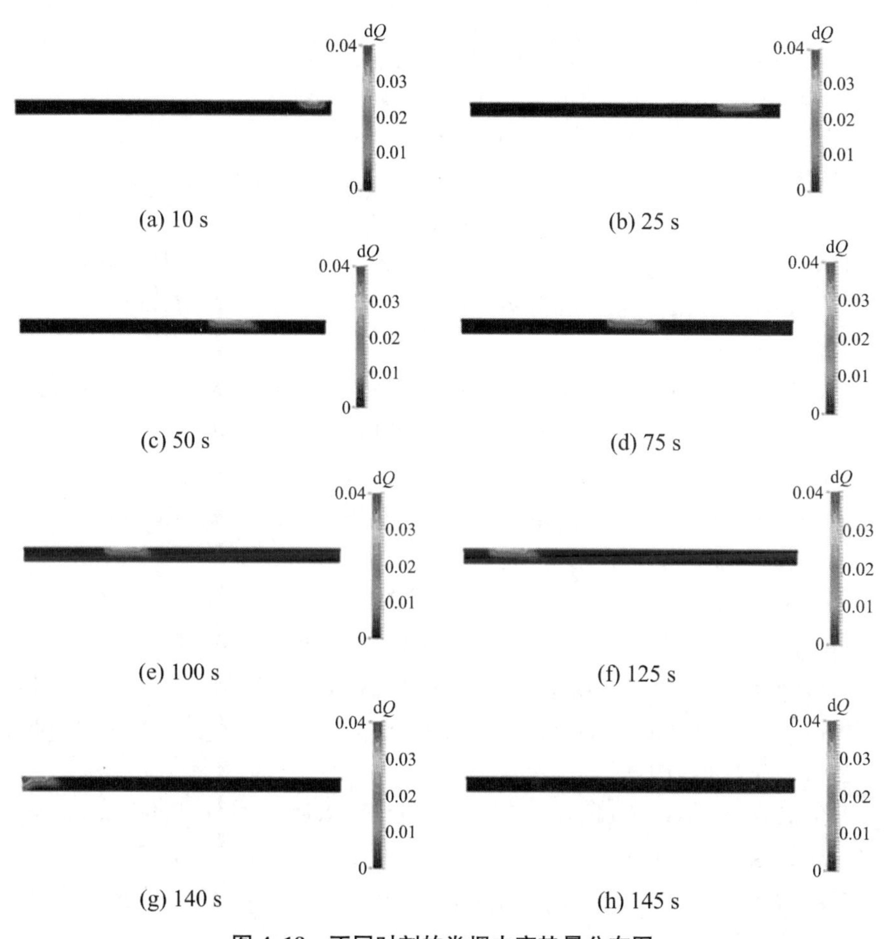

图 4.18　不同时刻的卷烟中产热量分布图

参 考 文 献

[1] SENNECA O, CHIRONE R, SALATINO P, et al. Patterns and kinetics of pyrolysis of tobacco under inert and oxidative conditions[C]. European Combustion Meeting, 2005.

[2] LEACH S V, REIN G, ELLZEY J L, et al. Kinetic and fuel property effects on forward smolderingcombustion[J]. Combust Flame, 2000, 120:346-358.

[3] YI S C, HAJALIGOL M R. Product distribution from the pyrolysis modeling of tobaccoparticles[J]. J Anal Appl Pyrol, 2003, 66:217-234.

[4] BLASI D C. Modeling and simulation of combustion processes of charring and non-charring solidfuels[J]. Prog Energy Combust Sci, 1993, 19:71-104.

[5] ROSTAMI A, MURTHY J, HAJALIGOL M R. Modeling of a smolderingcigarette[J]. J Anal Appl Pyrol, 2003, 66:281-301.

[6] MULLER B H. Degradation kinetics of tobacco survey by fast thermogravimetryanalysis[J]. J Anal Appl Pyrol, 1993, 25:273-283.

[7] ENCINAR J M, BELTRAN F L, GONZALEZ J F, et al. Pyrolysis of maize, sunflower, grape and tobacco residues[J]. J Chemical Technol Biotechnol, 1997, 70:400-410.

[8] AVNI E, COUGHLIN R W, SOLOMON P R, et al. Mathematical modelling of ligninpyrolysis[J]. Fuel, 1985, 64:1495-1501.

[9] VARHEGYI G, CZEGENY Z, JAKAB E, et al. Tobacco pyrolysis. Kinetic evaluation of thermogravimetric-mass spectrometric experiments[J]. J Anal Appl Pyrol, 2009, 86:310-322.

[10] BASSILAKIS R, CARANGELO R M, WOJTOWICZ M A. TG-FTIR analysis of biomass pyrolysis[J]. Fuel, 2001, 80:1765-1786.

[11] WOJTOWICZ M A, BASSILAKIS R, SMITH W W, et al. Modeling the evolution of volatile species during tobaccopyrolysis[J]. J Anal Appl Pyrol, 2003, 66:235-261.

[12] EGERTON A, GUGAN K, WEINBERG F J. The mechanism of smouldering incigarettes[J]. Combust Flame, 1963, 7:63-78.

[13] GUGAN K. Natural smolder incigarette[J]. Combust Flame, 1966, 10:161-164.

[14] JENKINS R W, FRISCH A F, MAEKINNON J G, et al. Dynamic measurement of the axial density of a burning cigarette[J]. Beit Tabak Int, 1977, 9:67-71.

[15] BAKER R R. Combustion and thermal decomposition regions inside a burningcigarette[J]. Combust Flame, 1977, 30:21-32.

[16] MOUSSA N A, TOONG T Y, GARRIS C A. Mechanism of smoldering of cellulosic materials[C]//Sixteenth symposium (international) on combustion. The Combustion Institute, Pittsburgh, 1977.

[17] MURAMATSU M, UMEMURA S, OKADA T. A mathematical model of evaporation-pyrolysis process inside a naturally smolderingcigarette[J]. Combust Flame, 1979, 36:245-262.

[18] ROSTAMI A, MURTHY J, HAJALIGOL M. Modeling of a smoldering cigarette[J]. J Anal Appl Pyrol, 2003, 66:281-301.

[19] 江威，李斌，于川芳，等. 卷烟阴燃过程温度场模拟[C]//烟草工艺学术研讨会论文集. 2006.

[20] SAIDI M S, HAJALIGOL M R, RASOULI F. Numerical simulation of a burning cigarette during puffing[J]. J Anal Appl Pyrol, 2004, 72:141-152.

[21] YI S C, HAJALIGOL M R, JEONG S H. The prediction of the effects of tobacco type on smoke composition from the pyrolysis modeling of tobaccoshreds[J]. J Anal Appl Pyrol, 2005, 74:181-192.

[22] 张师帅. 计算流体动力学及其应用:CFD软件的原理与应用[M]. 武汉:华中科技大学出版社,2011.

[23] 王福军. 计算流体动力学分析:CFD软件原理与应用[M]. 北京:清华大学出版社,2004.

[24] 蔡荣泉. 船舶计算流体力学的发展与应用[J]. 船舶,2002,4:8-13.

[25] 周连第. 船舶与海洋工程计算流体力学的研究进展与应用[J]. 空气动力学学报,1998,16(1):122-131.

[26] 肖柯则,夏艺. 计算流体力学在铸造过程中的应用[J]. 内蒙古工业大学学报,1995,4(3):30-38.

[27] 金杉,庄达民,张向阳. 计算流体力学在现代建筑消防设计中的应用[J]. 消防科学与技术,2003,22(3):194-197.

[28] 韩站忠，王敬，兰小平. FLUENT:流体工程仿真计算实例与应用[M]. 北京:北京理工大学出版社，2004.

[29] 温正，石良臣，任毅如. FLUENT流体计算应用教程[M]. 北京:清华大学出版社，2009.

[30] 王瑞金，张凯，王刚. FLUENT技术基础与应用实例[M]. 北京:清华大学出版社，2007.

[31] WENLER H G, TABOR G, TENSORIA A. Approach to computational continuum mechanics using object-oriented techniques [J]. Computers in Physics, 1998, 12(6):620-631

[32] OpenFOAM Programmer's Guide. Version1. 4. 1. 2007,8.

[33] LUCA M. Development and validation of object oriented CFD solver for heat transfer and combustion modeling in turbomachinery applications[D]. Universita degli Studi di Firenze, 2008:261.

[34] HRVOJE J. Multi-physics simulations in continuum mechanics [C]// 5th International Congress of Croatian Society of Mechanics. 2006,9:21-23.

[35] 陶文铨. 数值传热学[M]. 2版. 西安:西安交通大学出版社，2004.

[36] HRVOJE J, ALEKSANDAR J, JOSEPH P, et al. Preconditioned linear solvers for Large Eddy Simulation [C]// The Second OpenFOAM Workshop. Zagreb, 2007,6.

[37] 于国锋,冯媛,崔淑强,等. CFD 在烟草工程研究中的应用与展望[J]. 烟草科技,2013(9):35-28.

[38] 贺孟春,刘东,刘晓宇,等. 卷烟材料暂存高架库温湿度场的优化控制研究[J]. 烟草科技,2008(7):16-21.

[39] 李莹,郝军,陈晓春,等. 卷烟厂绿色工房项目中的建筑环境模拟[J]. 暖通空调,2009,39(5):27-30.

[40] 张小芬,朱奋飞,邵晓亮,等. 置换通风在卷烟厂应用效果的数值分析[J]. 广州大学学报(自然科学版),2010,9(6):9-11.

[41] 李青,陈晓春,邵征宇,等. 卷烟厂绿色工房空调气流组织模拟分析[C]//第八届国际绿色建筑与建筑节能大会论文集. 北京:中国科学技术出版社,2012.

[42] 邵征宇,汪炎平,李青,等. CFD 技术在卷烟制丝车间空调节能设计中的应用[J]. 建筑节能,2012(8):24-27.

[43] 吴锐,孙炜,季杰. 空调气流组织对卷烟高大厂房内温度场的影响[J]. 建筑热能通风空调,2006,25(6):45-49.

[44] 汪火良. 多孔介质传热传质过程的数值模拟:烟叶烘烤过程模拟技术研究[D]. 昆明:昆明理工大学,2010.

[45] 冯志斌,江威,黎汝锦,等. 运用 CFD 模拟滚筒干燥过程[EB/OL]. [2010-10-01]. http://cpfd. cnki. com. cn/Article/CPFDTOTAL-ZGYG201010001017. html.

[46] 江威,黎汝锦,官魏东,等. 滚筒干燥和气流干燥的过程的数值模拟研究[J]. 干燥技术与设备,2011,9(6):315-320.

[47] GENG F, XU D Y, YUAN Z L, et al. Numerical simulation on fluidization characteristics of tobacco particles in fluidized bed dryers [J]. Chemical Engineering Journal,2009,150(2/3):581-592.

[48] 耿凡,袁竹林,王宏生,等. 流化床中烟丝颗粒的流动特性[J]. 东南大学学报(自然科学版),2009,39(5):1012-1017.

[49] 张俊荣. 管道式烘丝机气:固两相流场数值模拟[D]. 西安:西北工业大学,2005.

[50] 庄江婷,刘东,丁燕. 烟草烘箱内部气流组织的优化[J]. 能源技术,2008(1):4-7.

[51] 沈选举. 管式干燥气固两相流的相似性原理及耦合数值模拟[D]. 昆明:昆明理工大学,2005.

[52] 管锋,周传喜,陈君若,等. 高温管式膨胀系统的结构优化与模拟[J]. 烟草科

技，2006(1)：25-29.

［53］ 韩金民. 数值模拟在膨胀塔结构研究和优化设计中的应用［D］. 北京：华北电力大学，2008.

［54］ 周晖，杨湘杰，邹炜，等. 卷烟厂气力输送的有限元分析［J］. 机床与液压，2007(1)：217-222.

［55］ 吴磊，胡天群，杜国锋，等. 烟丝气力输送特性实验与仿真［J］. 水动力学研究与进展，2011(1)：123-128.

［56］ 吴磊，胡天群，康瑛，等. 烟丝气力输送风洞实验［J］. 烟草科技，2009(1)：18-21.

［57］ 王栋梁，吴其俊，赫雷，等. 基于CFD的新型加香加料机布风系统的设计及改进［J］. 烟草科技，2011(2)：13-16.

［58］ 王栋梁. 某烟草加香加料机的设计与仿真研究［D］. 南京：南京理工大学，2011.

［59］ 唐向阳，张勇，陈猛，等. 烟草异物剔除系统中高速皮带机风压系统的流场有限元分析［J］. 机械科学与技术，2003(11)：43-46.

［60］ 唐向阳，张勇，周杰，等. 异物剔除机物料稳定系统的流场CAE分析［J］. 机械，2008，35(2)：1-3.

［61］ 颜聪，谢卫，李跃锋，等. 卷烟阴燃过程的数值模拟［J］. 烟草科技，2014，47(6)：15-20，37.

第5章　卷烟燃烧锥落头倾向分析技术

随着烟草行业“减害降焦”重大专项的深度推进，卷烟纸特性、叶组配方与烟丝结构等发生了较大变化，在降低或改变烟气有害成分释放量的同时，增加了烟丝与卷烟纸燃烧性能匹配降低的风险：一方面，卷烟纸特性改变，较快的燃烧速率使得卷烟易产生较大体积的燃烧锥；另一方面，调整叶组配方与烟丝结构变化，可能造成卷烟内部烟丝间作用力减弱。两方面的结果可能造成消费者在弹落烟灰时，由于卷烟燃烧锥部位受力发生变化，增加燃烧锥掉落的风险。近年来，因卷烟燃烧锥掉落引起消费者反感的市场反馈时有出现，涉及的品牌范围愈加广泛，尤其在一类卷烟产品中表现突出。卷烟消费过程中燃烧锥掉落不仅会使卷烟损耗、抽吸中断，掉落下的烟头还可能会烧损衣物、带来火灾隐患，损害消费者利益，降低消费者对该卷烟品牌的认可度。因此烟草行业越来越重视卷烟燃烧锥的落头问题，纷纷开展研究寻求改进途径。

对卷烟掉落烟头性能进行定义与科学检测是优化卷烟产品质量评价的重要手段。早期，卷烟落锥倾向主要依靠人工方法进行测评，但检测效率低、重现性差。为克服人工测试方法的缺陷，行业内多家机构开展了对卷烟落头倾向检测装置的研制，并尝试建立卷烟燃烧落锥倾向的检测方法[1-5]，如上海烟草集团和韩国 KATDIEN 公司的敲击法、郑州烟草研究院的旋转法等。然而，这些方法与消费者弹击烟灰的力学行为有较大差异，不能精准模拟卷烟抽吸过程中弹落烟灰时卷烟的受力状况。

为统一规范烟草行业内针对卷烟燃烧落锥现象的检测，由江西中烟和郑州烟草研究院牵头，携安徽中烟等多家工业企业开展了对“卷烟燃烧锥落头倾向的测试”行业标准的制定。在本章中，将对该标准所阐述的方法做重点介绍。

5.1　卷烟燃烧锥落头倾向检测方法的基本原理

在标准抽吸模式下，通过机械装置定量模拟消费者弹落卷烟烟灰的施力行为，通过对一定数量的卷烟进行检测，计算发生落头现象的卷烟数占被测烟支总数的百分比，将其定义为燃烧锥落头倾向(Hot Cone Fallout Propensity，简称 HCFP)，以此来评价卷烟燃烧锥落头性能：

$$HCFP = \frac{N}{N_0} \times 100\%$$

式中，*HCFP* 表示卷烟燃烧锥落头倾向；N 表示发生落头现象的烟支数；N_0 表示被测烟支总数。

5.2　卷烟受力状态测试装置

消费者在弹落烟灰过程中，手指对卷烟所施加的弹击力为一微小的冲击力。由于所施加弹击力较小，施力过程短暂（侧击时间一般在10～40 ms，敲击时间一般为60～120 ms），具有瞬时力的"整个冲击时间很短，瞬间的力骤升，形成尖峰后迅速回落"的特点。由于烟支的自身质量轻、体积小，研究人员设计了一种高时间分辨率的卷烟受力状态测试装置（图5.1）。

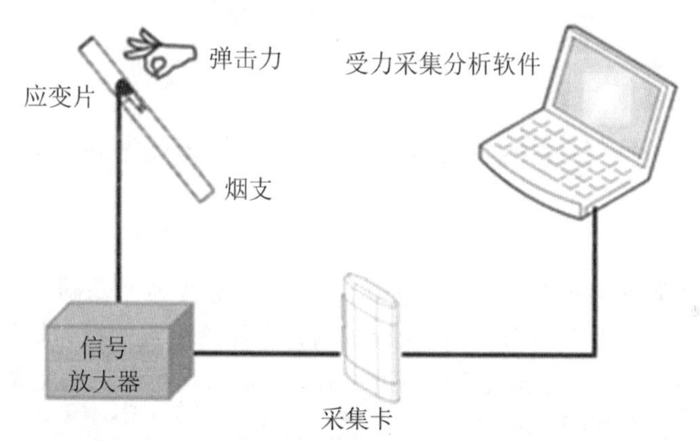

(a) 卷烟受力状态测试装置

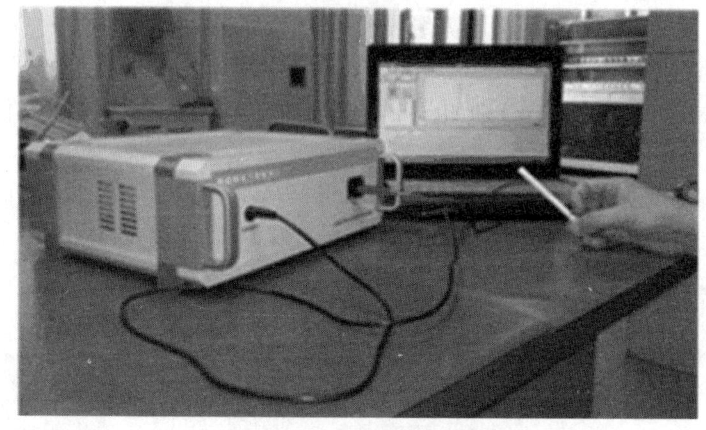

(b) 卷烟弹击力学测试仪实体图

图5.1　卷烟受力状态检测装置

该装置可用于对卷烟燃烧锥落头倾向检测仪施力大小的校准和对弹击行为调查中弹击力度和作用时间参数等相关数据的采集(图 5.2)。具体措施是将片状力学检测传感器放置在卷烟上合适的位置,通过传感器将弹落烟灰过程中的弹击力转换为电信号,对弹落烟灰时卷烟的受力状况进行实时、高时间分辨率地数据采集。

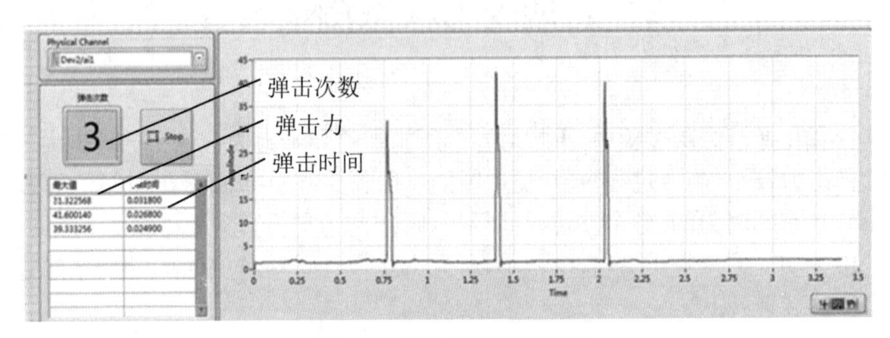

图 5.2 数据采集软件界面

5.3 卷烟燃烧锥落头倾向的检测条件

卷烟燃烧锥落头倾向的检测需以研究人弹落烟灰行为为基础。通过对消费者弹击卷烟行为的调查及数据统计分析,获得了消费者弹落烟灰的行为特征,具体如下:

① 促发方式主要有敲击和弹击两种方式,促发位置在样品的接装纸与卷烟纸交接处的占 94%,在卷烟纸处的占 6%。

② 持烟位置范围在距滤嘴端 10~30 mm 处,夹持宽度在 15~20 mm 之间。

③ 敲击方式下样本的促发力及其持续时间的分布分别如图 5.3(a)和图 5.3(b)所示,总体平均值分别为 18.6 gf(1 gf=9.8×10^{-3} N)和 0.07 s;而弹击方式下样本的促发力及其持续时间的分布分别如图 5.4(c)和图 5.4(d)所示,总体平均值为 38 gf 和 0.03 s。

④ 第一次弹击动作主要发生在燃烧锥形成后,抽吸口数均值为 3 口,后续第二次、第三次的弹击动作间隔抽吸口数分别为 2.2 口和 2 口(表 5.1)。

⑤ 吸烟者每弹击两下的时间间隔约为 0.5 s,弹击触点宽度约为 10 mm。

⑥ 对于弹击频次,1 下/次的比例为 31.8%,2 下/次的比例为 45.8%,3 下/次的比例为 12.7%。

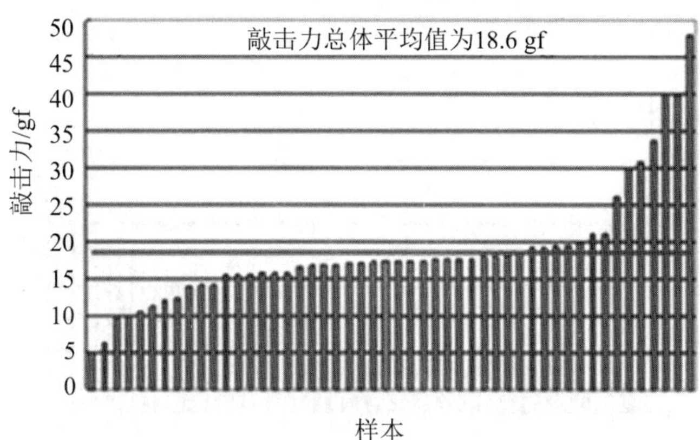

(a) 个人敲击力平均值分布图

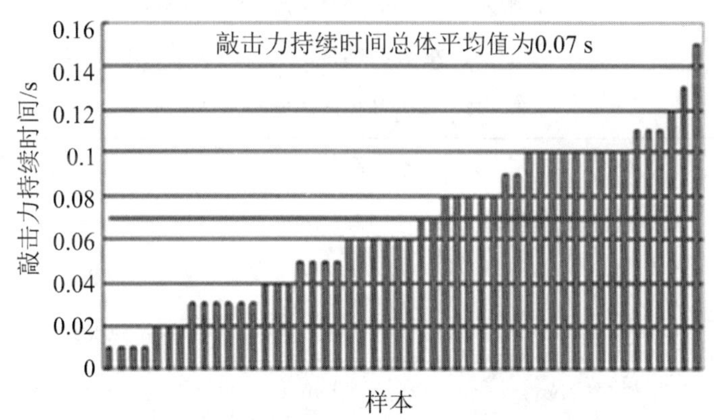

(b) 个人敲击力作用时间平均值分布图

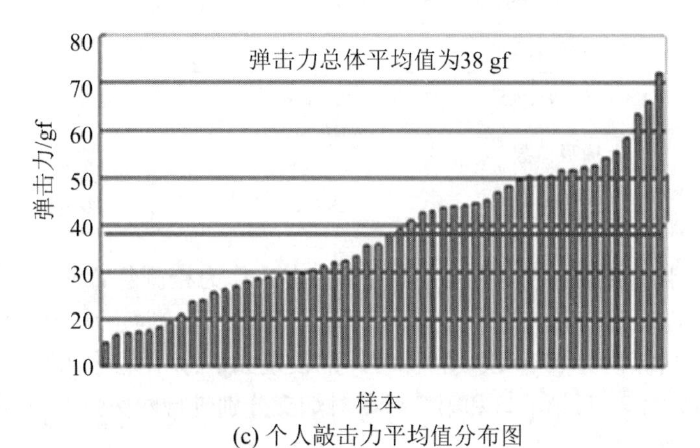

(c) 个人敲击力平均值分布图

图 5.3　不同促发方式下样本的促发力及其持续时间的分布

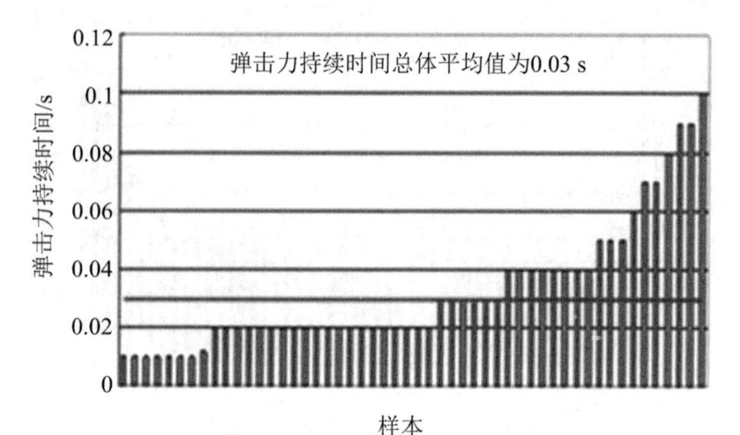

(d) 个人敲击力作用时间平均值分布图

图 5.3(续)

表 5.1 弹击动作时机情况

弹击序次	项　目	平 均 值	主要分布范围
第一次	燃烧线位置	12.3 mm	8～15 mm
	抽吸口数	3 口	2～4 口
	间隔时间	44 s	30～50 s
第二次	燃烧线位置	19.1 mm	14～25 mm
	抽吸口数	2.2 口	2～3 口
	间隔时间	34 s	20～40 s
第三次	燃烧线位置	25 mm	20～35 mm
	抽吸口数	2 口	1～3 口
	间隔时间	32 s	20～45 s

根据消费者弹落烟灰的行为特征，采用弹击方式作为检测装置施力方式，设置弹击力为(40±5) gf，调节弹击时间在 0.02～0.04 s 之间，设定弹击位置为烟蒂端(30±5) mm，弹击频次为 2 下/次。检测程序的设定如下：采用符合 ISO 3308 标准的抽吸模式，在抽吸第 3 口、第 5 口和第 7 口后对烟支分别进行两次弹击，并在每次弹击动作前启用持烟夹。

5.4　卷烟燃烧锥落头倾向测试装置基本结构

测试装置通过机械结构模仿人为弹击烟支时的手指运动方式，最大限度模仿人弹落烟灰方式，其实体如图 5.4 所示，主要分为弹击单元、烟支夹持单元、抽吸单元和电路气路控制单元 4 大模块。该仪器通过精确的机械动作再现弹击过程中的卷烟受力状态，弹击角度控制精度高，弹击力值（0～100 gf）和时间可准确设置，6 通道同时测试，工作效率高。

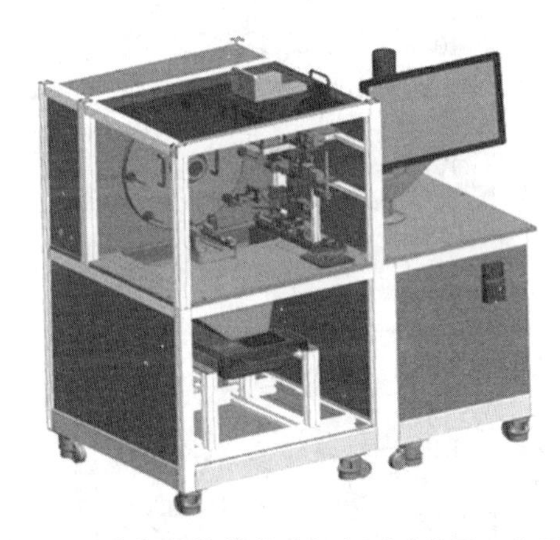

图 5.4　卷烟燃烧锥落头倾向测试装置示意图

装置中，弹击单元的主要部件是弹簧片和旋转气缸，前者可较好地模仿人的弹击方式，后者作为动力装置实现弹击的动作过程。图 5.5 所示的是弹击单元的弹击力学曲线，从分析运动过程和所测力学曲线可以看出，该模块可以较好模仿人弹击方式。

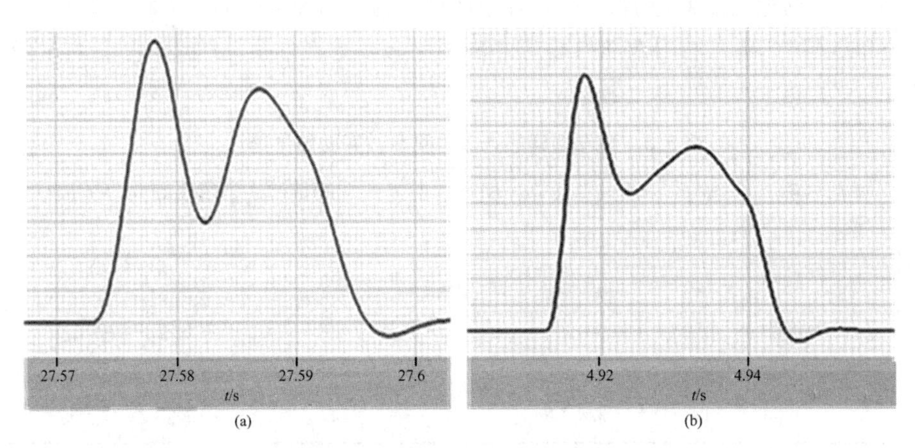

图 5.5　(a) 人弹击时力学曲线图；(b) 弹击单元弹击时力学曲线

5.5 卷烟燃烧锥落头倾向测试方法的有效性

将卷烟落头倾向测试装置参数设定为38 gf弹击力，采用ISO 3308标准抽吸模式(6通道)，并以45°角敲击，红外测温判定燃烧锥落头，样本测试数量为40支/组，共进行了10组重复性实验，测试结果如表5.2所示。

表5.2 某卷烟样品仪器法重复性实验结果统计*

样品名称	组号	测试总数	烟支落头数	卷烟燃烧锥落头倾向(*HCFP*)
某品牌卷烟	一	40	2	5%
	二	40	2	5%
	三	40	1	2.5%
	四	40	2	5%
	五	40	2	5%
	六	40	2	5%
	七	40	3	7.5%
	八	40	1	2.5%
	九	40	1	2.5%
	十	40	3	7.5%
卷烟燃烧锥落头倾向平均值($\overline{HCFP}$)：				4.75%
卷烟燃烧锥落头倾向标准偏差：				0.018 4

* 注：卷烟样品测试前先在温度22±1 ℃、湿度(60±2)%的环境下平衡48 h。

同时，邀请20人采用人抽吸卷烟弹落烟灰的方法进行测试，每人测试样品20支，取每两人样品测试结果为一组，共10组，测试结果如表5.3所示。

表5.3 某卷烟样品人工法重复性实验结果统计*

样品名称	组号	测试总数	烟支落头数	卷烟燃烧锥落头倾向(*HCFP*)
某品牌卷烟	一	40	4	10%
	二	40	4	10%
	三	40	3	7.5%
	四	40	4	10%
	五	40	2	5%

续表

样品名称	组号	测试总数	烟支落头数	卷烟燃烧锥落头倾向($HCFP$)
某品牌卷烟	六	40	4	10%
	七	40	5	12.5%
	八	40	3	7.5%
	九	40	2	5%
	十	40	4	10%
卷烟燃烧锥落头倾向平均值($\overline{HCFP}$)：				8.75%
卷烟燃烧锥落头倾向标准偏差：				0.024 3

比较某卷烟样品机器法(表 5.2)和人工法(表 5.3)落头倾向测试结果可以看出：仪器法测试的某卷烟样品落头倾向均值为 4.75%，标准偏差为 0.018 4；而人工法测试的该卷烟落头倾向均值为 8.75%，标准偏差为 0.024 3。表明仪器法测试较人工法具有更好的重复性。

进一步，采用仪器法和人工法检测不同品牌卷烟样品的落头倾向，结果如表 5.4 所示。可以看出，仪器法与实际弹落烟灰行为在结果趋势上有较好的一致性，说明仪器法可有效评价卷烟燃烧落头倾向。

表 5.4　仪器法与人工法比对验证结果

样品	仪器法			人工法		
	测试烟支数	落头数	落头比例	测试烟支数	落头数	落头比例
A	40	0	0%	400	0	0%
B	40	2	5%	400	13	3.2%
C	40	3	7.5%	400	35	8.75%
D	40	9	22.5%	400	53	13.2%
E	40	13	32.5%	400	68	17.0%

5.6　卷烟燃烧落头倾向影响因素

卷烟燃烧锥落头缺陷的解决，依赖于对卷烟燃烧锥落头倾向影响因素的研究。安徽中烟以卷烟纸类型、配方烟丝种类、烟支质量和填充值作为影响因素，制备相应试制卷烟(表 5.5)。

表 5.5 试制卷烟制备参数

卷烟编号	卷制参数	卷烟编号	卷制参数
GB-0	20 元卷烟对照样	GB-4	90 元卷烟烟丝＋快燃卷烟纸
GB-1	20 元卷烟烟丝＋普通盘纸	GB-5	20 元卷烟＋烟支质量(0.895 g/支)
GB-2	20 元卷烟烟丝＋保润盘纸	GB-6	20 元卷烟＋烟支质量(0.915 g/支)
GB-3	35 元卷烟烟丝＋快燃卷烟纸	GB-7	20 元卷烟＋烟支质量(0.925 g/支)

卷烟燃烧落头倾向测试实验参数设置如表 5.6 所示，根据该测试条件对表 5.5 所列 8 种试制卷烟进行卷烟燃烧锥落头倾向测试实验，结果如表 5.7 所示。

表 5.6 卷烟燃烧落头倾向测试实验参数*

施力方式	弹击力度/gf	作用时间/s	弹击位置/mm	弹击频次	弹击角度	烟支方向	卷烟测试数/支/组	抽吸模式
弹击	38	0.03	30	2	45°	水平	40	ISO 3308

* 注：第二口抽吸后逐口弹击。

表 5.7 试制卷烟燃烧锥落头倾向测试结果

编号	第一组		第二组		平均
	落头数	落头倾向	落头数	落头倾向	落头倾向
GB-0	0	0%	1	2.50%	1.25%
GB-1	0	0%	0	0%	0%
GB-2	3	7.50%	1	2.50%	5%
GB-3	10	25%	9	22.50%	23.75%
GB-4*	16	40%	/	40%	
GB-5	6	15%	8	20%	17.5%
GB-6	7	17.50%	5	12.50%	15%
GB-7	1	2.50%	2	5.00%	3.75%

* 注：GB-4 落头率太大，没有去做第二组实验。

对比 GB-0、GB-1 和 GB-2 卷烟的落头倾向，20 元对照卷烟和普通盘纸卷烟的落头倾向并不明显，而采用保润盘纸的卷烟燃烧锥落头倾向为 5%，说明保润盘纸相比较普通盘纸更容易导致卷烟落头。

对比样品卷烟 GB-3 和 GB-4，两者均采用快燃卷烟纸，其落头倾向分别高达 23.75%和 40%，远大于正常卷烟的落头倾向，说明快燃卷烟纸更易导致卷烟燃烧锥落头。这可能是由于卷烟纸的燃烧速率远快于烟丝的燃烧速率，使卷烟产生了较长的燃烧锥，在弹落烟灰时，燃烧锥易从卷烟主体部分脱落。与此同时，在使用相同卷烟纸的情况下，35 元价位(GB-3)的卷烟落头倾向又远低于 90 元价位(GB-4)的卷烟，可见卷烟的叶组配方对落头倾向有很大的影响。

对比 GB-5、GB-6 和 GB-7 三种卷烟的落头倾向发现，随着烟支质量的增加，卷烟的落头倾向明显降低，尤其当烟支质量由 0.915 g/支增加至 0.925 g/支(质量增幅 1.1%)时，卷烟落头倾向降幅高达 75%。

参 考 文 献

[1] 王海滨，刘德虎，吴兆刚，等. 卷烟燃烧端掉落现象的分析与研究[C]//中国烟草学会 2010 年研讨会论文集. 2010:285-287.

[2] 张朝平. 卷烟落头检测装置[P]. CN 201210438546.6.

[3] 李斌. 一种利用旋转方式检测卷烟落头倾向的装置[P]. CN 201310227468.X.

[4] 李斌，马新玲，刘向真，等. 卷烟燃烧锥受力分析与落头倾向检测方法[J]. 烟草科技，2014(1):12-15.

[5] 叶灵，李超，焦俊，等. 卷烟燃烧锥保持性测试仪的设计及应用[J]. 湖北农业科学，2016(23):6258-6260.

第6章 新型烟草制品燃烧热解分析技术

随着全球控烟环境的日趋严格及消费者对健康地日渐关注，新型烟草制品逐渐成为世界各国烟草行业的发展重点。新型烟草制品主要包括无烟气烟草制品、电子烟和低温加热型卷烟。一般来说，低温加热型卷烟是利用特殊热源对烟丝进行加热（加热温度为500 ℃甚至更低），而烟丝只加热不燃烧的新型烟草制品[1]，特征是有害成分释放量较低[2,3]并可提供消费者一定的烟草特征感受。低温加热型卷烟的加热方式主要包括电加热型、炭加热型、理化反应加热型和其他热源型等。菲利普-莫里斯公司（Philip Morris USA）开发的“穿越”（Accord）[4]和菲莫国际（PMI）研发的“加热吧”（Heatbar）[5]产品是电加热型烟草制品的代表。雷诺公司分别于1988年、1995年和2015年上市的“卓越”（Premier）、“伊克莱斯”（Eclipse）和REVO[6,7]都属于燃料加热型烟草制品。这3种产品所使用的热源均为炭质固体燃料。理化反应加热型烟草制品目前仍处于概念阶段。2014年，菲莫国际推出其第4代电加热不燃烧烟草产品——万宝路加热棒（Marlboro HeatSticks）[8]和附属装置电加热器（iQOS）[9]。

对于低温加热型新型烟草制品来说，烟草材料虽未发生燃烧反应，但仍然经历热解过程，其热解特性与产品烟气成分和毒理学特性等密切相关[10-12]。开展对低温加热状态下烟草材料热解特性的研究，实现对不同形式低温加热型卷烟的产品品质、成分释放、质量安全等全面、科学的评价，对于促进新型低温卷烟设计、研发和制造的关键核心技术突破，指导和规范新型卷烟的开发和生产，都具有非常重要的价值和意义。

6.1 热分析技术在新型烟草制品中的应用

6.1.1 热重分析法研究低温加热型卷烟烟草材料热解过程

热重分析法（TG），可提供程序升温条件下样品的热分解信息[13]，是诊断分析烟草材料在低温加热状态下的热降解特性非常重要的手段之一。和传统卷烟相比，炭加热和电加热烟草材料的烟雾生成剂（传统卷烟中用作保润剂）以及香料使用量具有明显区别。烟雾生成剂和料香有不同的热力学性质[14]，该复合添加物必将对其烟草材料的热失重行为产生直接的影响。

杨继等[15]利用热重/差示扫描量热法研究了空气氛围下典型电加热和炭加热新型卷烟烟草材料热行为。典型炭加热型卷烟具体结构参见图6.1。图6.2给出了其在10 ℃/min升温速率、80 mL/min空气流量条件下的TG-DTG-DSC热重/差示扫描量热分析结果。

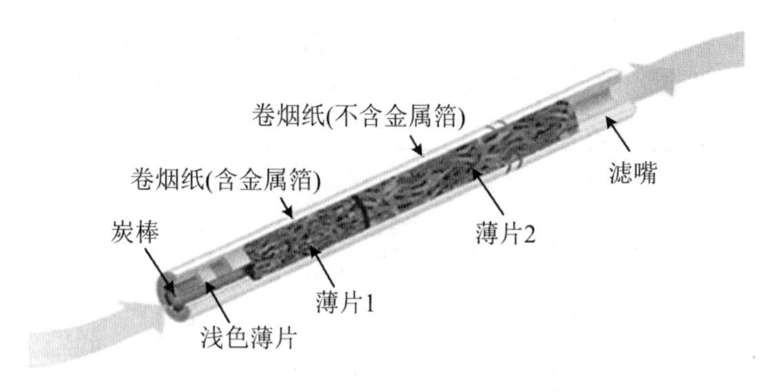

图6.1　典型炭加热卷烟结构示意图

由图6.2可知，烟草材料薄片1的热失重过程可以分以下4个阶段：

第一个阶段发生在30～100 ℃，期间失重7.74%，可能是烟草材料中添加的易挥发的保润剂失重引起的。

第二失重阶段为133～270 ℃，失重51.55%，是主要失重阶段，可能是烟草材料中添加的保润剂失重和水分、挥发性物质受热分解以及纤维素晶体单糖和其他一些小分子物质因热裂解[16]。在这一阶段，DTG曲线呈现出一个较大的尖峰，194.5 ℃时DTG为0.035 mg/℃。

第三失重阶段为278～365 ℃，失重12.97%。这一阶段，DSC呈现出放热峰，热焓变化为634.4 mJ，可能是碳水化合物分解、高沸点化合物和结合态水蒸馏挥发、纤维素热分解造成的[17]。

在391～588 ℃失重17.51%，为第四失重阶段，对应的DSC曲线上出现了一个巨大的放热峰，最大放热温度为423.4 ℃，热焓变化为13 J。大分子物质，例如木质素热裂解，残留物进一步裂解和碳化[17]。

烟草材料薄片2在空气中只有2个明显的热解失重段：

第一阶段为160.4～349.9 ℃，失重24%，306 ℃时DTG为0.004 mg/℃，可能是薄片中的单糖、小分子物质以及纤维素热分解造成的。

第二阶段为367.8～517.2 ℃，失重21%，发生了剧烈的氧化反应直至燃烧放热。这一阶段多糖物质(多为高分子物质如木质素等)发生热裂解造成失重。DSC曲线上呈现出大而尖锐的放热峰，热焓变为9 987.9 mJ。在650 ℃左右有6%的轻微失重，可能是薄片中的碳酸钙受热分解造成的。

电加热型卷烟烟草材料主要由再造烟叶卷制而成，其内层为接近深色的薄片，外层为类似浅色的薄片。由图6.3可以看出，该烟草材料失重也分4个阶段：32～87 ℃

失重 6.9%；108～223 ℃失重 25.41%；232～347 ℃失重 29.42%；396～487 ℃失重 19.51%。和炭加热卷烟烟草材料相比，电加热卷烟烟草材料没有明显的失重段，除了第一阶段失重率较少外，后面 3 个阶段均维持在 20%～30%。与传统卷烟配方不同的是，低温加热型卷烟烟草材料在前两个阶段的失重量要更高[18]，这主要是由于相对高比例的香料及烟雾生成剂及较高的水含量，在加热不燃烧卷烟的加热温度下大量挥发。同样，和典型的再造烟叶薄片相比[19,20]，低温加热型卷烟烟草材料除了第一失重阶段的水分和挥发性物质失重外，从第二阶段起热失重温度都有所提前。

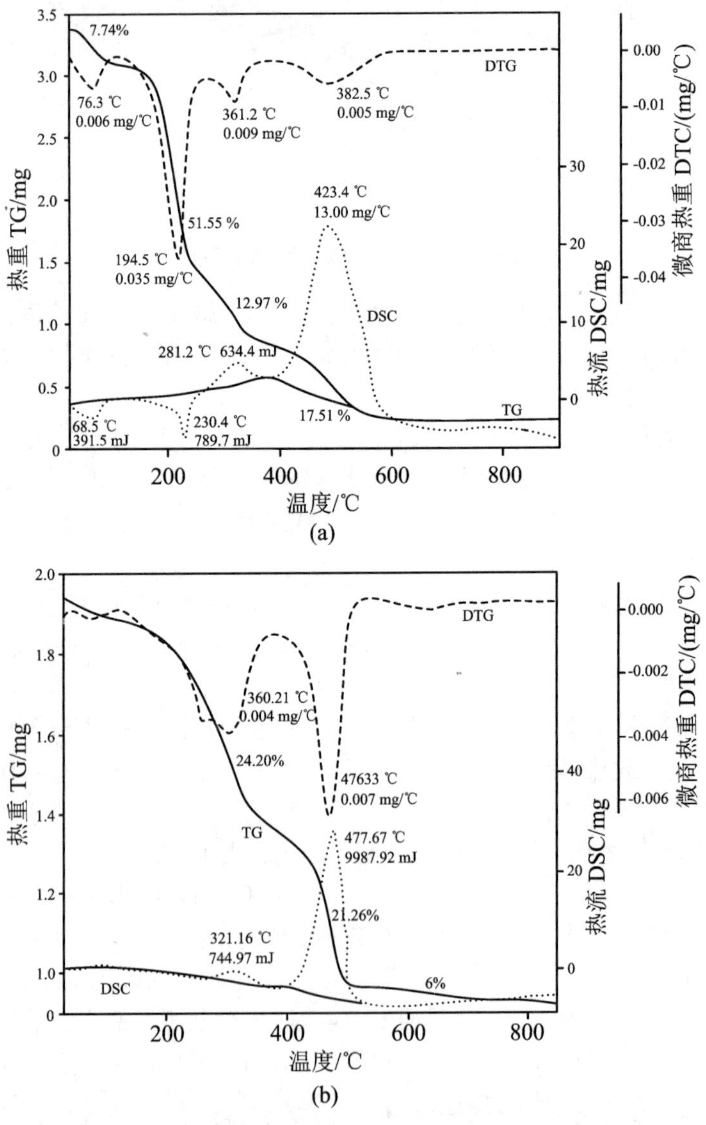

图 6.2 炭加热卷烟烟草材料薄片 1(a)和薄片 2(b)的热重(TG)、微商热重(DTG)、热流(DSC)-温度(Temp) 曲线

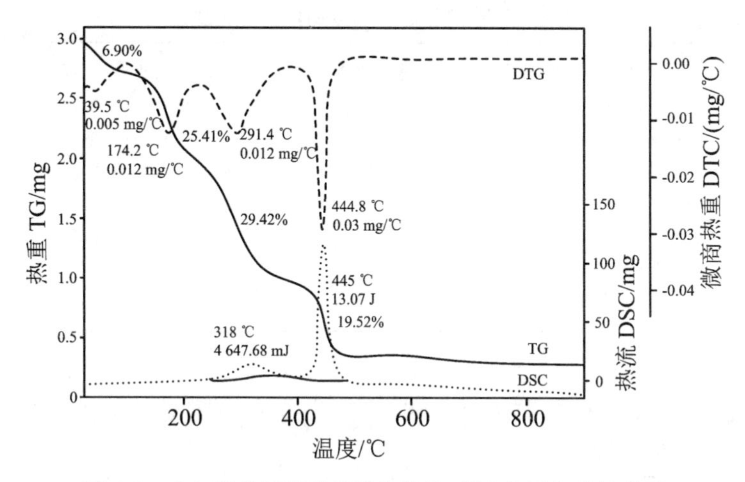

图 6.3　电加热卷烟烟草材料的热重、微商热重和热流曲线

唐培培等[18]利用热重分析法考察了不同甘油添加量对烟丝样品热解特性的影响,结果如图 6.4 所示。由 TG 曲线和 DTG 曲线可以看出,4 种烟丝样品均存在 4 个放热阶段。添加甘油后,第一阶段(50～130 ℃)和第二阶段(130～220 ℃)的失重比例明显增大,而且随添加量的增大呈上升趋势;第三阶段(220～420 ℃)的失重比例明显下降,且随甘油添加量的增大呈下降趋势,该阶段起始温度随甘油添加量的增大呈明显上升趋势;第四阶段(420～550 ℃)的失重比例变化规律不明显。第三和第四失重阶段分别对应 DSC 曲线中的两个燃烧阶段。根据 TG-DTG 法得到的样品着火温度如表 6.1 所示。由表 6.1 可以看出,加热温度超过 220 ℃后,烟丝样品热解产生的挥发性物质开始燃烧,温度超过 420 ℃后碳化物开始燃烧。烟丝添加甘油后,两个阶段的着火温度都明显提高,且随添加量的增大呈上升趋势。

综上所述,烟丝添加甘油后,一方面能够增大样品在低温下的失重比例,即增大加热状态下的烟气释放量;另一方面能够提高烟丝的着火温度,降低烟丝燃烧性。

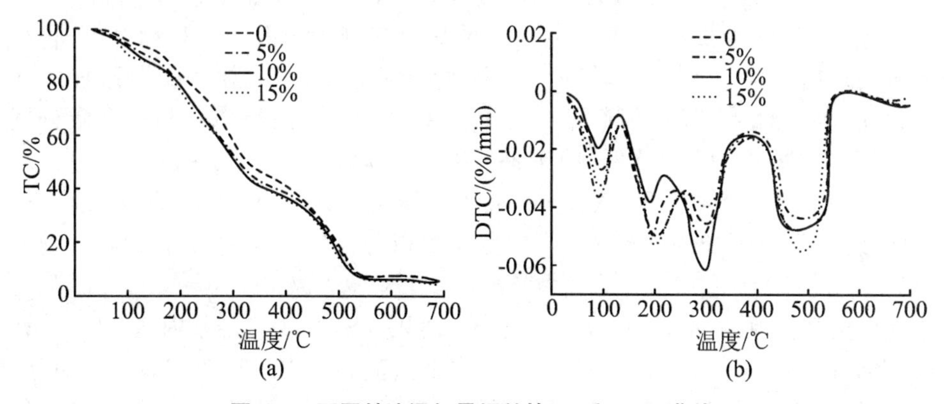

图 6.4　不同甘油添加量烟丝的 TG 和 DTG 曲线

表 6.1 不同甘油添加量烟丝的着火温度

烟丝样品（甘油添加量/%）	第一燃烧阶段/℃	第二燃烧阶段/℃
0	267	427
5	272	437
10	280	442
15	292	446

6.1.2 热解气质联用法研究加热不燃烧卷烟烟草材料热解产物

杨继[15]等人利用热解气质联用法研究了典型加热不燃烧卷烟烟草材料在 50～350 ℃升温区间的热裂解行为。研究发现，两种烟草材料在 350 ℃以下的热裂解实验中，主要检出物质为甘油、丙二醇和烟碱；其他主要物质还有乙酸、酮、醛和烷烃等。研究人员据此认为，加热不燃烧卷烟的感官质量相对来说更依赖于人为添加的挥发性香味物质，而传统卷烟的抽吸体验则基本上依赖于后期的高温热裂解和热合成。

尚善斋[21]等人曾利用在线 Py-GC/MS 对一种源自烟草的糖苷类潜香化合物香兰素-β-D-葡萄糖苷在加热不燃烧型卷烟的加热温度下的热裂解行为进行了研究。研究发现，香兰素-β-D-葡萄糖苷在 150～500 ℃的温度下的裂解过程中主要释放出简单酚类、氧杂环类、环戊烯(酮) 类和其他类化合物：

其中简单酚类 5 种，依次为 2-甲氧基苯酚、2-甲氧基-4-乙烯基苯酚、香兰素、3-羟基-4-甲氧基-苯甲醛和 4-(乙酰氧基) -3-甲氧基-苯甲醛。在 150～500 ℃下，该类物质相对含量分别为 50.94%、85.75%、89.33%、87.57%和 84.09%。

其中氧杂环类 11 种，依次为 2-羟基-γ-丁内酯、左旋葡萄糖酮、2,3-二氢-3,5-二羟基-6-甲基-四氢-吡喃-四酮、3,5-二羟基-2-甲基-四氢-吡喃-四酮、1,4(和 3,6)-脱水-α-D-吡喃葡萄糖、3,4-脱水-D-半乳糖、2,3-脱水-D-甘露糖、2,3-脱水-D-半乳糖、1,6-脱水-β-D-吡喃型葡萄糖和 D-阿洛糖。在 150～500 ℃下，该类物质相对含量分别为 10.64%、4.45%、6.14%、6.02%和 7.23%等。

其中环戊烯(酮) 类 3 种，依次为 2-羟基-2-环戊烯酮、3-甲基-1,2-环戊二酮和 2-羟基-2-环戊烯酮。在 150～500 ℃下，该类物质相对含量依次别为 0.1%、0.27%和 0.43%。

其他类共 7 种，依次为丙二酸、1-羟基-2-丙酮、(S)-2,3-二羟基丙醛、1,2-环氧-3-乙酸丙酯、1-乙酰氧基-2-丙酮、(S) -2,3-二羟基丙醛和 2(R),3(S) -1,2,3,4-四丁醇。在 150～500 ℃下，该类物质相对含量依次别为 0%、0.17%、0%、1.31% 和 2.54%等。

以上说明，随着裂解温度的提高，裂解程度越来越深，裂解产物的数量不断增多。

在 200～300 ℃加热温度下，该糖苷类潜香物质可以充分失重，并产出具有最高的有效转移率的香气物质——香兰素；同时，可能具有相对较低含量的有害裂解产物。以上研究可以证实，在 200～300 ℃的加热温度下，该潜香物质在加热非燃烧型卷烟中具有潜在的应用价值。

6.1.3　管式炉热分析技术的应用

赵龙等[22]利用实验室管式炉加热装置(图 6.5)，将不同甘油含量的烟丝在 300 ℃下加热，捕集烟气粒相物，并采用气相色谱-质谱方法分析烟气中挥发性、半挥发性成分，研究了甘油对烟叶加热状态下烟气粒相物中挥发性、半挥发性成分的影响。

研究发现烟丝中添加甘油可增加烟气中挥发性、半挥发性成分的释放量，但甘油添加量为 5%～50%时，烟气中挥发性、半挥发性成分的总释放量无明显差异；糠醛、6-甲基-3，5-二羟基-2，3-二氢吡喃-4-酮、5-羟甲基-2-糠醛等糖类裂解成分释放量相对较大，且随甘油添加量的增大呈先增加后降低趋势；巨豆三烯酮、新植二烯等烟草固有成分的释放量随甘油添加量的增大呈逐渐增加趋势；与空白样品相比，添加甘油的烟丝烟气中增加了甘油单羧酸酯，且随甘油添加量的增大呈持续增加趋势。在烟丝中添加甘油有助于烟气粒相物中挥发性、半挥发性成分的释放，但对不同成分的影响趋势存在差异。

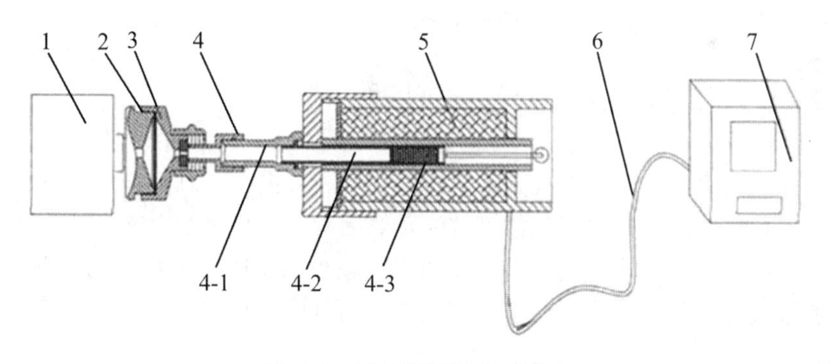

图 6.5　烟气捕集装置示意图

1. 单孔道吸烟机；2. 捕集器；3. 剑桥滤片；4. 热解管：4-1. 连接段，4-2. 冷凝段，4-3. 填充腔；5. 加热体；6. 连接缆线；7. 控制箱

唐培培等[18]利用该实验室加热装置研究了甘油对烟叶热性能及加热状态下烟气释放的影响。研究发现烟气粒相物、烟碱、水分和焦油释放量均随加热温度的升高而增大；烟气粒相物和烟碱释放量均随甘油添加量(0～10%)增加而增大，甘油添加量大于 10%后释放量变化均不明显；10%和 15%的甘油添加量能够显著增加焦油释放量，添加甘油后焦油中增加的主要是甘油释放量；添加甘油能显著增加烟气水分释放量，但不同甘油添加量(5%、10%和 15%)之间差异不明显。研究人员据此认为，添加甘油有利于降低烟丝的燃烧温度，并改善烟草在加热状态下的烟气释放。

此外,刘珊等[23]同样利用该装置对烤烟(B2F、C3F)、白肋烟(B2F、C3F)及香料烟(B1、B2)3 种类型烟叶在 200～400 ℃进行加热,并测试烟气粒相物、烟碱、水分和焦油的释放量,考察加热状态下烟叶的烟气释放特征。结果发现:在加热状态下,不同类型及部位烟叶的烟气释放具有相似的变化趋势,粒相物、烟碱、水分及焦油的释放量均随加热温度升高而逐渐增加;当加热温度高于 250 ℃时,烟叶的烟气烟碱释放比例显著高于烟叶的游离烟碱比例,释放的烟碱不仅来自烟叶自身游离烟碱的迁移,还包含了烟叶中热解释放的结合态烟碱;烟叶在加热状态下的烟气水分释放量很高,释放水分不仅来自烟叶自身水分的迁移,还有相当部分的水分来自烟叶的热解过程。

6.2 基于可控等值比法的低温加热状态下烟草热解分析技术

和传统卷烟相比,低温加热型卷烟在消费形式上发生了明显转变,导致现有燃烧热解分析仪器在研究烟草低温加热状态下热解特性时出现一定的局限性,如无法准确模拟加热不燃烧环境、很难实现对不同加热不燃烧环境下烟气气溶胶物理化学特性的精确定量分析等。随着低温加热型烟草制品研发工作地不断推进,对烟草低温加热状态下热解分析新技术的开发显得十分必要。

6.2.1 可控等值比的基本原理

等值比的概念最早出现在火灾科学研究领域。火灾中,燃烧不充分导致的火灾烟气中的一氧化碳高产率是引起死亡事故的重要因素。但是由于火灾场景的复杂性,以目前的实验技术手段是难以模拟出具体的火灾场景的。Pitt 等人[24]为了测定碳氢化合物在燃烧过程中的一氧化碳的产生情况,在研究过程中创造性地引入了等值比 φ 的概念:

$$\varphi = \frac{实际\dfrac{v_{燃料}}{v_{空气}}}{理论\dfrac{v_{燃料}}{v_{空气}}}$$

式中,当 $\varphi<1$ 时,燃料为贫乏燃烧状态,典型 CO 产率为 0.01 g/g;当 $\varphi=1$ 时,为等值比燃烧状态(即氧气供应刚好满足碳氢化合物转化为相应的水和二氧化碳),典型 CO 产率为 0.05 g/g;当 $\varphi>1$ 时,为燃料富余燃烧状态,典型 CO 产率为 0.2 g/g。

材料的燃烧行为与其所处的火灾场景密切相关,其生成有毒烟气的组成与外界温度、氧气浓度等密切相关。此外,火灾有毒烟气的生成和变化是与火灾发展不同阶段的化学反应条件密切相关的[25-27]。

对于密闭或者半密闭空间火灾而言，根据火灾发生过程中温度的变化可将火灾分为初起阶段、发展阶段和熄灭阶段。在初起阶段，材料本身发生降解和不完全燃烧，该阶段温度相对较低，产生的一氧化碳、氰化氢等物质不能被完全燃烧。因此，虽然该阶段的燃烧速率以及火势增长速率较低，但是有毒烟气的产量大、毒性强。随着温度的升高或者通风条件改善，材料持续燃烧的速度加快，燃烧产生的大量水蒸气、二氧化碳、氮氧化物、醛类等物质迅速弥散；与此同时，火场温度、气体对流强度、燃烧速率均达到峰值时，可能会伴有可燃性物质不完全燃烧或因高温分解而释放大量烟气等现象发生。在火灾发展的后期，随着可燃性挥发物质减少以及氧气浓度的降低，火灾燃烧速率减慢，火场温度逐渐下降，但此时也会由于不完全燃烧产生各种毒性烟气。

火灾烟气毒性随着火灾外部条件的改变而发生变化，研究材料在火灾不同发展阶段的有毒烟气，对于了解影响材料相关有毒烟气产生的因素，如材料组成、温度、氧气浓度等是非常重要的。对于材料燃烧产生烟气毒性的评价，国内外通常采用小尺寸实验装置，如 NBS 锥形炉、小鼠染毒实验和(或)烟气成分分析法，基于有效剂量分数模型(FED)和有效浓度分数模型(FEC)等参数对火灾烟气毒性进行评价[28,29]。

FED 方法首先测量材料燃烧所释放出的相关气体的绝对含量，再把测量结果转换成不同气体成分在杀死某种生物的烟气所需的总剂量中所占的比例。式 6.1 给出了 FED 的数学模型：

$$FED = \frac{m[CO]}{[CO_2]-b} + \frac{21-[O_2]}{21-LC_{50,O_2}} + \frac{[HCN]}{LC_{50,HCN}} + \frac{[HCl]}{LC_{50,HCl}} + \frac{[HBr]}{LC_{50,HBr}} + \frac{[SO_2]}{LC_{50,SO_2}} \tag{6.1}$$

式中，带方括号的物质的数值表示该种气体在火灾环境中的实际浓度；LC_{50} 是在一定暴露期和后观察期间内使 50%的实验动物(通常为小白鼠)死亡的毒性气体的浓度；m、b 是与 CO_2 的浓度有关的常量参数，当 $[CO_2] \leqslant 5\%$ 时，$m=-18$，$b=122\ 000$，当 $[CO_2] > 5\%$ 时，$m=23$，$b=-38\ 600$。

通常情况下，该模型可以有效地预测材料的火灾烟气毒性。大部分小尺寸模型是在固定的热通量条件下进行操作的，采用少量的测试样品在通风良好的条件下可以模拟材料在火灾发展初期的烟气释放情况，但是很难模拟材料在通风不良条件下的稳态燃烧情况[30]。

基于此，以 ISO 19700 标准为基础的“可控等值比法测定火灾燃烧产物有害成分”中采用的稳态管式炉实验平台(SSTF)可以通过调控燃气区域温度、火焰状况以及燃料/氧气比等参数，再现材料在不同状态下的稳态燃烧，从而间接模拟材料在火灾发展各个阶段的稳态燃烧行为以及烟气释放情况[31,32]。在 SSTF 实验过程中，要将样品均匀地平铺在石英舟上，并以设定的速率通过步进电机将载有样品的石英舟送入管式炉中以控制燃料的产生速率。与此同时，在入口处采用质量流量控制器遥控通入空气的流速，并通过燃料的推进速率($v_{燃料}$)和进入管式炉的空气流量($v_{空气}$)的比值，即等值比(equivalence ratio，φ)以及通过调控管式炉温度即可模拟材料在不同燃烧状态下的稳态燃烧行为。以此对稳定状态下产生的烟气进行采集并加以定量分析，从而可以有效地研究影响材料的火灾烟气毒性的主要因素。

6.2.2　SSTF 装置的设计及构建

6.2.2.1　装置构成

如图 6.6 所示，稳态管式炉实验平台整体主要包括：管式炉、石英管、样品舟、进样自动系统、烟气混合检测箱、进气系统、数据采集端口、烟气过滤装置、光电探测器、气体鼓泡器以及流量计量泵等组件。

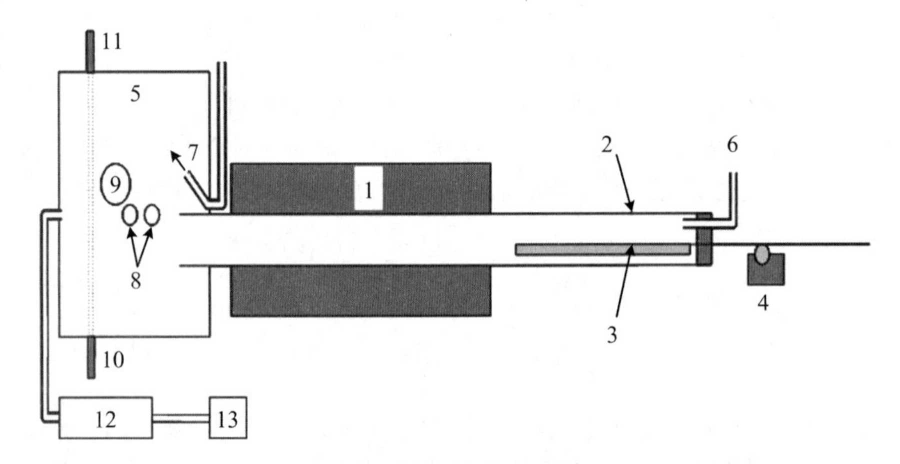

图 6.6　稳态管式炉实验平台整体构造图

1. 管式炉；2. 石英管；3. 样品舟；4. 样品舟制动装置；5. 烟气混合测量箱；6. 一阶进气入口；7. 二阶进气入口；8. 采样线端口；9. 烟颗粒过滤器；10. 光源；11. 光电探测器；12. 气体鼓泡器；13. 流量计量泵

6.2.2.2　关键设备说明

相关配件尺寸参如图 6.7 所示。

炉管一般为对高温耐受性好的石英材质，长度在 895 mm 以上，以保证样品舟有足够的运行时间。其外径一般为(47.5±1) mm，壁厚(2±0.5) mm，炉管靠近一阶进气的那端一般采用聚四氟乙烯阀封口，另一端有(55±5) mm 伸入烟气混合检测箱中。其各部分尺寸如图 6.8 所示。石英炉管中段通过单片机控制的管式炉进行加热，管式炉常用工作温度为 350～850 ℃，也可根据具体情况进行设定。

样品舟一般也采用耐高温的石英材质，外径(41±1) mm，长度 800 mm(一般根据

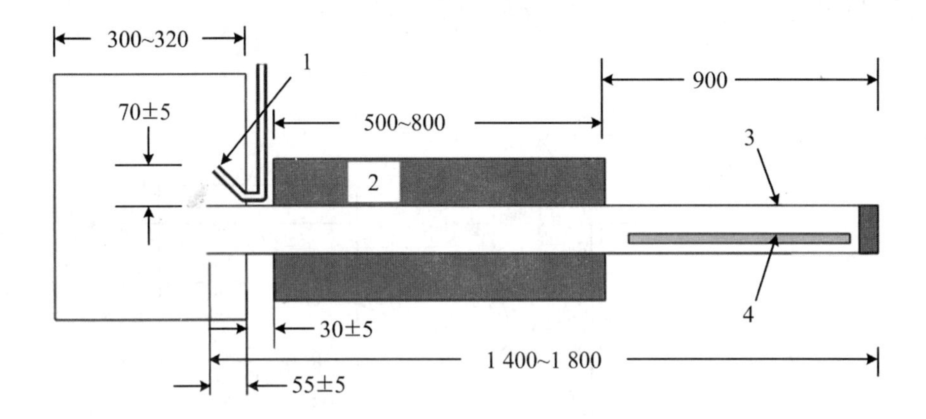

图 6.7　SSTF 实验平台关键设备尺寸(单位:mm)

1. 二阶进气与垂直方向呈 45°夹角;2. 管式炉;3. 炉管;4. 样品舟

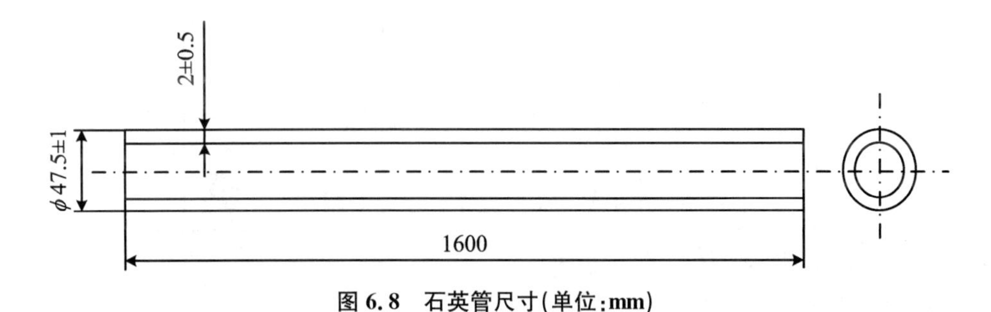

图 6.8　石英管尺寸(单位:mm)

实际情况可适当延长),厚度(2±0.5) mm,其各部分尺寸如图 6.9 所示。

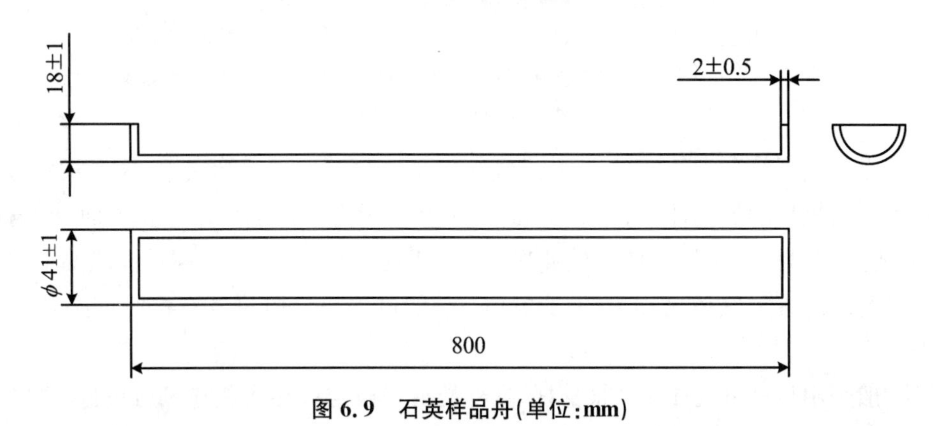

图 6.9　石英样品舟(单位:mm)

烟气混合检测箱为一边长 300～320 mm 的立方体,其正面有一扇门可以自由开关并保证其气密性。烟气混合检测箱水平或者垂直布置相关光电探测器用于检测烟密度,另外在箱体表面需要设置烟气样品取样点。整个箱体尺寸和相关取样点设置如

图 6.10 所示。

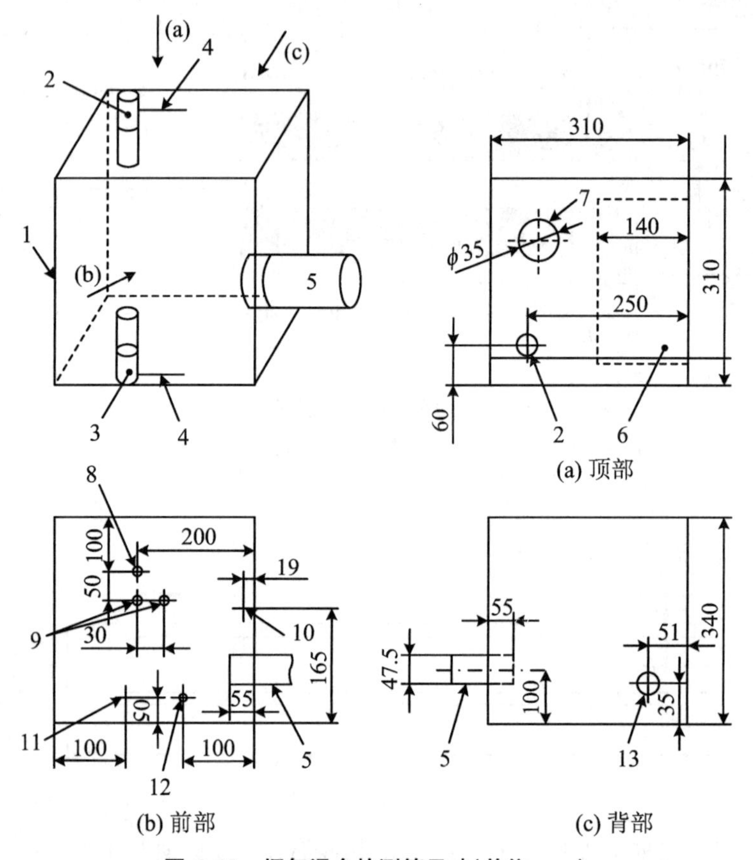

图 6.10 烟气混合检测箱尺寸(单位:mm)

1.门;2.光电探测器管;3.光源;4.光电探测器以及光源吹扫管;5.石英炉管;6.不锈钢板;7.安全吹出板(检测箱安全阀);8.烟气过滤器;9.采样线端口;10.二阶进气入口;11.热电偶端口;12.炉管气氛取样端口(检测氧浓度);13.排气口

整个供气系统分为两部分:一阶进气与样品一起通过进入管式炉,其主要目的在于供给材料燃烧的氧气(图 6.6);二阶进气从烟气混合检测箱中以垂直方向 45°角进入,其主要作用在于冷却稀释前面烟气混合箱燃烧产生的烟气,以满足检测要求。一阶进气与二阶进气气体之和为 50 L/min。一阶进气与二阶进气在检测前必须进行校准。

一般采用步进电机连接一根推杆,推杆的另一段与样品舟相连,通过对步进电机速度进行设置即可控制样品舟的前进速度(即样品前进长度)。速度一般控制在 5～100 mm/min,前进长度一般为 800 mm。

检测系统的主要包括对烟气颗粒的检测和对气体的检测两部分。烟气颗粒的烟密度可通过烟气混合检测箱上的光电探测器进行检测;对于烟气颗粒则可以采用阶式撞击取样器对不同粒径的样品进行分级称重,也可以将收集的烟气颗粒进行后续形貌分析。采样系统将采集的气体进行处理并导入相应的气体检测进行分析。气体检测目前涵盖氧气、二氧化碳、一氧化碳、氰化氢、氯化氢、溴化氢、氟化氢,氮氧化物、二氧化硫、甲醛、丙烯醛以及总碳氢化合物,也可以根据样品成分以及测试要求进行分析。

6.2.2.3　主要性能及应用情况

稳态管式炉烟气实验平台可以通过对燃料(待测样品)供给以及一阶进气(空气)速率的控制,模拟不同材料在不同火灾条件下的燃烧行为,并对此条件下产生的有毒气体以及烟尘颗粒进行定性以及定量分析,完成对材料燃烧烟气毒性的定性评价。其可以根据实际情况灵活调整烟气收集装置,从而高效地完成对不同材料的烟气毒性研究。

稳态管式炉烟气毒性实验平台主要针对具有固定成分的典型聚合物(PE、PP、PA等)以及相关复合材料在不同氧气供应条件下的烟气成分分析(定性和定量)以及烟气毒性定量评估。英国兰开夏大学的 T. R. Hull 教授和 A. A. Stec 博士采用稳态管式炉研究了不同聚合物的燃烧的烟气毒性,同时将稳态管式炉烟气毒性实验平台测试结果与 9705 大尺度实验进行了对比。国际上其他实验课题组也在进行相关平台的搭建和测试工作,但是相关数据目前鲜有报道。在此前研究的基础上,稳态管式炉有望进一步应用于对其他材料,如木材、有机建筑材、卷烟等的烟气毒性定性以及定量研究,可以作为评价有机材料燃烧毒性的重要手段。

6.2.3　不同等值比条件下烟草稳态热解实验参数的确定

首先对所研究烟草进行元素分析,获得烟草中所含碳、氢、氧、氮和硫等主要元素的含量,以便确定其化合物通式。

下面以 2011 年云南普洱 C3F 烤烟烟叶原料为例说明。

经过检测,烟草中 C、H、O、N 和 S 质量分数分别为 43.24%、6.29%、42.98%、1.93%和 0.77%。设定这 5 种元素所组成的化合物通式为 $C_xH_yO_zN_qS_pC_xH_yO_zS_pN_q$,结合元素分析结果,可简化为 $C_{360}H_{629}O_{269}N_{14}S_2$,其在氧气中充分燃烧热解的化学反应式[33]如下:

$$C_{360}H_{629}O_{269}N_{14}S_2 + 398.75O_2 \longrightarrow 360CO_2 + 314.5H_2O + 2SO_2 + 14NO_2$$

则在给定的温度(T=25 ℃)和压力(P=101.3 kPa)下,1 g 烟草样品中元素 C、H、O、N 和 S 恰好充分燃烧热解时所需氧气的体积为

$$(V_{氧气})_{理论} = \frac{n_{氧气}RT}{P} = 398.75 \times \frac{1 \times 0.95\,207}{9\,520.7}$$

$$\times \frac{8.314 \times 298.15}{101\ 300} = 0.976\ (\text{L})$$

由于C、H、O、N和S的质量分数总和高达95.21%,其充分燃烧热解的理论耗氧量基本上可以代表该烟草充分燃烧热解的理论耗氧量,因此1 g该烟草充分燃烧热解时理论空气消耗量为

$$(V_{空气})_{理论} = \frac{(V_{氧气})_{理论}}{0.21} = 4.65\ (\text{L})$$

此时,如果烟草的供给速率为1 g/min,则空气的供给速率应为4.65 L/min,因而有

$$\left(\frac{v_{烟草}}{v_{空气}}\right)_{理论} = \frac{1}{4.65} = 0.215\ (\text{g/L})$$

选取$\varphi=\varphi_0$,则可得

$$\left(\frac{v_{烟草}}{v_{空气}}\right)_{实际} = \varphi_0 \left(\frac{v_{烟草}}{v_{空气}}\right)_{理论} = 0.215\varphi_0 (\text{g/L})$$

当将20 g烟粉均匀铺在80 cm长的石英舟上,石英舟推进速度为6 cm/min,则烟草供给速率为

$$(v_{烟草})_{实际} = \frac{20}{80} \times 6 = 1.5\ (\text{g/min})$$

则空气实际流量为

$$(v_{空气})_{实际} = \frac{(v_{烟草})_{实际}}{\varphi_0 \left(\frac{v_{烟草}}{v_{空气}}\right)_{理论}} = \frac{1.5}{0.215} = \frac{6.98}{\varphi_0}\ (\text{L/min})$$

基于以上方法计算出不同等值比条件下的稳态热解实验参数,详见表6.2。

表6.2　不同等值比下烟草* 稳态热解实验相关参数

实验编号	等值比	$(v_{空气})_{实际}$/(L/min)
A	0.5	13.96
B	1.0	6.98
C	1.5	4.65
D	2.0	3.49
E	2.5	2.79
F	3.0	2.33

注:* 烟草供给速率固定为1.5 g/min。

6.2.4　加热非燃烧状态下烟草 CO 释放量分析技术及应用

CO 释放量是衡量烟草燃烧热解特性和烟气毒性的重要指标[34,35]，也将是体现低温卷烟综合品质的重要指标。CO 释放量受燃烧热解环境影响很大，而常规的热解分析仪器如热重分析仪[36-38]、CDS 热裂解仪[39-41]、管式炉[42-46]等均无法使烟草处于稳态热解状态，即氧气、样品以及温度三者相对恒定的状态，从而难以实时准确测定 CO 释放量。将稳态燃烧热解装置与非散射红外分析仪联用（SSTF-NDIR），则实现了对加热非燃烧状态下烟草 CO 释放的实时定量分析。

6.2.4.1　材料和仪器

34 种 2011 年生产的烤烟烟叶原料（表 6.3），50 ℃烘干，粉碎过 100 目筛备检。制得的烟粉于温度（22±1）℃和相对湿度（60±2）%条件下平衡 48 h。

表 6.3　34 种典型烤烟烟叶原料信息

序号	烟叶样品	产区	品种	等级	序号	烟叶样品	产区	品种	等级
1	AH-1	云南普洱	云 87	C12F	18	AH-18	湖南衡阳	云 87	B2F
2	AH-2	云南普洱	云 87	B12F	19	AH-19	贵州六盘水	云 87	C3F
3	AH-3	云南昆明	云 87	C3F	20	AH-20	贵州六盘水	云 87	B2F
4	AH-4	云南昆明	云 87	B1F	21	AH-21	贵州毕节	云 97	B2F
5	AH-5	云南文山	云 85	B2F	22	AH-22	贵州毕节	云 97	C3F
6	AH-6	云南文山	云 85	C3F	23	AH-23	重庆黔江	云 97	B2F
7	AH-7	云南麒麟	云 97	C3F	24	AH-24	重庆黔江	云 97	C3F
8	AH-8	云南麒麟	云 97	C4F	25	AH-25	福建南平	K326	C3F
9	AH-9	云南玉溪	K326	C3F	26	AH-26	福建龙岩	K326	C3F
10	AH-10	云南丽江	云 87	B2F	27	AH-27	福建龙岩	K326	X2F
11	AH-11	云南丽江	云 87	C3F	28	AH-28	福建龙岩	K326	B2F
12	AH-12	湖南郴州	云 87	X2F	29	AH-29	福建三明	CB-1	B2F
13	AH-13	湖南郴州	云 87	C3F	30	AH-30	四川攀枝花	云 85	B2F
14	AH-14	湖南郴州	云 87	B2F	31	AH-31	四川攀枝花	云 85	C23F
15	AH-15	湖南张家界	K326	B12F	32	AH-32	四川凉山	红大	B2F
16	AH-16	湖南张家界	K326	C3F	33	AH-33	四川凉山	云 85	X2F
17	AH-17	湖南衡阳	云 87	C23F	34	AH-34	安徽皖南	云 97	C3F

稳态燃烧热解装置(图 6.11),主要由一级进气(流量在 1～40 L/min 之间可调)、二级进气、石英舟(半圆柱形,长度 80 cm,外径 4.1 cm)、步进电机(速率在 1～20 cm/min 之间可调)、石英管(圆柱形,长度 1.6 m,外径 47.5 mm)、加热炉、稀释混合箱(容积 50 L)等组成;GASBOARD-3500 型非散射红外光谱仪(武汉四方光电科技有限公司),数据采集频率 1 次/s。

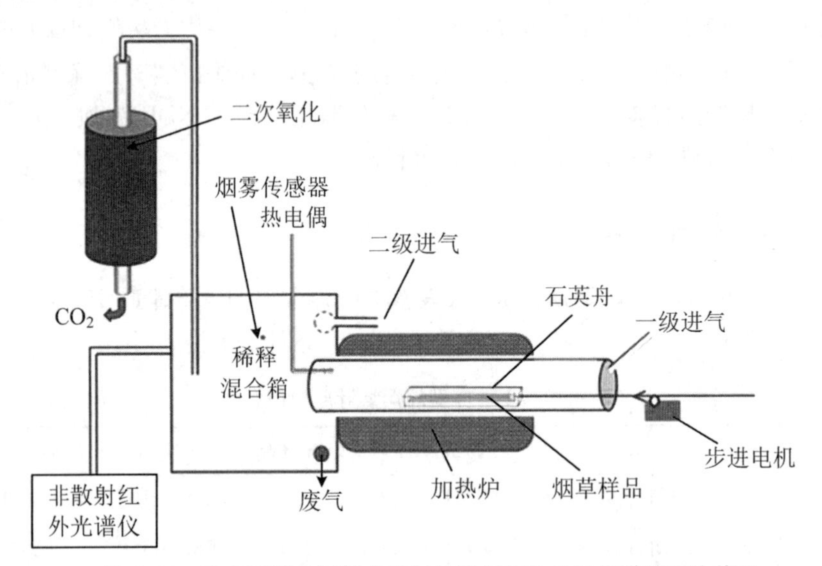

图 6.11　稳态燃烧热解管式炉与非散射红外分析仪联用实验装置

6.2.4.2　烟草稳态燃烧热解测试方法

将 20 g 烟粉均匀铺在石英舟上,并推入稳态燃烧热解装置的石英管,推进速率设定为 6 cm/min,一级进气和二级进气的总流量 50 L/min,待温度和空气流量稳定后,开始实验。将混合箱中的稀释混合气体以 1 L/min 流速抽进非散射红外仪,由计算机记录测试数据。重复 3 次,取平均值。

6.2.4.3　加热非燃烧状态下烟草 CO 释放量计算方法

从图 6.12 可以看出,CO 释放可分为 3 个阶段:增长期、稳定期和衰退期。载有烟草的石英舟进入加热炉后,CO 释放量快速增加,直至烟草供应量、一级进气、二级进气以及烟草热解产物释放量相平衡时,CO 体积分数便达到相对平稳,从 CO 开始释放到平稳阶段(4～6.5 min)可视为 CO 释放快速增长期;在 6.5～14 min 之间,CO 体积分数波动较小,可视为 CO 释放的稳定期;在热解后期(约 14 min 以后),所剩烟草已经很少,导致烟草供应量、一级进气、二级进气以及烟草热解产物释放量之间的平衡被打破,CO 体积分数快速降低直至为零。在 CO 释放的稳定期,CO 体积分数仍有波动,有必要将此阶段 CO 平均体积分数作为烟草稳态热解时的 CO 体积分数。为了清晰界定稳态区间，规定其为在稳定期内 CO 体积分数波动±25%。在 8～13 min(480～780 s)时，CO 体积分数的波动符合该要求，故求取区间内 CO 平均体积分数($\overline{f_{CO}}$)作为稳态区间的 CO 体积分数：

$$\overline{f_{CO}}=\frac{\dfrac{\left[\sum\limits_{i=480}^{780}(f_{CO})_i\right]_a}{780-480+1}+\dfrac{\left[\sum\limits_{i=480}^{780}(f_{CO})_i\right]_b}{780-480+1}+\dfrac{\left[\sum\limits_{i=480}^{780}(f_{CO})_i\right]_c}{780-480+1}}{3}$$

$$=0.142\,4\%$$

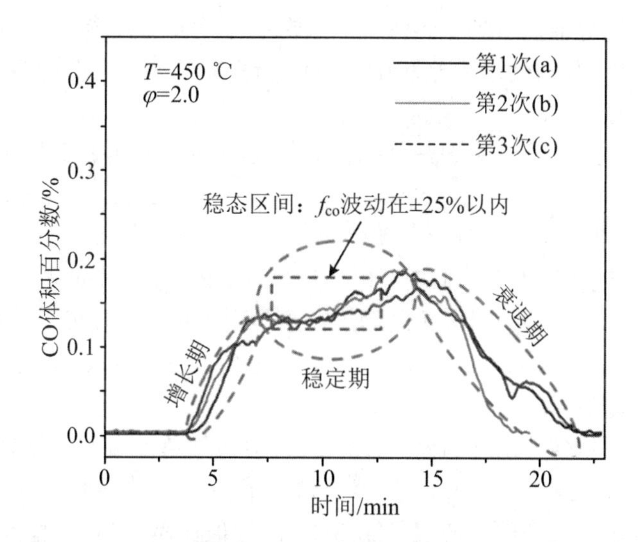

图 6.12　加热非燃烧状态下 CO 体积分数随时间的变化(n=3)

热解过程中，用于热解烟草的一级进气流量 V_1 为 3.49 L，用于热解产物冷却稀释的二级进气流量 V_2 为 46.51 L。由于一级进气中氧气仅占 21%，且烟草裂解生成气体一定程度上弥补了氧气含量降低导致的一级进气体积变化。假设烟草充分热解，则在环境温度下，热解前后气体摩尔数的变化率为

$$\frac{(398.75-376)}{398.75}\times100\%=-5.7\%$$

一级进气的体积变化率为

$$\frac{V_1\times0.21\times(-5.7\%)}{V_1}=-1.2\%$$

则两级进气的体积变化率为

$$\frac{-1.2\times V_1}{V_1+V_2}=-0.08\%$$

因此热解导致的一级进气体积变化对双级进气体积流量的影响可以忽略，即最终气体总量仍可视为(V_1+V_2)，则单位时间内生成的 CO 体积(V_{CO})为

$$V_{CO}=(V_1+V_2)\overline{f_{CO}}=50\times0.142\,4\%=0.071\,2\ (\text{L/min})$$

由于稀释混合箱与环境大气相通，那么 CO 生成质量速率(v_{CO})为

$$v_{CO}=\frac{PV_{CO}M_{CO}}{RT}=\frac{101\ 300\times 0.071\ 2\times 28}{8.314\times 298.15}=81.47\ (\text{mg/min})$$

则 1 g 烟草热解生成 CO 质量(m_{CO})为

$$m_{CO}=\frac{v_{CO}}{(v_{烟草})_{实际}}=\frac{81.47}{1.5}=54.3\ (\text{mg/g})$$

6.2.4.3 温度和等值比对烟草热解 CO 释放量的影响

为考察温度和等值比对烟草热解 CO 释放量的影响，共进行了 2 组实验：

① 等值比固定为 2，使烟粉分别在 350 ℃、450 ℃、550 ℃、650 ℃和 750 ℃下进行稳态燃烧和/或热解。

② 固定温度为 450 ℃，使烟粉分别在等值比为 0.5，1.0，1.5，2.0，2.5 和 3.0 下进行稳态热解。

结果如图 6.13 所示。

① 温度低于或者等于 550 ℃时(图 6.13(a))，CO 释放量变化不大；当温度升至 650 ℃以及更高时，CO 释放量大幅度增加。这是由于在高温环境下，烟草发生了燃烧反应，通过燃烧途径释放的 CO 增加，且高温促使 CO_2 还原生成 CO，并提高了烟草热分解生成 CO 的速率[23]。

② 在 450 ℃时，随着温度的提高(图 6.13(b))，烟草热解 CO 释放量先快速增加后趋于稳定。根据文献[17,18]，φ 小于、等于和大于 1，分别代表材料在空气充足、化学当量比和贫氧环境中稳态热解燃烧。通常来说，等值比越大，材料稳态燃烧热解环境的贫氧程度越高。因此，图 6.13(b)中曲线的趋势表明贫氧程度对烟草 CO 释放量的影响在等值比低于 2 时才起明显作用。

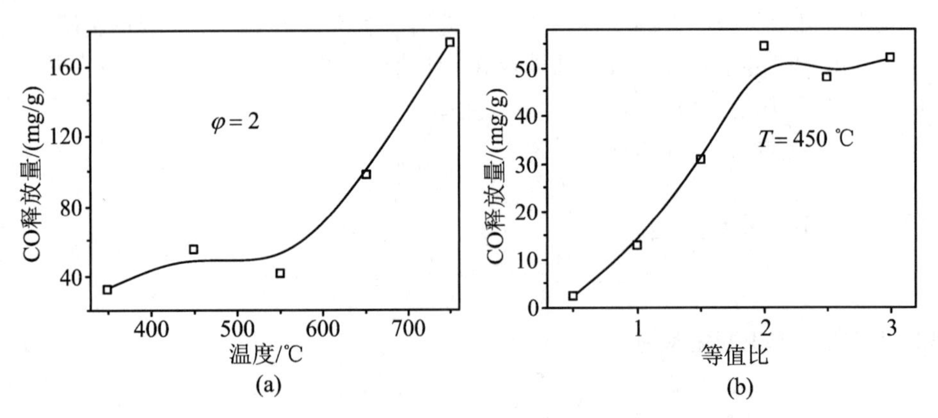

图 6.13 烟草燃烧热解 CO 释放量随温度(a)和等值比(b)的变化曲线

6.2.4.4　烟叶元素、元素比及加热非燃烧状态下 CO 释放量统计描述

对 34 种烤烟烟叶中元素含量、元素比、CO 释放量(m_{CO})进行统计描述，结果见表 6.4。按元素含量均值排序，从大到小依次为 C、O、H、N、K、S 和 Cl。其中 C 和 O 含量均值总和高达 82.93%，说明它们是烟叶中最主要的两种元素；而 N、K、S 和 Cl 含量较低。就元素分布离散程度而言，Cl 元素变异系数最大，高达 41.53%；C、H 和 O 元素变异系数均低于 5.5%；而 K、N 和 S 元素的变异系数在 15%～23%之间。这表明不同烤烟烟叶中 Cl 元素含量分布极为离散，C、O 和 H 元素含量分布则较为集中，K、N 和 S 元素含量分布相对离散。就元素比分布的离散程度而言，K/Cl 的变异系数高达 46.26%，其他比值变异系数均在 25%～30%，说明 K/Cl 在元素比中分布最为离散。由表 6.4 可以看出，34 种烤烟烟叶原料在加热非燃烧状态下的 CO 释放量在 39.78～70.48 mg/g 之间，均值为 53.41 mg/g。值得注意的是，将 CO 释放量均值中的含碳量比上烟叶中含碳量均值，可以发现，烟叶中平均仅有 5.3%的 C 转化成了 CO。

表 6.4　烟叶元素、元素比及 CO 释放量统计描述结果

指标	极小值	极大值	均值	标准差	偏度	峰度	变异系数/%
C/%	40.38	44.98	43.23	1.11	−1.02	1.51	2.56
H/%	5.79	6.51	6.28	0.16	−1.32	2.60	2.47
O/%	36.06	44.80	39.68	2.12	0.53	0.32	5.36
K/%	1.53	3.55	2.32	0.49	0.76	0.46	21.73
Cl/%	0.15	1.31	0.41	0.17	0.43	−0.92	41.53
N/%	1.76	3.26	2.28	0.36	0.71	0.32	15.84
S/%	0.48	1.22	0.81	0.18	0.34	−0.50	22.67
K/Cl	2.91	14.49	6.54	3.03	0.94	0.09	46.26
K/S	1.62	4.91	2.87	0.79	0.72	−0.07	27.62
K/N	0.55	1.85	1	0.3	0.74	0.8	29.66
K/(Cl+S)	1.18	3.16	1.92	0.51	0.71	0.01	26.75
K/(Cl+N)	0.48	1.33	0.85	0.23	0.23	−0.72	26.69
K/(S+N)	0.42	1.28	0.73	0.2	0.64	0.36	27.00
m_{CO}/mg/g	39.78	70.48	53.41	7.59	0.47	−0.32	14.02

6.2.4.5　CO 释放量与元素含量、元素含量比相关性分析

CO 释放量与主要元素含量之间相关分析结果如表 6.5 和图 6.14 所示。可以看

出，CO 释放量与 H 元素含量（相关范围 0.31～0.77）在 0.01 水平下显著相关，与碳元素含量（相关范围 0.12～0.68）在 0.05 水平下显著相关，而与其他元素含量相关关系达不到显著水平。

表 6.5　烟叶元素含量与 CO 释放量相关分析结果

指标	C	H	O	N	K	S	Cl
m_{CO}	0.44*	0.59**	0.29	0.10	−0.33	0.16	0.20

注：** 为 0.01 水平下显著相关；* 为 0.05 水平下显著相关。

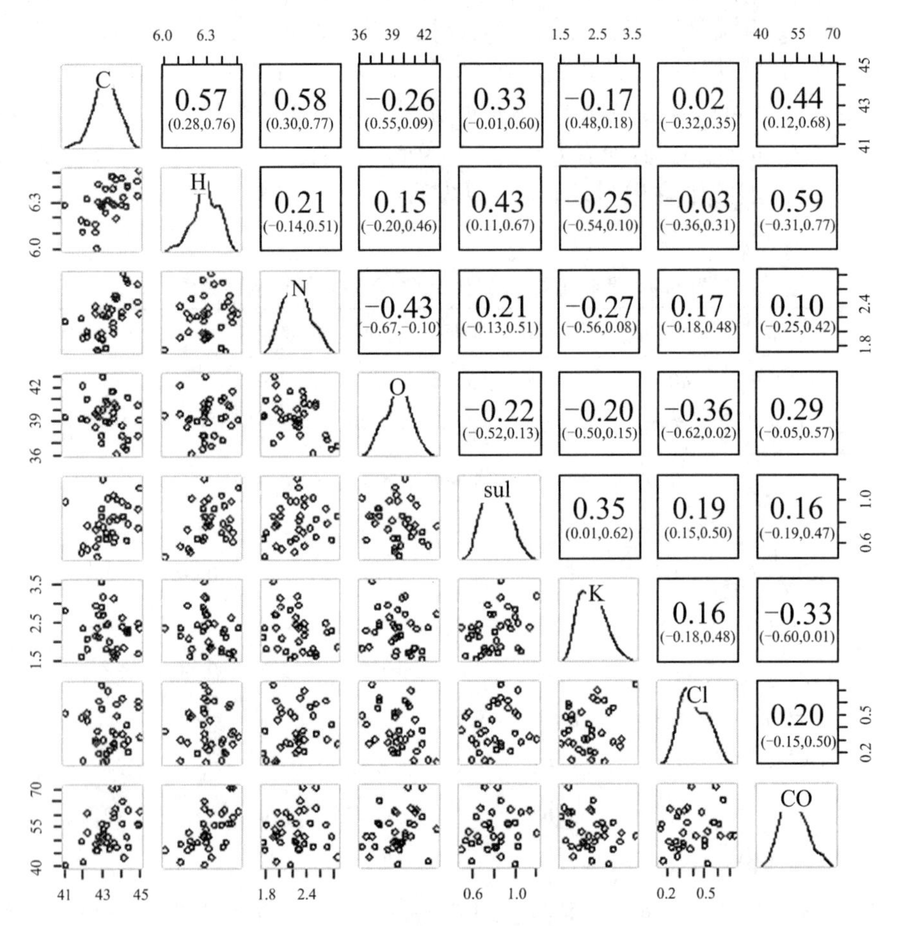

图 6.14　CO 释放量与烟叶元素散布矩阵图

图中对角线为各成分数据的核密度分布，C=碳，H=氢，O=氧，N=氮，sul=硫，K=钾，Cl=氯

为综合考察阻碍和促进 CO 生成的两方面因素对 CO 释放量的影响，根据表 6.5 和图 6.14 进行分析，将 K 含量作为分子，将 S 和 Cl 含量作为分母。根据文献报道，N 元素能够促进烟草燃烧时 CO 的生成[47]，故其也被列入分母中。CO 释放量与主要元素比值相关分析结果列于表 6.6 和图 6.15。可以看出 CO 释放量与 K/S（相关范围

−0.75～−0.28)、K/(S+Cl)(相关范围−0.74～−0.24)均在 0.01 水平下显著负相关，与 K/Cl(相关范围−0.64～−0.06)、K/(Cl+N)(相关范围−0.65～−0.07)、K/(S+N)(相关范围−0.67～−0.11)均在 0.05 水平下显著相关，但与 K/N 相关关系不显著。这表明烤烟烟叶在加热非燃烧状态下 CO 释放量主要受元素含量比值，尤其是 K、S 和 Cl 含量相对比值的影响。

表 6.6　烟叶元素含量比与 CO 释放量相关分析结果

指标	K/Cl	K/S	K/N	K/(Cl+S)	K/(Cl+N)	K/(N+S)
m_{CO}	−0.39*	−0.55**	−0.31	−0.54**	−0.40*	−0.43*

注：** 为 0.01 水平下显著相关；* 为 0.05 水平下显著相关。

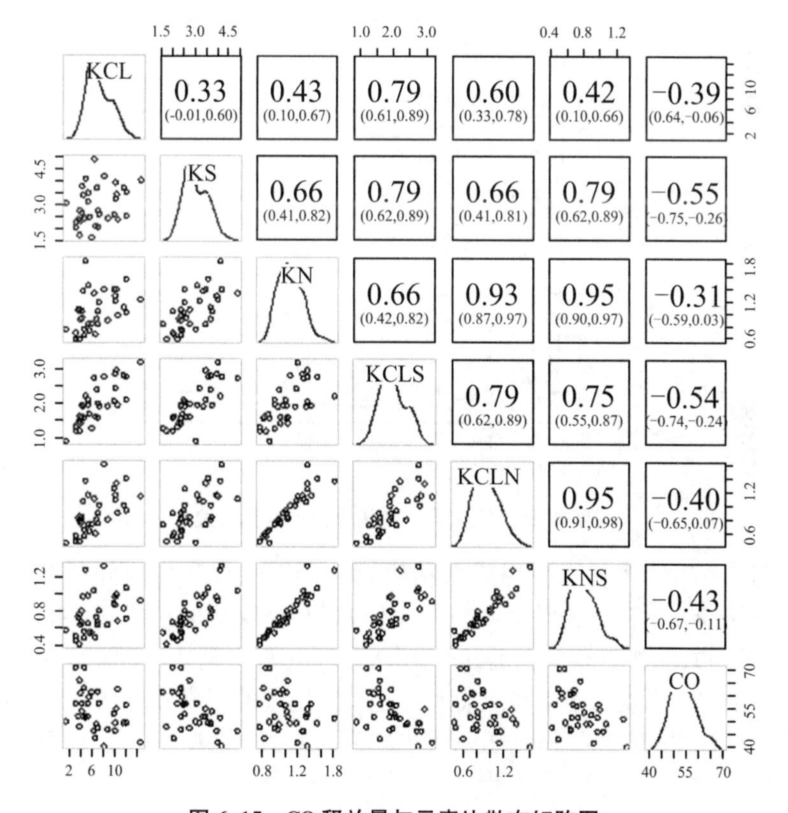

图 6.15　CO 释放量与元素比散布矩阵图

图中对角线为各成分数据的核密度分布，KCl＝钾氯比，KS＝钾硫比，KN＝钾氮比，KClS＝ K/(Cl+S)，KClN＝ K/(Cl+N)，KNS＝ K/(N+S)

6.2.4.6　CO 释放量与元素含量、元素含量比之间随机森林回归分析

随机森林作为一种机器学习模型，其在计算量没有显著增加的前提下提高了预测

精度，且对多元共线性不敏感，其结果对缺失数据和非平衡的数据比较稳健，可以很好地预测多达几千个解释变量的作用，被誉为当前最好的算法之一[48-51]。随机森林回归是随机森林的重要应用类型，一般利用 bootsrap 重抽样方法从原始样本中抽取多个样本，对每个 bootsrap 样本进行决策树建模，然后组合多棵决策树进行预测，并通过取平均值得出最终预测结果[52-54]，其本质是利用组合多棵决策树做出预测的多决策树模型。该算法具有预测精度高、泛化能力好、收敛速度快以及调节参数少等优点，可有效避免“过拟合”现象的发生，适用于各种数据集的运算。这里，笔者采用了随机森林回归分析方法来评价烟草加热非燃烧状态下的 CO 释放量的各影响因素的重要性，结果如图 6.16 和图 6.17 所示。根据图 6.16 可知，当分类树大于 100 时，泛化误差较低且变化趋于平稳，说明选用 500 个树来做随机森林分析能保证较高的精度。

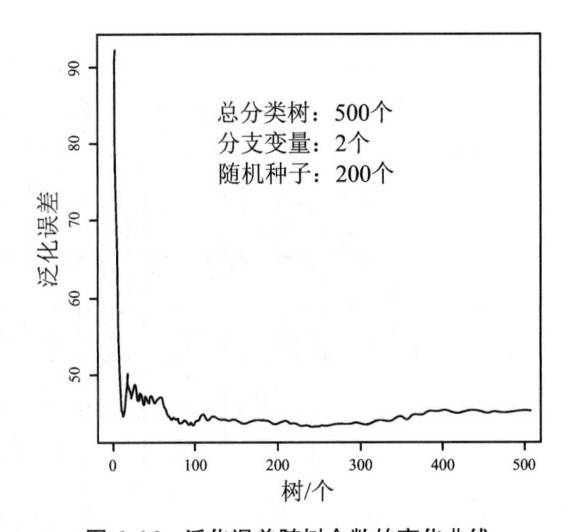

图 6.16 泛化误差随树个数的变化曲线

根据图 6.17，虽然利用平均降低精度（图 6.17(a)）和平均降低基尼指数（图 6.17(b)）来比较元素含量和元素含量比对 CO 释放量影响的重要程度排序并不完全一致，但两者的共同特点是排在前几位的除了 H 元素含量外，就是 K/S 和 K/(Cl+S)。这说明加热非燃烧状态下将阻碍和促进 CO 生成的因素综合在一起分析比只考虑单一因素更合理、更科学，而且还说明在 CO 释放量的各影响因素中，K/S 和 K/(Cl+S)很重要。

为说明以上所做的影响因素重要性排序具有统计学依据，利用随机森林回归分析预测各烟叶 CO 释放量，将其与真值进行比对，如图 6.18 所示。可以看出，CO 释放量预测值与真值间的拟合直线决定系数为 0.61，说明预测值与真值之间有较好的拟合度，从而说明随机森林回归分析具有较高的预测精度。这间接证明了 CO 释放量与其各影响因素之间存在着因果关系。

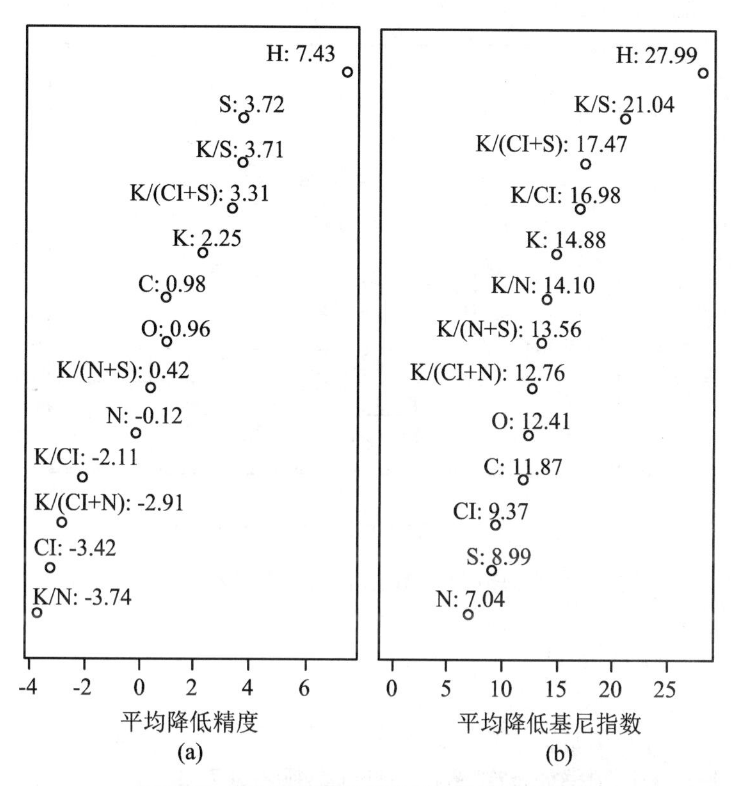

图 6.17 CO释放量各影响因素的重要性排序

平均降低精度是衡量当一个变量的取值变为随机数时随机森林预测准确性的降低程度，该值越大表示该变量的重要性越高；平均降低基尼指数是通过基尼指数计算每个变量对分类树每个节点上观测值的异质性的影响，从而比较变量的重要性，该值越大表示该变量的重要性越高

6.2.5 加热非燃烧状态下烟草气溶胶释放特性及其影响因素

烟草受热方式的转变必然影响其气溶胶的释放特性。有研究表明，与传统卷烟相比，低温加热方式会导致较低的气溶胶释放量[55]。因此，研究低温加热状态下的烟草气溶胶释放情况及其影响因素，可为有效调控低温加热型卷烟的气溶胶释放量的提供支撑。另外，目前研究烟气气溶胶的方法主要有滤片称重法、重力沉降法、光散射法和惯性冲击法等[56-60]，且均是针对烟支，鲜有利用消光法测量烟叶气溶胶释放特性的相关报道。因此，构建了稳态热解装置和基于消光原理的烟密度计联用测试系统，并建立了可定量表征气溶胶释放量的质量光密度测试方法，系统研究了一级进气、温度、甘油含量、烟草种类、烟草元素组成对烟草气溶胶释放特性的影响。

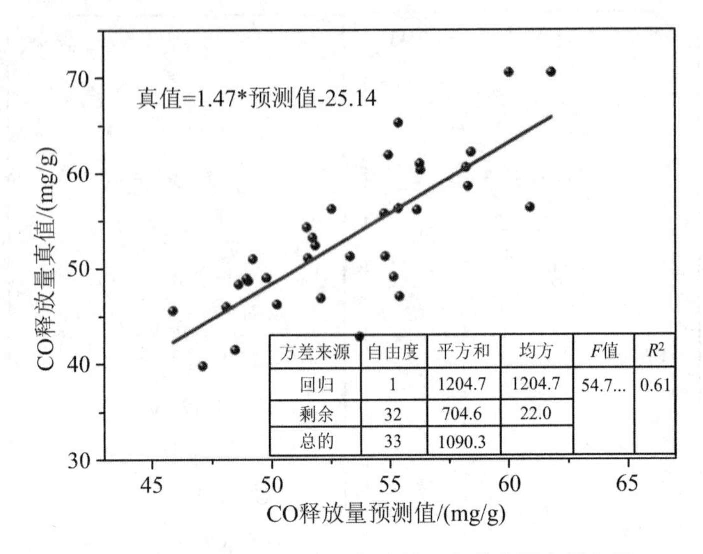

方差来源	自由度	平方和	均方	F值	R^2
回归	1	1204.7	1204.7	54.7...	0.61
剩余	32	704.6	22.0		
总的	33	1090.3			

图 6.18 CO 释放量预测值与真值之间散点图和拟合图

6.2.5.1 实验装置

稳态热解装置和烟密度计联用测试系统(SSTF-SDG)的结构如图 6.19 所示,其中烟密度计数据采集频率为 1 次/s,所用烟叶原料参见表 6.3。

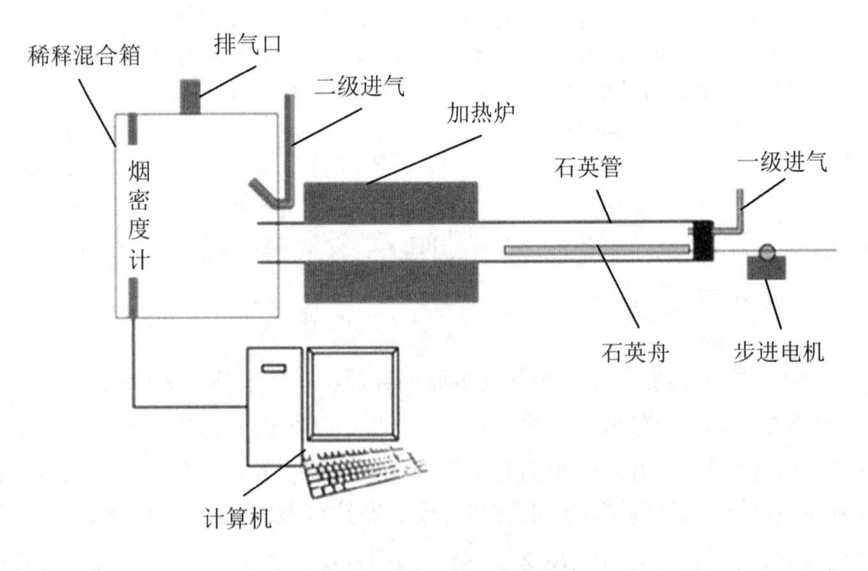

图 6.19 SSTF-SDG 结构示意图

6.2.5.2　样品制备及测试方法

1. 含甘油的烟草样品的制备

在15 g甘油中加入15 g水，搅拌混匀后，均匀喷洒在85 g烤烟烟粉上，然后置于60 ℃烘箱中干燥40 h，得到含15%甘油的烟粉样品，记为S_1。用同样方法制备含30%甘油和45%甘油的烟粉样品，分别记为S_2和S_3。由于在干燥过程中，甘油也会挥发，因此利用色谱法测定了最终样品中甘油和水分的含量，如表6.7所示。

表6.7　烟草样品中水分和甘油的实际含量

样品编号	水分含量/%	甘油含量/%
S_0	4.6	0
S_1	5.8	13.8
S_2	6.9	28.0
S_3	5.8	41.5

2. 加热非燃烧状态下气溶胶释放量测试

将W g烟粉均匀铺在长80 cm的石英舟上，并置于石英管中，步进电机速率(v_p)设定为6 cm/min，一级进气流量(V_1)和二级进气流量(V_2)之和固定为50 L/min，待温度(T)和空气流量稳定后，开始实验，由计算机记录烟密度计所测数据。重复3次，取平均值。这里，一级进气和二级进气均为空气。

烟密度计采集数据为消光系数(m^{-1})，采用单色光对比照射测试，具体为：用一束不经过稀释混合箱的对比单色光，其入射光强为I_0。

另一束初始强度相同的光经过稀释混合箱后(光程L=0.3 m)，其光强降低为

$$I/I_0 = e^{-a_k L}$$

根据Lambert-Beer定律，将上式整理后得

$$a_k = \frac{1}{L}\ln\frac{I_0}{I}$$

但消光系数并不是单位质量烟草样品的参数，无法对不同烟草气溶胶的释放进行比较，因此，采用单位质量烟草所释放气溶胶的光密度，即质量光密度(D_m)来表征烟草气溶胶释放量，如下式所示：

$$D_m = \frac{D_L}{(v_{烟草})_{实际}} \times V_{总} = \frac{\frac{a_k}{2.3}}{(v_{烟草})_{实际}} \times V_{总}$$

式中，D_L为单位光程上的光密度，其与a_k关系为$D_L = a_k/2.3$，单位为m^{-1}；$V_{总}$为烟气总体积流量，单位为L/min；$(v_{烟草})_{实际}$为烟草的供应速率，单位为g/min，由烟草质量W(单位为g)、石英舟长度L_{qb}(单位为cm)和步进电机速率v_p(单位为cm/min)来确定，即

$$(v_{烟草})_{实际} = \left(\frac{W}{L_{qb}}\right) \times v_p$$

烟草样品需要均匀铺于石英舟内。

为考察一级进气、温度、烟草种类、甘油含量和烟草元素组成对加热状态下烟草气溶胶释放量的影响，共进行了 5 组实验：

① 固定烟粉（烤烟和含 28%甘油烤烟）供应速率 0.75 g/min、温度 400 ℃，使一级进气流量分别在 2.5 L/min、3.5 L/min 和 5.5 L/min 下进行实验。

② 固定烟粉（烤烟和含 30%甘油烤烟）供应速率 0.75 g/min、一级进气流量 3.5 L/min，使温度分别在 350 ℃、400 ℃、450 ℃和 500 ℃下进行实验。

③ 固定烟粉供应速率 0.75 g/min、一级进气流量 3.5 L/min 和温度 400 ℃，分别以烤烟粉、白肋烟粉、香料烟粉、膨胀烟丝粉、再造烟叶粉以及膨胀梗丝粉为样品进行实验。

④ 固定烟粉供应速率 0.75 g/min、一级进气流量 3.5 L/min 和温度 400 ℃，以不同甘油含量的烤烟烟粉为样品进行实验。

⑤ 固定温度 450 ℃、一级进气流量 4.65 L/min、等值比 1.5，以表 6.3 中 34 种烤烟烟叶为样品进行实验。

3. 统计方法

利用统计分析方法研究与主要元素和常规化学成分的相关性。采用拉达准则筛选和剔除采集的数据中的异常值，并采用最近邻算法（kNN）填补缺失值。采用 R 软件中 base 包、stats 包对所有样本数据进行基本描述统计，用 cor 函数分析数据间的相关性，用 corrgram 包绘制相关矩阵散点图，用 randomForest 包进行随机森林分析和作图，用 base 包内的 lm 函数进行回归分析及相关作图[48,49,61]。

6.2.5.3 烟草加热非燃烧状态下气溶胶的计算

烟草在加热非燃烧状态下a_k随时间的变化主要分为 3 个阶段：增长期、稳定期以及衰退期（图 6.20）。

在增长期，烟草热解释放出气溶胶，通过稀释混合箱的入射光（初始光强为I_0）被气溶胶吸收和散射。到达接收器时，光强降为I，结合a_k计算公式，可知其迅速升高。

当气溶胶产生和排出相平衡时，其对入射光的吸收和散射相对稳定，为稳定期（350～760 s）。

在烟草热解后期，烟草含量偏少，气溶胶生成已难以弥补排出，结果稀释混合箱中气溶胶浓度越来越低，其对入射光吸收和散射也越来越小，从而使a_k快速降低，直至为零。

由于稳定期间（350～760 s）仍然有一定波动，有必要求取此阶段平均值作为烟草在 450 ℃和 $\varphi=1.5$ 时的消光系数，即

$$\overline{a_k} = \frac{\dfrac{\left[\sum\limits_{i=350}^{760}(a_k)_i\right]_a}{760-350+1} + \dfrac{\left[\sum\limits_{i=350}^{760}(a_k)_i\right]_b}{760-350+1} + \dfrac{\left[\sum\limits_{i=350}^{760}(a_k)_i\right]_c}{760-350+1}}{3} = 9.07\ (\text{m}^{-1})$$

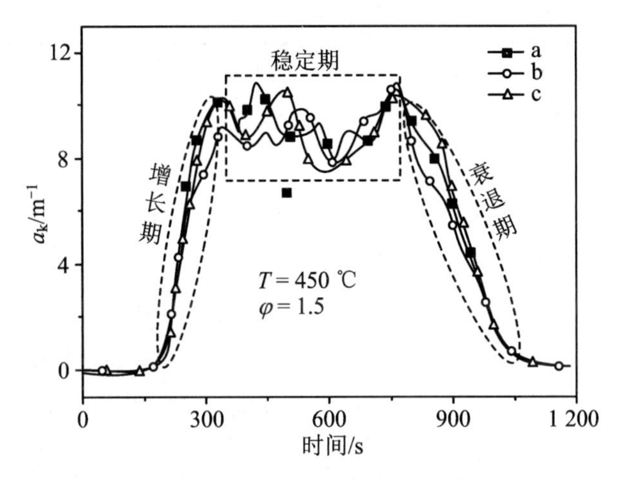

图 6.20　烤烟烟叶(AH-3)随时间的变化(n=3)

在该烟草热解过程中，烟草的供给速率$(v_{烟草})_{实际}$为 1.42 g，用于热解烟草的一级进气流量V_1为 4.65，用于气溶胶冷却稀释的二级进气流量V_2为 45.35。由于一级进气中氧气只占 21%，而且烟草裂解生成气体在一定程度上弥补了氧气含量降低导致的一级进气体积的变化，因此热解导致的一级进气体积变化对双级进气体积流量的影响可以忽略，最终总气体流量$v_{总}$可视为(V_1+V_2)，所以气溶胶质量光密度为

$$D_m=\frac{D_L}{(v_{烟草})_{实际}}\times V_{总}=\frac{\frac{\overline{\alpha_k}}{2.3}}{(v_{烟草})_{实际}}\times(V_1+V_2)$$

$$=\frac{\frac{9.07}{2.3}}{1.42}\times 50=138.7\ (\mathrm{m^2/kg})$$

6.2.5.4　烟叶样品检测结果的描述统计

对 34 个烤烟烟叶中元素含量、化学成分进行描述统计，结果见表 6.8。按元素含量均值排序，从大到小依次为碳、氧、氢、氮、钾、硫和氯。其中碳和氧含量高，而氮、钾、硫和氯含量较低。就烟叶元素和化学成分数据分布特性而言，氯、钾氯比、糖碱比存在广泛变异，碳、氧、氢以及(碳＋氢)/氧变异范围较小。另外，34 个烤烟烟叶糖碱比在 87.7～166.2 m²/kg 之间，均值为 130.0 m²/kg，变异系数为 14.8%。

表 6.8　烟叶元素、化学成分及的描述统计

指　标	极小值	极大值	均　值	标准差	偏　度	峰　度	变异系数/%
碳	40.38	44.98	43.34	1.11	−1.02	1.51	2.56
氢	5.79	6.51	6.30	0.16	−1.32	2.60	2.47

续表

指　标	极小值	极大值	均　值	标准差	偏　度	峰　度	变异系数/%
氧	36.06	44.80	39.59	2.12	0.53	0.32	5.36
钾	1.53	3.55	2.24	0.49	0.76	0.46	21.73
氯	0.15	0.74	0.40	0.17	0.43	−0.92	41.53
氮	1.76	3.26	2.30	0.36	0.71	0.32	15.84
硫	0.48	1.22	0.81	0.18	0.34	−0.50	22.67
钾氯比	2.91	14.49	6.54	3.03	0.94	0.09	46.26
钾硫比	1.62	4.91	2.87	0.79	0.72	−0.07	27.62
钾氮比	0.55	1.85	1.00	0.30	0.74	0.80	29.66
(碳+氢)/氧	1.05	1.39	1.25	0.08	−0.31	0.47	6.13
总糖	17.50	34.55	25.76	4.67	0.05	−0.83	18.13
还原糖	14.56	30.69	22.21	4.61	−0.13	−0.96	20.77
烟碱	1.37	3.45	2.40	0.57	0.18	−0.89	23.83
糖碱比	4.30	16.57	9.94	3.44	0.30	−0.65	34.63
/m^2/kg	87.7	166.2	130.0	19.24	−0.21	−0.37	14.80

6.2.5.5 烟草加热非燃烧状态下与元素、化学成分之间简单相关性

烟草加热非燃烧状态下与单一元素、单一化学成分之间简单相关分析结果如图6.21和表6.9所示。可知，与烟草中碳(相关范围0.71～0.92)、氢(相关范围0.44～0.83)、氮(相关范围0.47～0.84)以及烟碱(相关范围0.58～0.88)均在0.01水平呈显著正相关，而与钾(相关范围−0.71～−0.17)在0.05水平呈显著负相关。其他成分，如氧、硫、氯、总糖以及还原糖与相关性均不显著。

表6.9　烟叶元素、化学成分与相关分析结果

指标	碳	氢	氧	氮	钾	硫	氯	总糖	还原糖	烟碱
相关性	0.84**	0.68**	−0.33	0.70**	−0.48*	0.33	−0.06	−0.23	−0.25	0.77**

注：**为0.01水平呈显著相关；*为0.05水平呈显著相关。

为进一步揭示烤烟烟叶在加热非燃烧状态下的影响因素，研究了元素比和糖碱比与的相关性。结果(图6.22和表6.10)表明，与钾硫比(相关范围−0.88～−0.58)、钾氮比(相关范围−0.82～−0.44)以及糖碱比(相关范围−0.82～−0.42)均在0.01水平呈显著负相关，与(碳+氢)/氧(相关范围0.33～0.78)在0.01水平呈显著正相关，而与钾氯比无显著相关性。

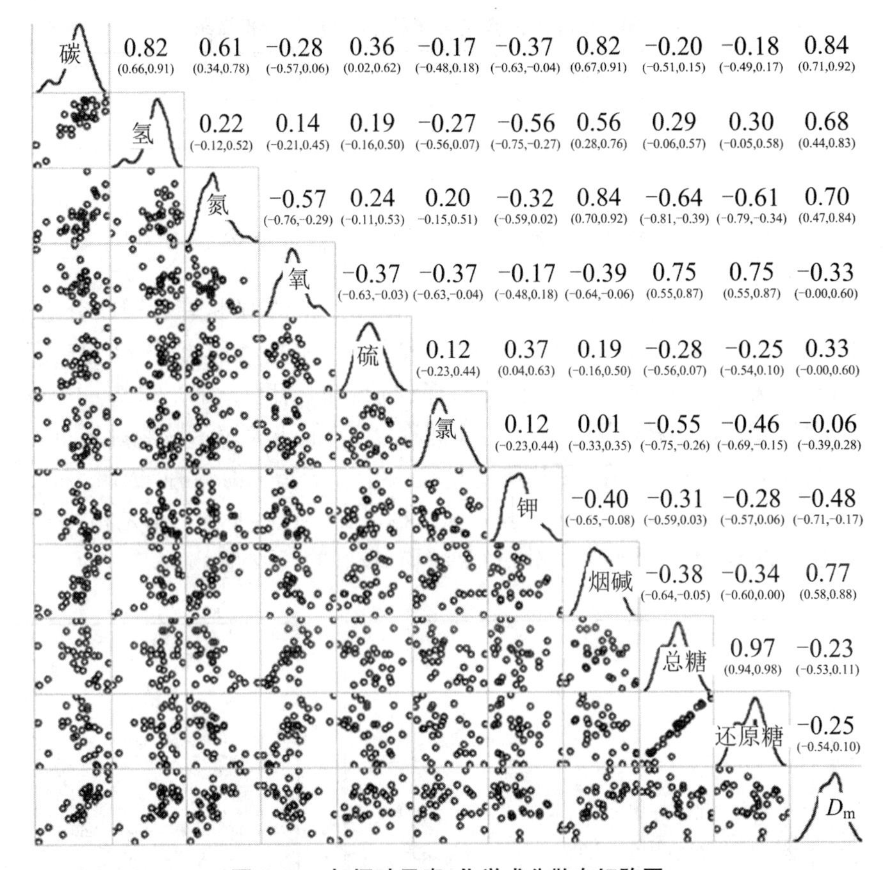

图 6.21　与烟叶元素、化学成分散布矩阵图

图中对角线上为数据核密度分布图，对角线下方为散点图，对角线上方的数据为相关系数和置信区间

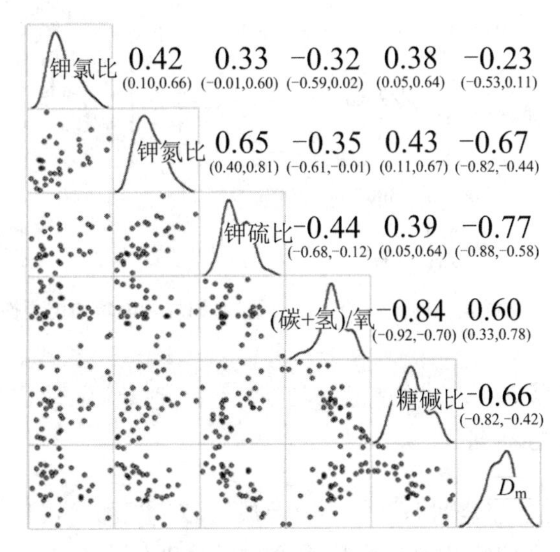

图 6.22　与烟叶元素含量比、糖碱比散布矩阵图

表 6.10　烟叶元素含量比、糖碱比与相关分析结果

指标	钾氯比	钾硫比	钾氮比	(碳+氢)/氧	糖碱比
相关性	−0.23	−0.77**	−0.67**	−0.60**	−0.66**

注：** 为 0.01 水平呈显著相关；* 为 0.05 水平呈显著相关。

6.2.5.6　烟草加热非燃烧状态下影响因素的重要性分析

对烤烟烟叶在加热非燃烧状态下与各影响因素之间的随机森林回归分析结果如图 6.23 所示。由图 6.23(a)可知，当树的个数大于 300 时，泛化误差变化趋于平稳，说明选用 500 株树来做随机森林分析能够保证较高的精度。图 6.23(b)中所示的平均降低精度是指随机森林预测准确性的降低程度，其值越大表示该变量越重要，具体排序如图 6.23(b)所示。其中，平均降低精度大于 4 的指标有 8 种，依次为碳＞烟碱＞钾硫比＞氮＞钾氮比＞氢＞(碳＋氢)/氧＞糖碱比。这些基本上都是相关分析中具有显著相关性的因素，说明两者的分析结果具有较好的一致性。

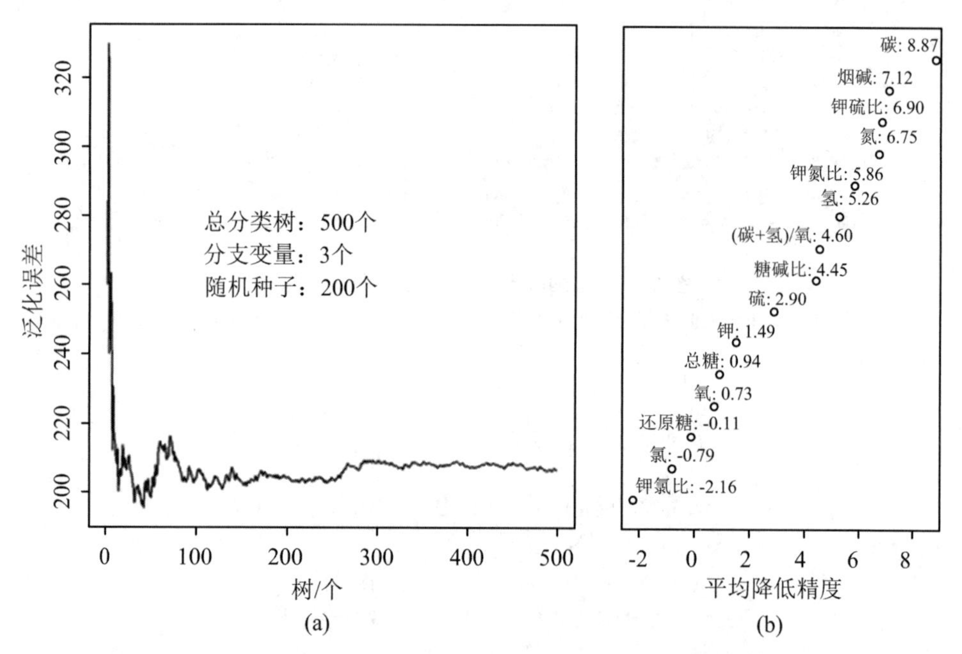

图 6.23　泛化误差随树个数的变化曲线(a)和影响因素的重要性排序(b)

6.2.5.7　烟草加热非燃烧状态下与主要元素、化学成分之间的回归分析

为预测烟草加热非燃烧状态下气溶胶释放量，对主要元素、化学成分进行回归分析，总方程的回归模型检验及回归系数检验结果分别如表 6.11 和表 6.12 所示。可

见,其与碳、氮和钾硫比之间在 0.001 水平呈极显著相关性。该回归方程的决定系数高达 0.800,说明通过碳、氮和钾硫比建立的回归方程可解释气溶胶质量光密度 80.0%程度的变异。

表 6.11　与碳、氮、钾硫比之间回归模型检验结果

变异来源	平方和	自由度	均方	*F* 值	调整 R^2	Durbin-Watson	
						统计量	*P*
回归	9 994.383	3	3 331.461	44.994***	0.800	1.886	0.396 4
残差	2 221.291	30	74.043				
总计	12 215.674	33					

注: *** 为 0.001 水平呈显著相关。表 6.12 同。

表 6.12　与碳、氮、钾硫比之间回归模型的回归系数检验结果

自变量	非标准化系数		*t*	*B* 的 95.0% 置信区间	
	B	标准误差		下限	上限
截距	−223.012	86.203	−2.587	−399.061	−46.962
碳	7.996	1.977	4.044***	3.958	12.035
氮	13.561	5.411	2.506*	2.510	24.613
钾硫比	−8.011	2.702	−2.965**	−13.529	−2.494

为验证所建回归方程的统计学依据,对其进行了回归诊断,结果(图 6.24)显示,残差均匀分布于 0 上下,且服从正态分布。同时 Durbin-Watson 统计量(表 6.11)为 1.886,接近于 2,且统计检验表明不存在自相关性($P=0.396\ 4$)。说明所建线性回归方程通过检验,具有统计学意义。

6.2.5.8　一级进气流量对加热状态下烟草气溶胶释放特性的影响

对于烤烟来说(图 6.25(a)),当一级进气流量为 2.5 L/min 时,其消光系数在 2.3 m^{-1}左右波动,而随着一级进气流量的提高,消光系数也不断增大。由于烤烟供应速率固定在 0.75 g/min,提高一级进气流量则会带来氧气供应速率的提高,并加快热解产物流向稀释混合箱,从而降低其在石英管受热区的停留时间。氧气供应的提高,一方面通过氧化作用加速烤烟中化学键的断裂,有利于增大气溶胶生成量;但同时,又会增加完全氧化产物的含量,不利于气溶胶释放量的增加。而当热解产物在石英管受热区的停留时间降低时,热解产物的进一步氧化则受到了抑制。这些因素综合起来,最终体现为增加一级进气能有效提高气溶胶的释放量。对于含 28%甘油的烤烟来说,其消光系数随一级进气流量增加的变化趋势与烤烟一致,但在相同实验条件下，含甘油的烤烟样品的消光系数明显高于不含甘油的烤烟，说明甘油能提升烟气气溶胶的释放量。

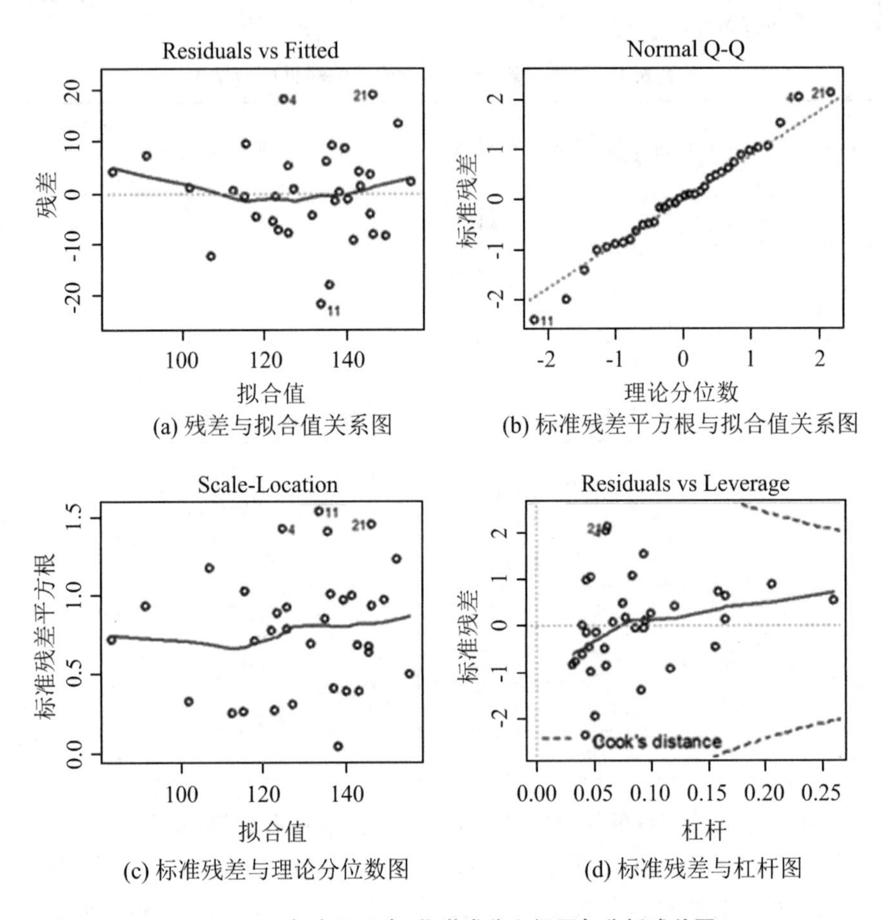

(a) 残差与拟合值关系图　　(b) 标准残差平方根与拟合值关系图

(c) 标准残差与理论分位数图　　(d) 标准残差与杠杆图

图 6.24　D_m与主要元素、化学成分之间回归分析残差图

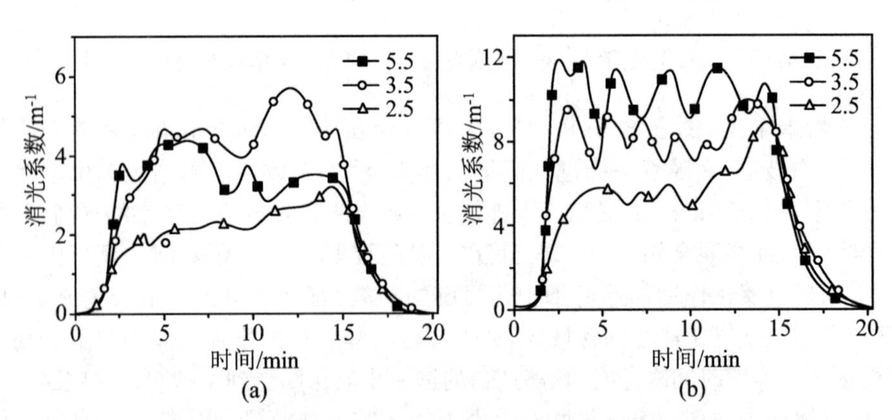

(a)　　(b)

图 6.25　一级进气流量对烤烟(a)和含 28%甘油烤烟(b)气溶胶消光系数的影响

烟草供应速率为 0.75 g/min，一级与二级进气流量总和为 50 L/min，温度为 400 ℃

为了定量比较气溶胶的释放特性，基于消光系数随时间的变化曲线，计算出气溶胶质量光密度，并利用切线法获取气溶胶生成的起始时间，记为发烟起始时间，如图 6.26 所示。可以看出，甘油的加入不仅增加了烟草气溶胶的释放量，也提前了起始发烟时间，有效提升了发烟效率。随着一级进气流量的增大，烤烟和含 28%甘油烤烟的气溶胶质量光密度都随之升高，但两者的差值随一级进气流量的增加而不断扩大(图 6.27)，说明甘油的存在加剧了气溶胶释放量对一级进气的响应性。就发烟时间而言，增大一级进气流量，使烤烟的发烟时间略有延迟，但对含 28%甘油的烤烟样品的发烟时间影响较小。

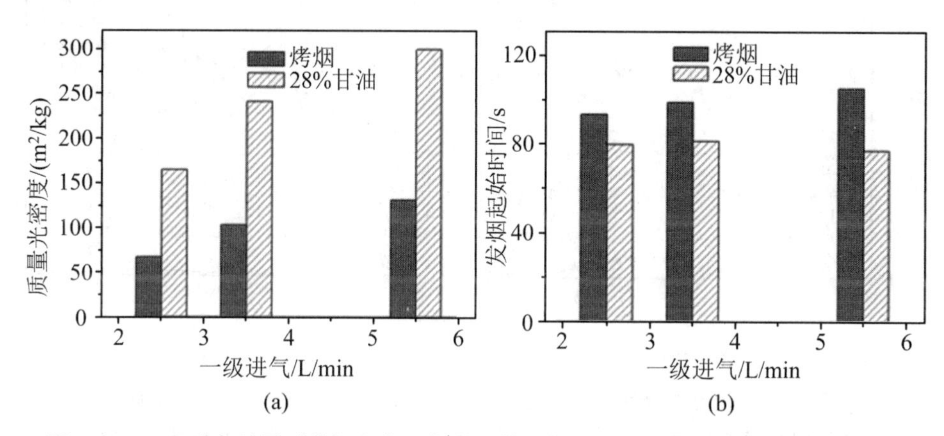

图 6.26　一级进气流量对烤烟和含 28%甘油烤烟气溶胶释放量和发烟起始时间的影响

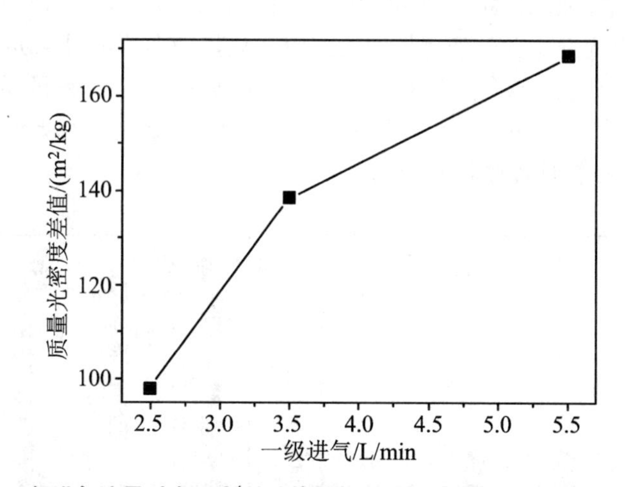

图 6.27　一级进气流量对含 28%甘油烤烟与无甘油烤烟气溶胶释放量之差的影响

6.2.5.9　温度对加热状态下烟草气溶胶释放特性的影响

烟芯材料的受热温度是低温加热型卷烟的核心参数之一，其不仅直接影响着气溶胶的释放效率,也决定着烟芯是否会被引燃。为了揭示温度对烟草气溶胶释放特性的影响规律,研究了烟草材料气溶胶的释放特性随温度的变化情况,如图 6.28 和图6.29所示。对于烤烟而言(图 6.28(a)和图 6.29(a)),随温度的升高,烤烟气溶胶的释放量呈现下降趋势,尤其是在 500 ℃时,其气溶胶的消光系数和质量光密度均大幅降低。在空气气氛下,升高温度则加速了烟草的氧化降解,生成了更多完全氧化产物,降低了可冷凝产物的生成量,从而降低了气溶胶的释放量;当升温至 500 ℃时,极低的气溶胶释放量应归结于过高的温度引发了烟草的燃烧。

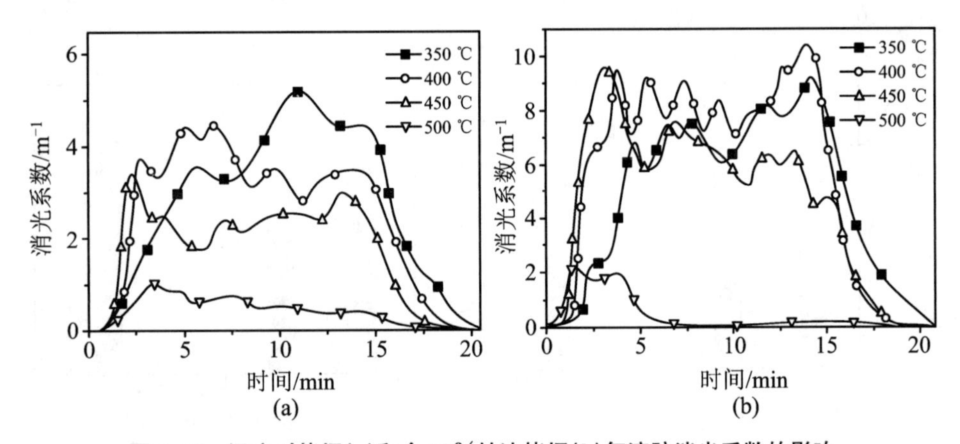

图 6.28 温度对烤烟(a)和含 28%甘油烤烟(b)气溶胶消光系数的影响

烟草供应速率为 0.75 g/min,二级进气流量为 46.5 L/min,一级进气流量为 3.5 L/min

就含 28%甘油的烤烟而言(图 6.28(b)和图 6.29(b)),其与不含甘油的烤烟相比,最大的区别首先在于含甘油烤烟的气溶胶释放量随温度的升高先增大而后降低,最大值在 400 ℃下,约为 240 m^2/kg。另一显著区别是在 500 ℃下,含甘油的烤烟的气溶胶释放仅发生在 6 min 以前,在随后的实验过程中,基本没有烟气释放,这应是由于甘油的存在诱发了烟草的剧烈燃烧所致。

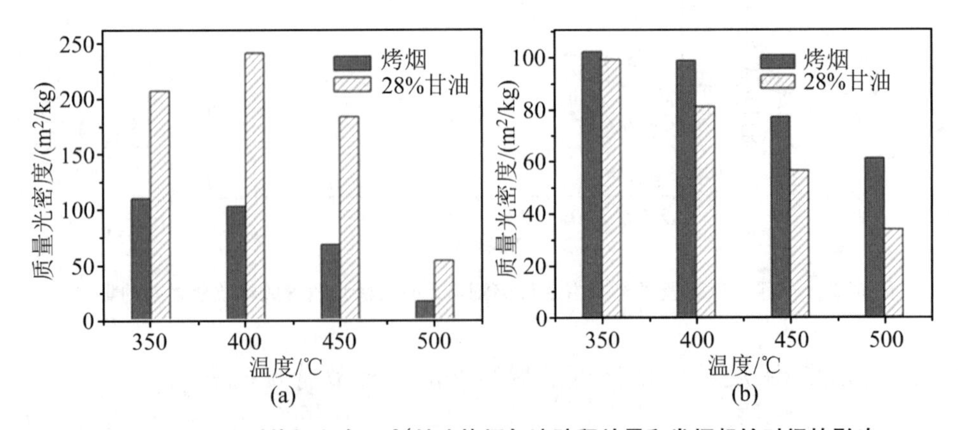

图 6.29 温度对烤烟和含 28%甘油烤烟气溶胶释放量和发烟起始时间的影响

根据起始发烟时间随温度的变化规律(图 6.29(b))可知,升高温度均可有效地提前起始发烟时间,并且对于含有甘油烤烟的起始发烟时间的提前更为有效,这一点可从图 6.30 中得到证实。显然,随温度的升高,烤烟与含甘油烤烟的起始发烟时间之差不断升高,说明两者起始发烟时间差距随温度的升高在不断扩大,也即甘油的加入使烟草发烟具有更高的温度敏感性。

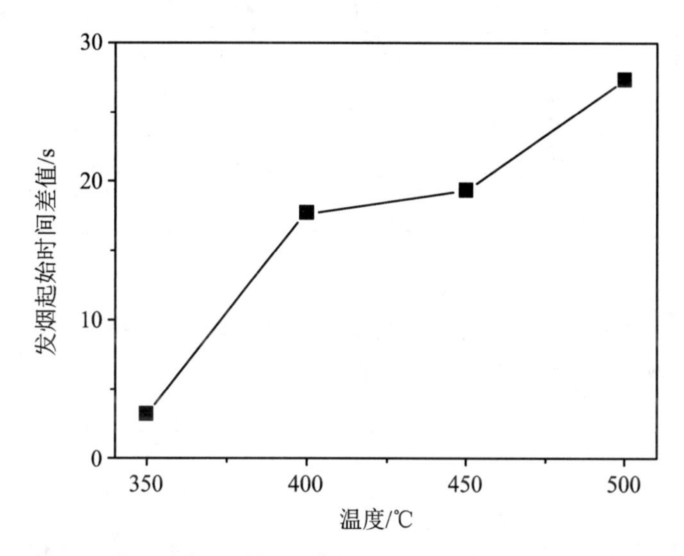

图 6.30 温度对烤烟与含 28%甘油烤烟发烟起始时间之差的影响

6.2.5.10 不同烟草典型加热状态下气溶胶释放特性的差异

根据图 6.31 和图 6.32 可知,加热状态下不同烟草样品气溶胶的释放特性存在一定的差异。就释放量而言(图 6.32(a)),膨胀梗丝的最低,约为 28 m^2/kg;其次是再造烟叶的,约为 60 m^2/kg;香料烟的居第三位,为 73 m^2/kg;而烤烟、白肋烟和膨胀烟丝的烟气释放量基本相同,均在 103 m^2/kg 左右。对于不同烟草的发烟起始时间而言(图 6.32(b)),膨胀梗丝、香料烟和白肋烟的发烟起始时间差别不大,均在 109 s 左右,再造烟叶、烤烟和膨胀烟丝的发烟起始时间偏低,其中膨胀烟丝的最低,为 96 s。这说明不同烟草样品,因其化学组成和物理结构存在差异,导致其不同的烟气释放特性。

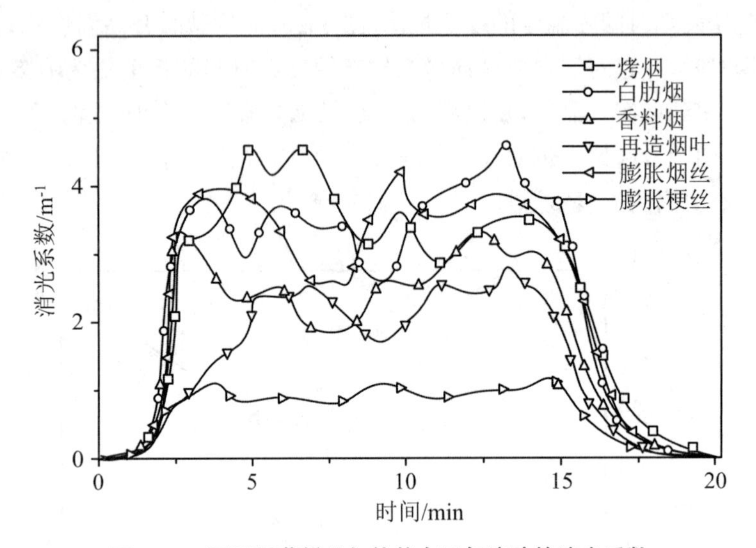

图 6.31 不同烟草样品加热状态下气溶胶的消光系数

烟草供应速率为 0.75 g/min,温度为 400 ℃,一级进气流量为 3.5 L/min,二级进气流量为 46.5 L/min

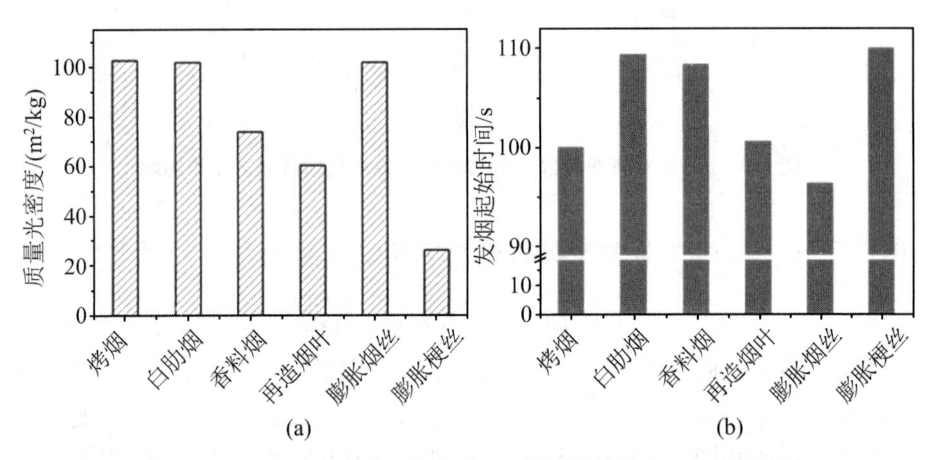

图 6.32 不同烟草样品加热状态下气溶胶释放量和发烟起始时间

6.2.5.11 甘油用量对加热状态下烟草气溶胶释放特性的影响

根据图 6.33 可知,随烤烟中甘油含量的提高,气溶胶消光系数不断增加,发烟起始时间也越来越早。这说明加入甘油不仅加快了气溶胶释放速率,也增加了气溶胶的释放量。根据图 6.33 计算各样品的质量光密度和发烟起始时间,并利用 Origin 软件分别对甘油含量进行拟合,结果如图 6.34 所示。可以看出,随烤烟中甘油含量增加,气溶胶质量光密度线性增加,发烟起始时间则线性降低。

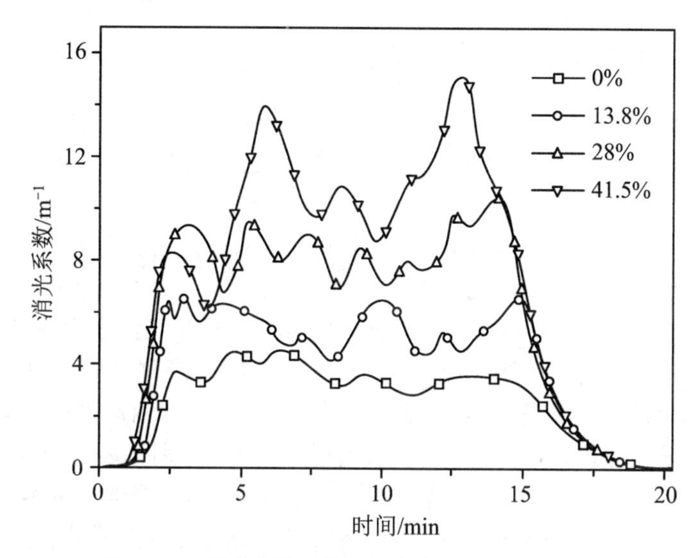

图 6.33　甘油含量对烤烟气溶胶消光系数的影响

温度为 400 ℃,烟草供应速率为 0.75 g/min,一级进气流量为 3.5 L/min,二级进气流量为 46.5 L/min

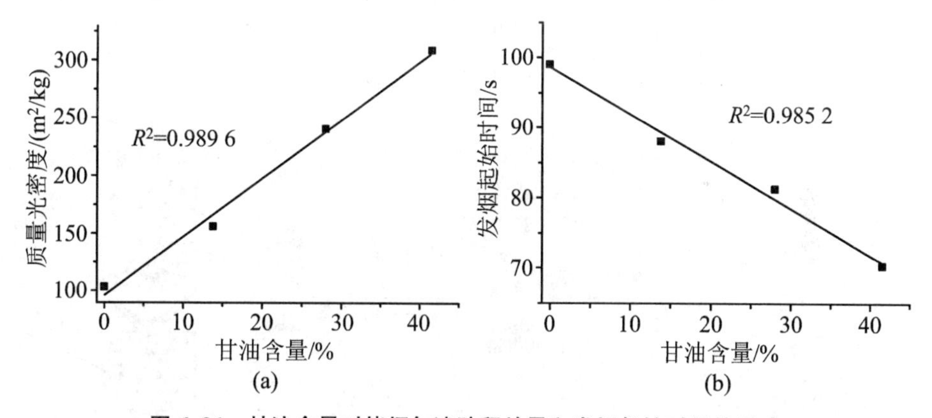

图 6.34　甘油含量对烤烟气溶胶释放量和发烟起始时间的影响

6.2.6　烟草低温加热状态下气溶胶粒径分布及影响因素

低温加热型卷烟虽采取"加热非燃烧"的方式使烟草受热,但与传统卷烟一样都会产生可见烟雾,烟气气溶胶仍然是决定其综合品质的关键因素。已有研究表明,传统卷烟烟气气溶胶的尺寸分布特征不仅直接影响其被滤嘴和人体呼吸系统捕获的几率,还影响着烟气化学成分的富集特性,进而对烟气感官质量和安全性产生重要影响[62-64]。本节构建了稳态热解装置和碰撞采样器联用测试系统,建立了表征气溶胶粒径分布的测试方法,考察了温度、一级进气、二级进气和样品种类对烟气气溶胶粒径分布特性的影响,旨在为低温加热型卷烟的设计开发和评价提供参考。

6.2.6.1　测试装置

烤烟(2011 年,云南普洱,云 87,C_2F 级)、香料烟(2012 年,土耳其伊兹密尔,AG 级)、白肋烟(2012 年,恩施崔坝,C_3F 级)、膨胀烟丝、膨胀梗丝和再造烟叶丝,50 ℃烘干,粉碎过 100 目筛备检。

采样器采用 Model-110 型旋转纳米微孔均匀沉积式碰撞采样器(美国 MSP 公司),共分 10 级,其切割粒径分别为 18 μm、10 μm、5.6 μm、3.2 μm、1.8 μm、1.0 μm、0.56 μm、0.32 μm、0.18 μm、0.10 μm 和 0.056μm,采样抽气流量为 30 L/mim。稳态热解装置和碰撞采样器联用系统(SSTF-CI),结构如图 6.35(a)。其中,一级进气(空气)用于样品的热解,二级进气(空气)用于热解产物的冷却稀释;稳态热解装置的设计依据是可控等值比原理,即等值比小于、等于和大于 1,分别代表材料在空气充足、化学当量比和贫氧中稳态热解燃烧,具体如前节所述。碰撞采样器的基本原理是颗粒物的惯性碰撞沉积,如图 6.35(b)所示:当气溶胶以一定速度流出喷嘴后,粒径大的颗粒物因惯性大而与捕集盘碰撞沉积,而惯性较小的颗粒则随气流绕过捕集盘进入下一级喷嘴;因下一级喷嘴孔径较上一级小,气流速度提高,颗粒动能增加,惯性较大的颗粒与捕集盘碰撞沉积,而惯性较小的颗粒继续向下级运动;经后续称量和分析,可获得气溶胶的粒径质量分布以及不同粒径颗粒的化学组成等信息。

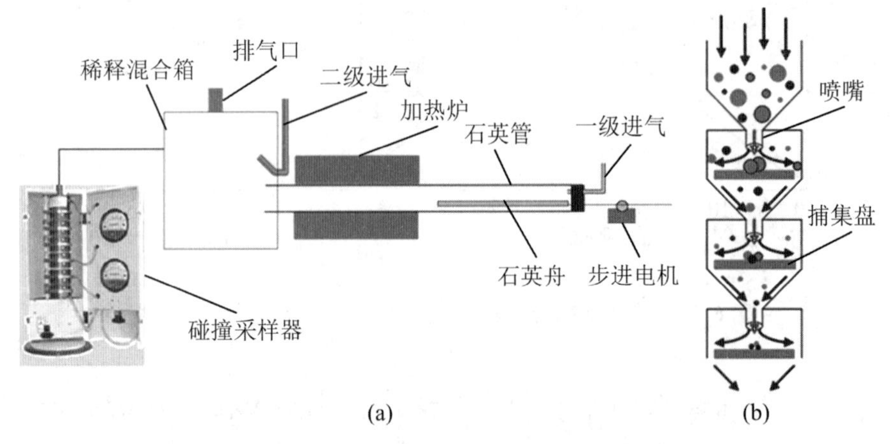

图 6.35　(a) SSTF-CI 结构示意图和(b) 碰撞采样器原理示意图

6.2.6.2　低温加热状态下气溶胶粒径分布测试方法

设定一级进气(V_1)、二级进气(V_2)和温度(T),待其稳定后,将 20 g 烟粉均匀铺在石英舟上,并推入 SSTF 的石英管,设定推进速率为 6 cm/min,使烟草供应速率($v_{烟草}$)固定为 1.5 g/min,开启步进电机,石英舟恒速驶入管式炉恒温区。

将安装了铝膜的碰撞采样器齿合在旋转器上,连接好管路后,开启真空泵,调节抽气流量为 30 L/min,待与稀释混合箱相连接的硅胶管有烟气喷出 2 min 后,将硅胶管的自由端放进碰撞采样器的入口,采集 5 min,将硅胶管移离碰撞采样器入口,关闭真空泵和旋转器,并打开碰撞采样器,称量此时每个膜片的质量(m_i^t),并做记录,用其减去其采样前的质量(m_i^0),得到每级铝膜采集的气溶胶质量(m_i^a)。

根据铝膜采集气溶胶前后质量差,计算出其采集气溶胶质量(m_i^a),将十级铝膜采集的气溶胶样品质量进行加和,得到采集气溶胶总质量($\sum_{i=1}^{10} m_i^a$)。用每一级采集的气溶胶的质量除以所采集气溶胶总质量,得到每一个粒径范围内气溶胶质量百分含量(C_i),如下式所示:

$$C_i == \frac{m_i^a}{\sum_{i=1}^{10} m_i^a} \times 100\% \tag{6.2}$$

将由式(6.2)计算得到的 C_i 乘以其所在粒径范围的中间值 d_i,得到 $C_i d_i$。将各个粒径范围内的上述两者乘积相加,得到气溶胶质量平均粒径 D,如下式所示:

$$D = \sum_{i=1}^{10} C_i d_i \tag{6.3}$$

利用式(6.2)来处理所测数据,并用所得气溶胶质量百分含量对粒径作图,得到烤烟烟叶在 400 ℃、一级进气为 3.49 L/min、二级进气为 34.9 L/min、烟草供应速率为 1.5 g/min的条件下烟气气溶胶粒径分布的 3 次测试结果(图 6.36)。可以看出,只有极少量烟气气溶胶(约 3%)粒径分布在 3.2～1.8 μm 和 0.32～0.1 μm 之间,绝大部分气溶胶粒径分布在 1.8～0.32 μm 之间。在该主要分布区内,粒径在 1～0.56 μm 的气溶胶占比接近 60%,粒径在 0.56～0.32 μm 的气溶胶占比接近 30%,而粒径位于 1.8～1.0 μm 的气溶胶占比约 7%。为评价 3 次测试结果的差异性,采用每个粒径区间内气溶胶含量的标准差进行衡量,从图 6.36 可知,各粒径范围内气溶胶质量百分含量标准差均在 0.25～0.45 之间,说明所测试数据离散程度较低,证明了该测试方法具有良好重复性。另外,根据式(6.3)计算出 3 次测试的气溶胶质量平均直径(图 6.36)知,三者标准差为 0.002,进一步证明了测试方法的重复性良好。

6.2.6.3　低温加热状态下烟草气溶胶粒径分布影响因素

为考察二级进气、一级进气、温度和甘油对加热状态下烟草气溶胶粒径分布的影响,共进行了 4 组实验:

① 固定温度、烤烟供应速率和一级进气流量分别为 400 ℃、1.5 g/min 和 3.49 L/min,使二级进气流量分别在 0 L/min、7 L/min、34.9 L/min 和 48.9 L/min 下进行实验。

② 固定温度、烤烟供应速率和两级进气总流量分别为 400 ℃、1.5 g/min 和 38.39 L/min,使一级进气流量分别在 3.49 L/min、4.65 L/min、6.98 L/min 和 10.47 L/min下进行实验。

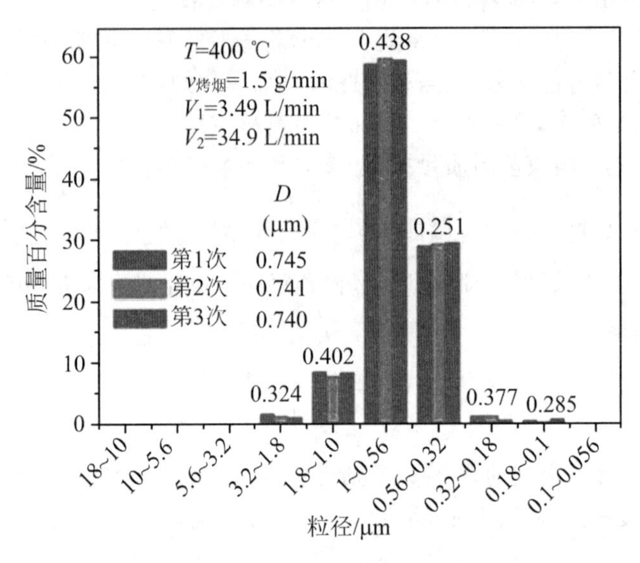

图 6.36 加热状态下烤烟气溶胶粒径分布三次测试结果

柱状图上方数字为该粒径区间内气溶胶质量百分含量的标准差

③ 固定烤烟供应速率、一级进气流量和两级进气总流量分别为 1.5 g/min、6.98 L/min和 38.39 L/min,在温度 350 ℃、400 ℃、450 ℃和 500 ℃下进行实验。

④ 固定烟粉供应速率、一级进气流量和温度分别为 0.75 g/min、3.5 L/min 和 400 ℃,以不含甘油和含 28%甘油烤烟为样品进行实验。

这里,需说明的是,一级进气流量根据等值比确定。当固定烤烟供应速率为 1.5 g/min,等值比为 0.75、1.0、1.5 和 2.0 时,一级进气流量分别对应于 10.47 L/min、6.98 L/min、4.65 L/min 和 3.49 L/min,具体计算过程参见已有文献[65]。以上 4 组实验测试结果分别如图 6.37、图 6.38、图 6.39 和图 6.40 所示。

由图 6.37 可知,当二级进气流量由 0 变为 7 L/min 时,气溶胶粒径分布仍然主要在 3.2～0.18 μm 之间,气溶胶含量最大的粒径也仍在 1～0.56 μm 之间,但在 3.2～1.8 μm 和 1.8～1.0 μm 范围的气溶胶含量明显降低,在 1.0～0.56 μm 和 0.56～0.32 μm 范围的气溶胶含量则显著升高。当二级进气流量增加到 34.9 L/min 时,在 3.2～1.8 μm 和 1.8～1.0 μm 范围的气溶胶含量已分别降至约 3%和约 7.5%,虽然在 0.56～0.32 μm 范围的气溶胶含量无显著增加,但在 1～0.56 μm 之间的气溶胶含量却升至 59%左右。而且从平均粒径变化来看,随着二级进气流量的增加,平均粒径先降低,后基本不变。这些说明增加二级进气流量,可以有效降低气溶胶颗粒间凝并,从而增加小粒径气溶胶含量。但进一步增加二级进气流量至 48.9 L/min 时,气溶胶粒径分布与前一稀释倍数相比无显著差异,说明二级进气流量只能在一定限度上抑制气溶胶颗粒间凝并。

由图 6.38 可知,一级进气流量由 3.49 L/min 增至 4.65 L/min 时,烟气气溶胶粒径分布发生了显著变化,含量最高的气溶胶粒径分布区间由 1～0.56 μm 移至 0.56～

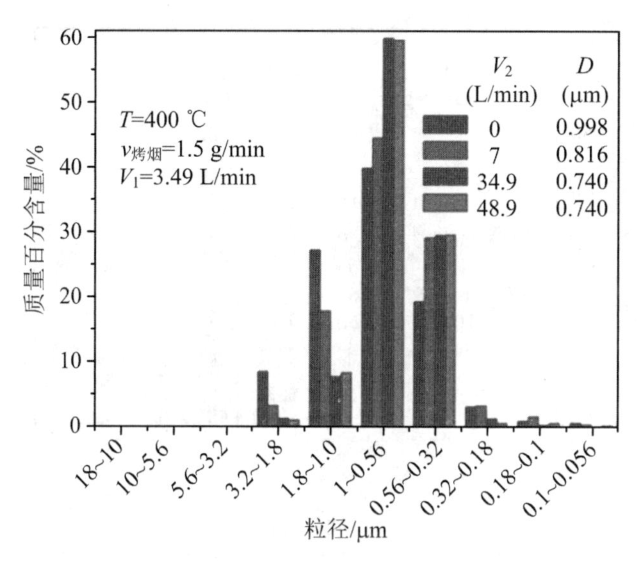

图 6.37　烤烟烟气气溶胶粒径分布随二级进气流量变化图

0.32 μm，而且位于 1.8～1.0 μm 的气溶胶含量也显著降低。当一级进气流量增加到 6.98 L/min 时，在 1～0.56 μm 之间气溶胶含量已由最初的 60%降至 17%，虽然在 0.56～0.32 μm 范围的气溶胶含量与 V_1 为 4.65 L/min 时该区间内气溶胶含量相比有约 5%的降低，但在 0.32～0.18 μm 和 0.18～0.1 μm 范围的气溶胶含量则分别由 V_1 为 4.65 L/min 时的约 2%和 3%增加至 13%和 12%。进一步增加 V_1，虽然各粒径范围内气溶胶含量有波动，但变化不大。平均粒径的变化与上述变化一致。比较两级进气对气溶胶粒径及其分布的影响，可以看出两者在一定流量范围内都可有效抑制气溶胶颗粒间凝并，显著增加小粒径气溶胶含量，但增加 V_1 显然比增加 V_1 更为有效。这一方面是由于一级进气直接与烟草接触，其流量增加对气溶胶有直接稀释作用，使得其比二级进气更能有效抑制气溶胶凝并；另一方面，增加一级进气流量也意味着增加了烟草的热解富氧程度，使烟草热解更为充分，生成了更多的气相产物，而对气溶胶粒径贡献较大的液固相产物则相对降低，从而导致气溶胶粒径降低。

根据图 6.39 可知，当温度从 350 ℃升至 450 ℃过程中，气溶胶粒径仍主要在 1～0.1 μm 之间，主峰则位于 0.56～0.32 μm 之间，且含量在 55%左右浮动。当温度升至 500 ℃时，气溶胶粒径分布变化十分明显，首先在 1～0.56 μm 和 0.56～0.32 μm 范围的气溶胶含量都有明显降低，其次在 0.32～0.18 μm 之间的气溶胶含量则大幅增加，并超过了在 0.56～0.32 μm 之间的气溶胶含量，再者在 0.1～0.056 μm 之间，气溶胶含量为 7%左右，而在 350～450 ℃之间，该粒径范围内气溶胶含量仅为 1%左右。这些或许和烟草在 500 ℃下烟草发生了燃烧反应有关。

根据图 6.40 可知，烤烟加热状态下气溶胶粒径在 1.0～0.056 μm 之间，其中在粒径区间 0.56～0.32 μm 内的气溶胶含量高达 80%。加入 28%甘油后，平均粒径仅

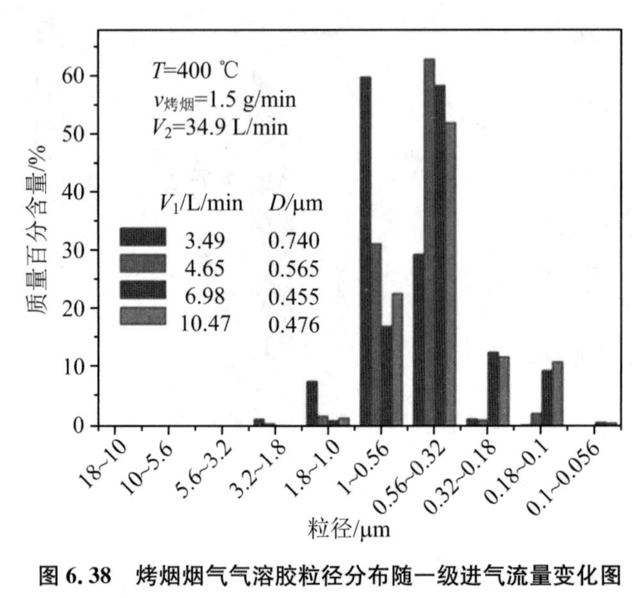

图 6.38 烤烟烟气气溶胶粒径分布随一级进气流量变化图

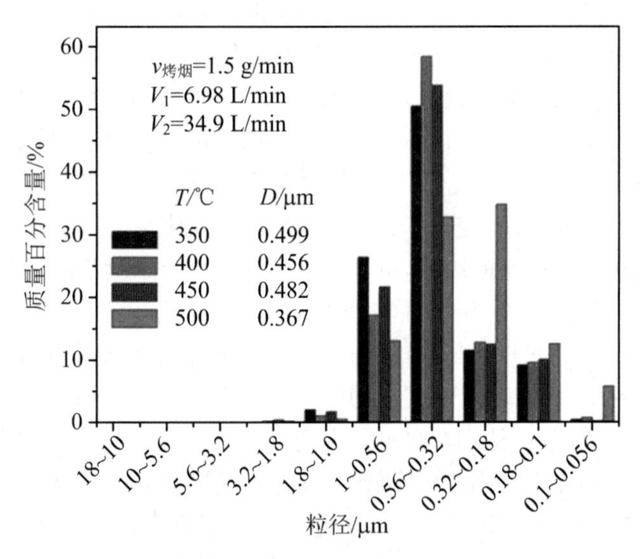

图 6.39 烤烟烟气气溶胶粒径分布随温度变化图

略有增加,但粒径分布变化显著:在粒径区间 0.56~0.32 μm 内的气溶胶含量由 80% 降低至 50%,而在粒径区间 1.0~0.56 μm 和 0.32~0.18 μm 内的气溶胶含量则由原来的 1.5%和 11.9%分别增至 8%和 35%;在 3.2~1.8 μm 和 1.8~1.0 μm 范围还出现了两个新的粒径分布区间。此外,根据粒径分布参数[66](如图 6.40 中所示)可知,加入甘油增大了粒径分布的标准偏差、降低了峰度。这些说明甘油的加入使烟草气溶胶的粒径分布变宽。

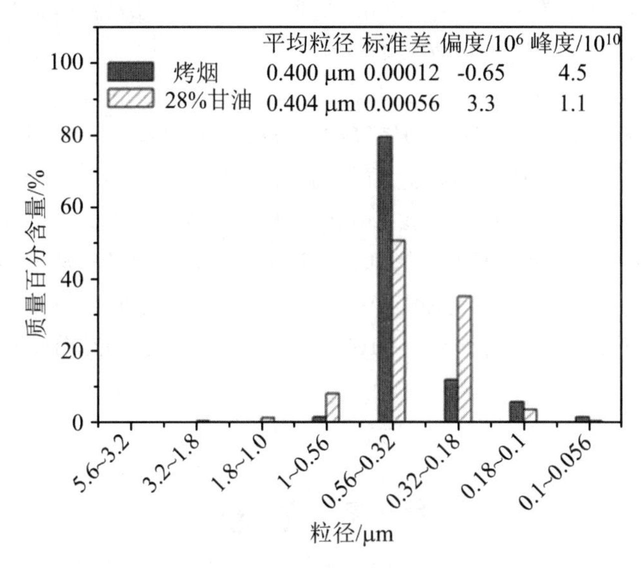

图 6.40　烤烟和含 28%甘油烤烟加热状态下气溶胶粒径分布

6.2.6.4　低温加热状态下不同烟草样品气溶胶粒径分布

为揭示不同烟草样品低温加热状态下烟气气溶胶分布特性，固定温度、烟草供应速率、一级进气和两级进气总量分别为 400 ℃、1.5 g/min、6.98 L/min 和 38.39 L/min，测试结果如图 6.41 所示。

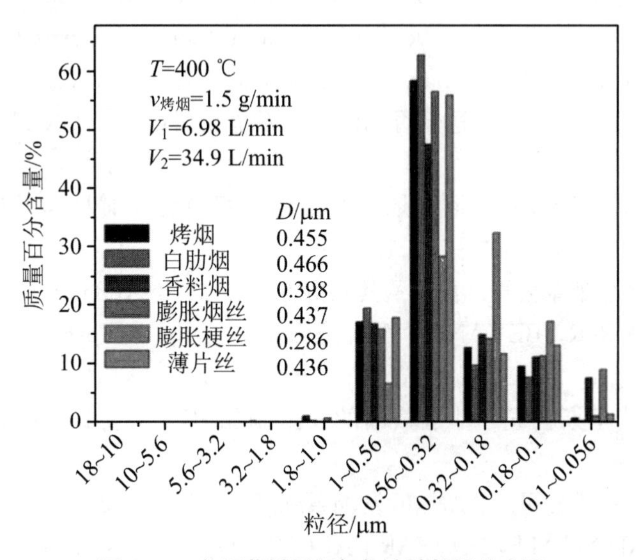

图 6.41　各烟草样品烟气气溶胶粒径分布图

可以看出，烤烟、膨胀烟丝和薄片丝的烟气气溶胶分布特性基本接近，粒径分布主要在 1～0.1 μm 之间，在 0.56～0.32 μm 之间气溶胶含量最高，达到 56%左右。与以上 3 种烟草样品相比，白肋烟烟气气溶胶在 1～0.56 μm 和 0.56～0.32 μm 范围内分别高出约 2%和 5%，而在 0.32～0.18 μm 和 0.18～0.1 μm 范围内则分别降低了约 3%和 4%。香料烟和膨胀梗丝的烟气气溶胶与以上相比有较大区别，首先是在 0.1～0.056 μm 范围内的气溶胶含量由之前的约 1%增加到约 10%。而且，对于膨胀梗丝来说，在 1～0.56 μm 和 0.56～0.32 μm 范围内的气溶胶含量均大幅降低，在 0.32～0.18 μm之间的气溶胶含量则大幅增加，并超过在 0.56～0.32 μm 之间的含量，成为主峰。另外，从平均粒径来看，膨胀梗丝和香料烟的气溶胶平均粒径偏低，其中，以膨胀梗丝的最低，为 0.286 μm，而膨胀烟丝和薄片丝的较为接近，白肋烟烟气的气溶胶的平均粒径最高，为 0.466 μm。

参考文献

[1] REYNOLDS R J. Chemical and biological studies of new cigarette prototypes that heat instead of burn to bacco[M]. NC: Winston-Salem, 1988.

[2] PRYOR W A , CHURCH D F , EVANS M D, et al. A comparison of the free radical chemistry of tobacco-burning cigarettes and cigarettes that only heat tobacco[J]. Free Radical Biology and Medicine, 1990, 8(3):275 - 279.

[3] BETHIZY J D , BORGERDING M F, DOOLITTLE D J, et al. Chemical and biological studies of a cigarette that heats rather than burns tobacco[J]. The Journal of Clinical Pharmacology, 1990, 30(8):755 - 763.

[4] 菲利普莫里斯公司. 传送烟香的电吸烟系统和烟卷[P]. CN 1131676C, 1996 - 06 - 06.

[5] 菲利普莫里斯公司. 带有烟雾检测用内置总管装置的电热吸烟系统[P]. CN101637308A, 2003 - 11 - 7.

[6] R. J. 雷诺兹烟草公司. 香烟及其制造方法[P]. CN 1086407A, 1994 - 5 - 11.

[7] BAKER R R, BEVAN M A J. Studies on the Eclipse Cigarette[R/OL]. http://legacy.library.ucsf.edu/tid/lmv24a99.

[8] 菲利普莫里斯公司. 基于蒸馏的发烟制品[P]. CN 101778578A, 2010 - 7 - 14.

[9] 菲利普莫里斯公司. 电加热的发烟系统[P]. CN 102438470A, 2012 - 5 - 2.

[10] BORGERDING M F, BODNAR J A, CHUNG H L, et al. Chemical and biological studies of a new cigarette that primarily heats tobacco. Part 1. Chemical composition of mainstreamsmoke[J]. Food and Chemical Toxicology, 1998,

36：169.

[11] BOMBICK B R，MURLI H，AVALOS J T，et al. Chemical and biological studies of a new cigarette that primarily heats tobacco[C]. Part 2// In vitro toxicology of mainstream smokecondensate[J]. Food and Chemical Toxicology，1998，36：183.

[12] BOMBICK D W，AYRES P H，PUTNAM K，et al. Chemical and biological studies of a new cigarette that primarily heats tobacco. Part 3. In vitro toxicity of wholesmoke[J]. Food and Chemical Toxicology，1998，36：191.

[13] 陆昌伟，奚同庚. 热分析质谱法[M]. 上海：上海科学技术文献出版社，2002：155－175.

[14] GOMEZ-SIURANA A，MARCILLA A，BELTRAN M，et al. The rmogravimetric study of the pyrolysis of tobacco and several ingredients used in the fabrication of commercial cigarettes：effect of the presence of MCM-41[J]. Thermochimica Acta，2011，523：161－169.

[15] 杨继，杨帅，段沅杏，等. 加热不燃烧卷烟烟草材料的热分析研究[J]. 中国烟草学报，2015，21：7－13.

[16] 白晓莉，霍红，蒙延峰，等. 几种烟草薄片的热性能分析[J]. 北京师范大学学报（自然科学版），2010，46(6)：696－699.

[17] BURDICK D，BENNER J F，BURTON H R. Thermal decomposition of tobacco. Ⅳ. Apparent correlations between thermogravimetric data and certain constituents in smoke from chemically-treatedtobaccos[J]. Tobacco New York，1969 ：21－24.

[18] 唐培培，曾世通，刘珊，等. 甘油对烟叶热性能及加热状态下烟气释放的影响[J]. 烟草科技，2015，48(03)：61－65

[19] 王洪波，郭军伟，夏巧玲，等. 部分国产烟草样品的热重分析[J]. 烟草科技，2009(9)：47－49.

[20] WANG W S，WANG Y，YANG L J，et al. Studies on thermal behavior of reconstituted tobaccosheet[J]. Thermochim Acta，2005，437 ：7－11.

[21] 尚善斋，雷萍，刘春波，等. 一种源自烟草的糖苷类化合物及其热裂解分析[J]. 香料香精化妆品，2015(5)：17－22.

[22] 赵龙，刘珊，曾世通，等. 甘油对烟丝加热状态下烟气中挥发性和半挥发性成分的影响[J]. 烟草科技，2016，49(4)：53－59.

[23] 刘珊，唐培培，曾世通，等. 加热状态下烟叶烟气的释放特征[J]. 烟草科技，2015，48(4)：27－31.

[24] PITTS W M. The global equivalence ratio concept and the formation mechanisms of carbon monoxide in fires[J]. Progress Energy Combustion

Sci. ,1995, 21:197 - 237.

[25] PURSER D A, PURSER J A. HCN yields and fate of fuel nitrogen for materials under different combustion conditions in the ISO 19700 tube furnace [C]// Fire Safety Science-Proceedings of the Ninth International Symposium. International Association for Fire Safety Science,2008:1117 - 28.

[26] ISO/TS 19706. 2004 Guidelines for assessing the fire threat to people[R].

[27] ISO/TS 19700. Controlled equivalence ratio method for the determination of hazardous components of fire effluents[C]// International Organization for Standardization. Geneva,2007.

[28] FIRE STATISTICS, UNITED KINGDOM, 1999 and 2006[C]// Department for Communities and Local Government. London,2008.

[29] GOTTUK D T, LATTIMER B Y. Effect of combustion conditions of species production, in SFPE handbook of fire protection engineering [C], 3rd Edition// National Fire Protection Association. M A: Quincy, 2002, 2:54 - 82.

[30] COTE A E, LINVILLE J L, et al. Fire protection handbook[C]// National Fire Protection Association. M A: Quincy, 1997.

[31] ANNA A, STEC1 T, RICHARD HULL. Characterisation of the steady state tube furnace (ISO TS 19700) for fire toxicity assessment[J]. Polymer Degradation and Stability, 2008,93: 2058 - 2065.

[32] STECA A A, HULL T R, PURSER J A, et al. Comparison of toxic product yields from bench-scale to ISO room[J]. Fire Safety Journal,2009,44(1):62 - 70.

[33] HULL T R, STEC A A, LEBEK K, et al. Factorsaffecting the combustion toxicity of polymeric materials[J]. Polymer Degradation and Stability, 2007, 92(12):2239 - 2246.

[34] OSVALDA S, STEFANO C, ALFREDO N. Composition of the gaseous products of pyrolysis of tobacco under inert and oxidative conditions[J]. Journal of Analytical and Applied Pyrolysis, 2007, 79(1/2):234 - 243.

[35] STEC A A, HULL T R, LEBEK K, et al. The effect of temperature and ventilation condition on the toxic product yields from burning polymers[J]. Fire and Materials, 2008, 32(1):49 - 60.

[36] BAKER R R, BISHOP L J. The pyrolysis of tobacco ingredients[J]. Journal of Analytical and Applied Pyrolysis, 2004, 71(1):223 - 311.

[37] BAKER R R. The kinetics of tobaccopyrolysis[J]. Thermochimica Acta, 1976, 17(1):29 - 63.

[38] BAKER R R, COBURN S, LIU C, et al. Pyrolysis of saccharide tobacco ingredients:a TGA-FTIR investigation[J]. Journal of Analytical and Applied Pyrolysis, 2005, 74(1/2):171 - 180.

[39] HATCHER P G, LERCH H E, KOTRA R K, et al. Pyrolysis GC-MS of a series of degraded woods and coalified logs that increase in rank from peat to subbituminous coal[J]. Fuel, 1988, 67(8):1069 - 1075.

[40] TSUGE S, OHTANI H. Structural characterization of polymeric materials by pyrolysis-GC/MS[J]. Polymer Degradation and Stability, 1997, 58(1/2): 109 - 130.

[41] RALPH J, HATFIELD R D. Pyrolysis-GC-MS characterization of forage materials[J]. Journal of Agricultural and Food Chemistry, 1991, 39(8):1426 - 1437.

[42] TORIKAI K, YOSHIDA S, TAKAHASHI H. Effects of temperature, atmosphere and pH on the generation of smoke compounds during tobacco pyrolysis[J]. Food and Chemical Toxicology, 2004, 42(9):1409 - 1417.

[43] SHINYA Y, KENSEI K. Role of amino acids in the formation of polycyclic aromatic amines during pyrolysis of to bacco[J]. Journal of Analytical and Applied Pyrolysis, 2013, 104:508 - 513.

[44] GE S L, XU Y B, TIAN Z F, et al. Effect of urea phosphate on the rmal decomposition of reconstituted tobacco and CO evolution[J]. Journal of Analytical and Applied Pyrolysis, 2013, 99:178 - 183.

[45] ZHOU S, NING M, XU Y B, et al. Thermal degradation and combustion behavior of reconstituted tobacco sheet treated with ammoniumpolyphosphate [J]. Journal of Analytical and Applied Pyrolysis, 2013, 100:223 - 229.

[46] 周顺,徐迎波,胡源,等. 不同物理参数造纸法再造烟叶纸基在闪速热解环境下的热解特性[J]. 烟草科技, 2013(9):63 - 67.

[47] 周顺,宁敏,徐迎波,等. 多聚磷酸铵对造纸法再造烟叶热解燃烧特性和感官质量的影响[J]. 烟草科技,2013(3):13 - 66.

[48] BREIMAN L. Random forests[J]. Machine Learning, 2001, 45(1):5 - 32.

[49] BREIMAN L. Statistical modeling:The two cultures[J]. Statistical Science, 2001, 16(3):199 - 231.

[50] BREIMAN L, FRIEDMAN J H, OLSHEN R A, et al. Classification and regression trees[M]. New York: Chapman and Hall, 1984.

[51] IVERSON L R, PRASAD A M, MATTHEWS S N. Estimating potential habitat for 134 eastern US tree species under six climate scenarios[J]. Forest Ecology and Management, 2008, 254 (3):390 - 406.

[52] 崔东文. 随机森林回归模型及其在污水排放量预测中的应用[J]. 供水技术，2014，8(1):31-36.

[53] 李贞子，张涛，武晓岩，等. 随机森林回归分析及在代谢调控关系研究中的应用[J]. 中国卫生统计，2012，29(2):158-163.

[54] 李欣梅. 随机森林模型在分类与回归分析中的应用[J]. 应用昆虫学报，2013，50(4):1190-1197.

[55] OSVALDA S，STEFANO C，ALFREDO N. Composition of the gaseous products of pyrolysis of to bacco under inert and oxidative conditions[J]. Journal of Analytical and Applied Pyrolysis，2007，79(1/2):234-243.

[56] 吴君章，沈光林，孔浩辉，等. 卷烟烟气气溶胶粒度的研究进展[J]. 中国烟草学报，2014，20(2):108-113.

[57] 吴君章，孔浩辉，沈光林，等. "三纸一棒"对卷烟烟气气溶胶粒度分布的影响[J]. 烟草科技，2013(9):58-62，67.

[58] 贾伟萍，鲁端峰，常纪恒，等. 基于在线冲击的烟气气溶胶浓度检测方法[J]. 烟草科技，2010(12):5-7.

[59] 沈光林，孔浩辉，李峰，等. 卷烟主流烟气气溶胶分布研究[J]. 中国烟草学报，2009，15(5):14-19.

[60] 张晓凤，戴亚，徐铭熙，等. 卷烟烟气气溶胶颗粒实时观测分析[J]. 中国烟草学报，2007，13(6):20-23.

[61] 汤银才. R 语言与统计分析[M]. 北京:高等教育出版社，2012.

[62] 中国烟草总公司郑州烟草研究院. 卷烟烟气气溶胶实时测试系统[P]. 101788447 A，2010-07-28.

[63] 上海烟草集团有限责任公司. 卷烟主流烟气气溶胶的粒径分级采集方法[P]. 102419272 A，2012-04-18.

[64] HARRIS W J. Size distribution of tobacco smoke droplets by a replica method[J]. Nature，1960，186:537-538.

[65] ZHOU S，NING M，XANG X F，et al. Quantitative evaluation of CO yields for the typical flue-cured tobacco under the heat-not-burn conditions using SSTF[J]. Thermochimica Acta，2015，608 :7-13.

[66] 黄思静. 用 EXCEL 计算沉积物粒度分布参数[J]. 成都理工大学学报，1999(2):195-199.